二级注册建筑师考试教材与工作实务
场地与建筑方案设计

筑龙学社　组织编写

中国建筑工业出版社

图书在版编目(CIP)数据

二级注册建筑师考试教材与工作实务. 场地与建筑方案设计 / 筑龙学社组织编写. -- 北京：中国建筑工业出版社，2024.1
　　ISBN 978-7-112-29504-3

Ⅰ. ①二… Ⅱ. ①筑… Ⅲ. ①场地－建筑设计－资格考试－自学参考资料②建筑方案－建筑设计－资格考试－自学参考资料 Ⅳ. ①TU

中国国家版本馆CIP数据核字(2023)第252695号

责任编辑：赵 赫 何 楠 徐 冉 张 建
责任校对：芦欣甜

二级注册建筑师考试教材与工作实务　场地与建筑方案设计
筑龙学社　组织编写
*
中国建筑工业出版社出版、发行（北京海淀三里河路9号）
各地新华书店、建筑书店经销
北京红光制版公司制版
三河市富华印刷包装有限公司印刷
*
开本：787毫米×1092毫米　1/16　印张：17¾　字数：429千字
2025年2月第一版　　2025年2月第一次印刷
定价：75.00元
ISBN 978-7-112-29504-3
(42240)

版权所有　翻印必究
如有内容及印装质量问题，请与本社读者服务中心联系
电话：(010) 58337283　　QQ：2885381756
（地址：北京海淀三里河路9号中国建筑工业出版社604室　邮政编码：100037）

目 录

第一篇 场地设计(作图题)

第一章 科目概述 ········· 2
  第一节 考试大纲 ········· 2
  第二节 真题总结 ········· 3
    一、场地分析类 ········· 3
    二、停车场设计类 ········· 3
    三、地形设计类 ········· 4
    四、综合设计类 ········· 4
  第三节 评分标准 ········· 4
  第四节 审题要点 ········· 6
    一、信息归类 ········· 6
    二、审题要点分析 ········· 11

第二章 解题方法与真题解析 ········· 13
  第一节 专题一：场地分析类 ········· 13
    一、考核要点 ········· 13
    二、相关规范 ········· 18
    三、解题步骤 ········· 19
    四、真题解析 ········· 19
  第二节 专题二：停车场设计类 ········· 28
    一、考核要点 ········· 28
    二、相关规范 ········· 35
    三、解题步骤 ········· 36
    四、真题解析 ········· 37
  第三节 专题三：地形设计类 ········· 47
    一、相关概念 ········· 47
    二、考核要点 ········· 50
    三、相关规范 ········· 61
    四、真题解析 ········· 63
  第四节 专题四：综合设计类 ········· 78
    一、考核要点 ········· 78
    二、相关规范 ········· 81
    三、解题步骤 ········· 84

四、真题解析 85

第二篇　建筑方案设计(作图题)

第三章　科目概述 112
第一节　考试大纲分析及应试注意事项 112
　　一、考试大纲分析 112
　　二、应试注意事项 113
第二节　历年真题总结与分析 113
　　一、建筑规模 114
　　二、建筑类型 114
　　三、改扩建类题目 114
第三节　评分标准的解析 114
　　一、避免或减少在平面方案之外丢分 115
　　二、在时间允许的范围内尽可能完善平面方案 115
第四节　必备规范知识汇编 117
　　一、《建筑防火通用规范》GB 55037 118
　　二、《建筑与市政工程无障碍通用规范》GB 55019 118

第四章　应试技巧 120
第一节　审题方法 120
　　一、试题内容分析 120
　　二、试题信息分类 122
第二节　设计推演 125
　　一、场地分析 125
　　二、功能关系图解读 126
　　三、柱网选择 128
　　四、初步确定平面图 130
　　五、建筑设计中的"量、形、质" 131
第三节　绘图过程 134
　　一、无比例网格图 134
　　二、1:200定稿草图 134
　　三、针管笔正式图 135
第四节　时间安排和应试技巧 136

第五章　真题解析 137
第一节　专题一：串联式功能组织类型 137
　　一、类型特点与设计手法 137
　　二、真题解析 142
第二节　专题二：并联式功能组织类型 193
　　一、类型特点与设计手法 193
　　二、真题解析 194

第一篇　场地设计（作图题）

第一章 科目概述

场地设计（作图题）是二级注册建筑师场地与建筑方案设计（作图题）考试的第一部分，在整个作图考试中其分值权重为20%。通常而言，场地设计（作图题）题目的试题难度、复杂程度、作图工作量、解题所需时间等都明显低于建筑方案设计（作图题）部分。因而从应试策略上来讲，若想要通过考试，应试者在场地设计部分得分绝不能低于60%，且时间要严格控制，从而提升建筑方案设计（作图题）部分的容错率并保证该部分的答题时间。

另外，虽然场地设计部分每年的题型都不相同，但题型的类别集中于较固定的几类，应试者可以在熟练掌握相关规范原理的基础上，对不同题型进行充分练习，从而提高考试的通过率。

第一节 考试大纲

二级注册建筑师资格考试大纲（2022年版）对场地设计作图考试的表述是："了解建筑基地区位、生态、人文等环境关系；理解城市设计、城市规划等要求；掌握一般建设用地的场地分析、交通组织、功能布局、空间组合、竖向设计、景观环境等方面的设计能力。能按设计条件完成一般场地工程的设计，并符合有关法规、规范等要求。"

场地设计作为建筑设计的关键性前置环节，其作用就是对基地内所有的建筑、交通、景观、地形地貌等要素进行系统性分析，从而确定建筑和场地的建设范围和布局，并按照法规规范进行综合设计工作。根据大纲的描述，可以总结出以下几点考核内容：

1. 场地分析能力

针对基地现状，综合考量各类规划控制线对于基地的要求，分析基地内以及基地周边的建筑与各类环境要素空间关系的能力。具体来说就是需要应试者能够整体把握基地的地形地貌、形式形态、日照要求、交通组织、建筑及景观环境等要素，并根据相应的规划要求进行退线、限高、确定建筑的建设范围等工作。

2. 场地设计能力

需要应试者具备结合规划、相关规范、竖向设计原理的要求，对基地内的建筑、广场、道路、停车场、绿化等进行合理布局和设计的能力。

3. 相关规范法规和设计原理的运用能力

要求应试者掌握《建筑防火通用规范》GB 55037、《建筑设计防火规范》GB 50016、《民用建筑通用规范》GB 55031、《民用建筑设计统一标准》GB 50352、《城市居住区规划设计标准》GB 50180、《车库建筑设计规范》JGJ 100、《汽车库、修车库、停车场设计防火规范》GB 50067、《建筑与市政工程无障碍通用规范》GB 55019等规范中与场地设计

相关的条目以及场地竖向设计相关原理等。❶

第二节 真题总结

通过对比场地与建筑方案设计（作图题）考试中的两个部分，可以发现题型有很大的不同：建筑方案设计作图部分的题型为固定要求，应试者需要根据题目要求设计出两层平面图和总平面图；与之不同的是场地设计作图部分的题型和考核点每年都可能有所差别，这体现出考试大纲中对于应试者的要求，即具备对建设基地中的繁杂且多样的环境要求和设计内容有整体分析和综合布局的能力。

回顾场地设计历年真题（表 1-2-1），可以发现上述的考试特点，并且可以进一步将历年真题归纳为以下几种题型：场地分析类、停车场设计类、地形设计类、综合设计类。以上几种题型考核的内容、涉及的规范和设计原理各有不同。

场地设计历年真题一览表　　　　　表 1-2-1

年份	考核内容	考题类型	年份	考核内容	考题类型
2003	超市停车场设计	停车场设计类	2012	某酒店总平面设计	综合设计类
2004	某科技工业园场地设计	综合设计类	2013	综合楼、住宅楼场地布置	综合设计类
2005	某餐馆总平面设计	停车场设计类	2014	某球场地形设计	地形设计类
2006	某山地观景平台及道路设计	地形设计类	2017	某工厂生活区场地布置	综合设计类
2007	幼儿园总平面设计	综合设计类	2018	某文化中心总平面布置	综合设计类
2008	拟建实验楼可建范围	场地分析类	2019	拟建多层住宅最大可建范围	场地分析类
2009	某商业用地场地分析	场地分析类	2020	某停车场设计	停车场设计类
2010	某人工土台设计	地形设计类	2021	某场地平整设计	地形设计类
2011	某山地场地分析	地形设计类	2022	园区建筑布置及设计	综合设计类

一、场地分析类

场地分析类考题主要考核应试者根据规划、规范以及日照条件等要求确定建筑可建范围的能力。2008、2009、2019 年真题均属于此类。从 2003 年以来的真题的内容来看，通常会涉及日照间距的计算、《建筑设计防火规范》GB 50016 中关于建筑防火间距的要求、各种规划退线以及确保古树或古建筑保护范围等。

二、停车场设计类

停车场设计类考题主要考核点在于按照题目要求和规范规定合理布置机动车停车位（有时会涉及自行车停车位）、停车位与基地内建筑及景观的位置关系、停车场内的道路交通组织、停车场连通城市道路的出入口位置等。2003、2005、2020 年真题属于此类。涉及《停车场规划设计规则》《汽车库、修车库、停车场设计防火规范》GB 50067 等规范中相关知识点的运用。

---

❶ 本书中所引用的标准规范条文，均来自现行标准规范最新版本，为表述方便，引用时将仅使用标准规范名称和编号，省略年号和版本信息。

三、地形设计类

地形设计类考题主要考核应试者对于起伏明显且复杂的基地内地形地貌的认识、按照一定坡度设置道路和建设建筑用地、在坡地上布置活动场地及建筑物、护坡设置、合理进行挖填方平整土地等。2006、2010、2011、2014、2021年真题属于此类。主要涉及场地竖向设计相关设计原理以及知识点的运用。

四、综合设计类

此类题型也可以认为是总平面设计或布置，考核了应试者对于上述几类考核点知识的综合运用，在此类题型中应试者不仅要按照各种规划要求确定建设范围，还要布置基地内具体建筑物的位置，组织基地内的道路交通，设置停车场、基地的主要和次要出入口等。2004、2007、2012、2013、2017、2018、2022年真题属于此类。此类题型除了涉及日照间距，防火间距，规划退线，古树、古建筑保护范围，停车位布置和道路广场组织等内容，还涉及规划设计和城市设计的相关原理，如主次、动静、洁污等功能分区划分，以及建筑对于朝向、采光、通风、景观等的最佳布置方式等。

从出题的概率上来看，2003年至今的20多年中出现次数最多的题型为综合设计类（7次），其次为地形设计类（5次），再次为场地分析类（3次）和停车场设计类（3次）。这种题型分布的概率也可以认识为综合类设计题目（综合设计类）与专项类设计题目（场地分析类、停车场设计类、地形设计类）各约占一半，但不论是综合类题目还是专项类题目，它们的工作量和难度一般是相对一致和平衡的。也就是说，假设应试者遇到综合类题目时，虽然考点较多，但每个单项的考核内容会相对简单；而遇到专项类题目时，虽然只考核一个单项，但其考核深度通常会比较精深。因此应试者在备考时，不仅要做到从单项技能到综合能力的整合，也要做到从粗略了解到详尽精通的细化。

第三节 评 分 标 准

场地设计作图考试通常要求应试者在试卷纸中留白的总平面图上绘制相关内容，总平面图比例通常为1∶500或1∶1000。评卷专家组会按照一系列评分要求，针对应试者在试卷纸上的作图内容和填空答案进行评分（评分机制为扣分制），并根据不同题型的考核内容设置扣分点和扣分值，具体评分要求以2018年真题评分表为例（表1-3-1）。

2018年场地设计评分标准　　　　　　　　　　　　　表1-3-1

考核内容	扣分点	扣分值	分值
	未画或无法判断	本题为0分	
文化中心布局	（1）情形一：文化中心三栋建筑未朝西向对称布置	扣30分	40
	（2）情形二：文化中心三栋建筑未朝西向对称布置，但博物馆及公共门厅建筑轴线与古书院东西轴线重合	扣20分	
	（3）情形三：文化中心三栋建筑虽朝西向对称布置但未与古书院东西轴线重合	扣15分	
	（4）情形四：文化中心三栋建筑虽朝西向对称布置且与古书院东西轴线重合，但博物馆及公共门厅建筑未位于三栋建筑物中心位置	扣10分	

续表

考核内容	扣分点	扣分值	分值
文化中心布局	（5）三栋建筑之间未通过连廊直接连接	每处扣2分	40
	（6）博物馆及公共门厅、城市规划馆、图书馆三栋建筑之间距小于6m	每处扣5分	
文化中心与周边关系	（1）建筑物与北侧住宅相对应部分南北向间距小于40m	扣20分	20
	（2）建筑物退北侧用地界线小于15m	扣10分	
	（3）建筑物退东侧用地界线小于15m	扣5分	
	（4）建筑物退西侧道路红线小于30m	扣5分	
	（5）建筑物退南侧道路红线小于15m	扣5分	
道路及绿化布置	（1）未画或无法判断	扣25分	25
	（2）场地主出入口未开向古文化街	扣10分	
	（3）场地主出入口中心线未与古书院东西轴线重合	扣10分	
	（4）场地次出入口未设置或设置不当	扣2~5分	
	（5）场地内未设置环形道路或环路未与建筑之间留出安全距离	扣2~5分	
	（6）环形道路未连接建筑出入口（三栋建筑均设出入口）或无法判断［与本栏（5）条不重复扣分］	每处扣1分	
	（7）未布置10个停车位（含1个无障碍停车位）	少一个扣1分	
	（8）停车位未位于场地内、未与场地内环路连接或其他不合理［与本栏（7）条不重复扣分］	扣2分	
	（9）未绘制矩形集中绿地	扣15分	
	（10）集中绿地长边沿古文化街设置，或长边未临城市道路［与本栏（9）条不重复扣分］	扣10分	
	（11）集中绿地面积小于2400m²，或其长边小于80m［与本栏（9）条不重复扣分］	扣5分	
标注	（1）未标注三栋建筑物功能名称	每处扣2分	10
	（2）未标注三栋建筑物平面尺寸、间距、退距及集中绿地长边尺寸，或标注错误	每处扣1分	
	（3）未标注文化中心与北侧现状住宅对应部分与现状住宅南北向间距尺寸或标注错误	扣5分	
图面表达	图面粗糙，或主要线条徒手绘制	扣2~5分	5
第一题小计分	第一题得分：小计分×0.2=		

场地设计作图考试的题型时常变化，这也意味着每次考试的评分标准都可能有所不同。如果仔细对比历年的评分标准，可以发现几乎每次考试都会有图面表达（5分）和标注（10~15分）的扣分项，这就要求应试者在考试过程中首先要做到两点：①最终卷面成果必须用针管笔和尺规绘制并保证清晰工整，不得用徒手线条绘图，更不能只用铅笔草稿代替；②设计完毕后必须要按照题目要求进行尺寸标注和标高等其他内容的标识。从而

做到在图面效果和标注上不扣分或少扣分。

除上述固定考核项目外，剩余 80~85 分的扣分项则根据题目的具体考核内容确定，如 2018 年的试题为综合设计类试题，题目考核了建筑布置、规划退线、日照间距计算、交通组织、绿化景观、停车位设置等内容，评分标准中也根据不同的权重设置了扣分点。

第四节 审 题 要 点

如前一节所述，如果应试者想要在场地设计作图考试中得到理想的分数，除了要做到作图工整、按要求标注外，在考试中首要的工作便是认真审题并根据题目的提示判断题目类型。本节将主要介绍场地设计（作图题）考试题目中各类信息的分类方法与各类题型的命题要点，而具体针对不同题型的解题思路、解题步骤以及相关知识点将在第二章中详细说明。

一、信息归类

以 2018 年场地设计真题为例（图 1-4-1），从试卷纸上可以看到所有给定的信息分成了三个部分，分别为文字说明、图示图例、场地总图。

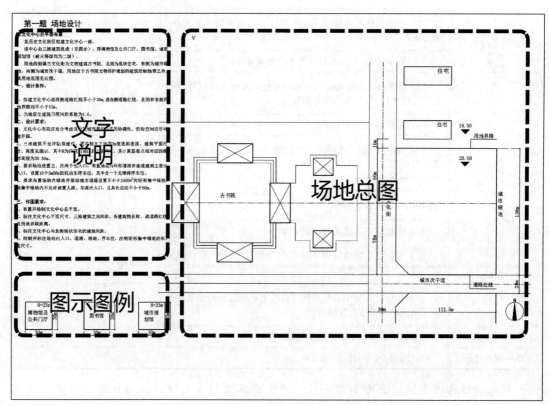

图 1-4-1 2018 年场地设计真题

（一）文字说明

文字说明部分包含场地设计的任务目标、设计条件、相关的设计要求以及作图要求等信息。文字说明不像图示图例和场地总图那样直观清晰，而且有时设计要求的条目较多，往往单纯从文字说明也可以判断出考试的题型和考核要点，因此需要应试者十分认真地审题并理解题目给定的条件和要求。同时，如果文字描述中的条件较多，应试者还可以对已知的条件进一步分类，以便更加有条理地处理已知条件。由于题型和具体条件经常变化，分类的方式也可以按照具体题目要求进行调整，大致可以分成以下几类：

1. 场地设计的任务和目标

说明题目中需要设计和布置的主要内容，通常可以用来初步判断题型。

2. 基地周边现状

介绍基地的区位、地形地貌、邻近区域的功能与定位、周边的交通状况、进入基地的方式，以及是否存在保留建筑或保留树木。

3. 主要目标设计要求

即主要考核点的设计条件。以 2018 年真题（图 1-4-2）为例，这一年的题目为综合设计类题型，而且题目的任务目标为布置三栋建筑物（博物馆及公共门厅、图书馆、城市规划馆），那么其主要目标必定是三栋建筑的布置方式和具体位置，一切与这一目标相关的内容皆属主要目标设计要求，如建筑的退线要求、日照间距、待布置建筑之间的关系以及

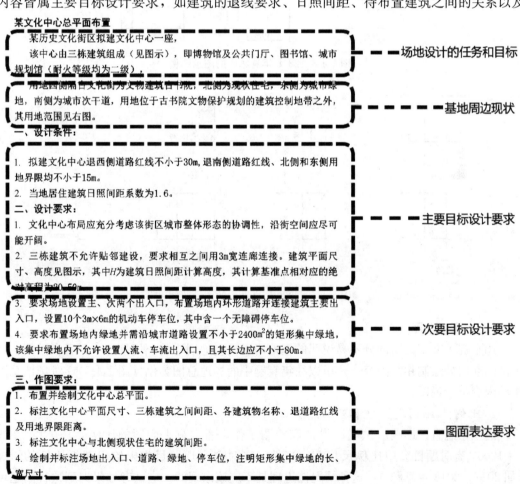

图 1-4-2　2018 年真题文字说明的信息分类

其与周边地块中相关环境要素的关系等。

4. 次要目标设计要求

即并非主要考核点的设计条件，这类条件有时不会被列出，通常考核点较多的情况下才会出现。如2018年题目中的场地主次出入口的布置、城市集中绿地的位置、停车位设置的要求等。通常次要考核点的分值会明显低于主要考核点的分值。

5. 图面表达要求

即试题的作图要求，包括标注相关尺寸和标高、注明场地及建筑出入口、图示图例的布置要求等。图面表达要求也有对应的扣分项，应试者一定不能疏忽大意。

（二）图示图例

以平面图形加标注的形式说明要布置对象的基本数据、形状以及一些特定设施的画法等。如2018年真题的图示中展示了需要布置的三栋建筑的面宽、进深、建筑高度（图1-4-3）；2020年真题除了展示各种停车位、收费站、城市公厕的平面形状和尺寸外，还提示了题目中要求布置的人行道和停车场出口闸门的表示方法（图1-4-4）。

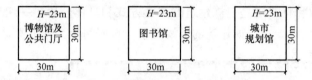

图1-4-3　2018年真题中的图示图例

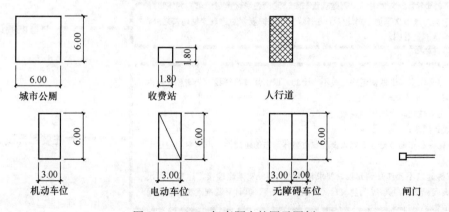

图1-4-4　2020年真题中的图示图例

（三）场地总图

用来提示文字说明部分不易说明的基地内以及基地周边的环境信息，并且在总图基地范围的空白处绘制相关内容。这里以往年真题中的场地总图为例（图1-4-5），对场地总图中的内容进行说明：

1. 比例、比例尺、已标注的尺寸

这些信息直接影响应试者的设计和绘图工作，通常总平面图的比例会是1∶500或1∶1000，有时题目会用比例尺代替。当然，有时会出现题目中未给出图纸比例的情况（如2017、2018年真题），这种情况按道理是不应该出现的，应试者如果遇到这种问题可以按照总图中已经标注的尺寸来判断图纸比例。

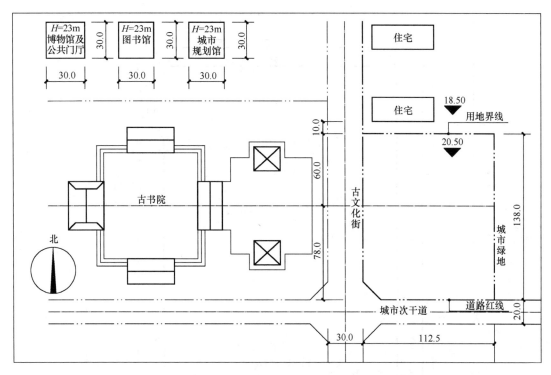

图 1-4-5 2018 年真题场地总图

2. 指北针

用于说明基地的朝向。应试者如果发现题目中存在建筑朝向或日照间距等与方向方位有关的要求时，应当首先确认总图中的指北针方向，切不可想当然地认为图纸是按照上北下南的习惯摆放的，实际题目中指北针也完全有可能指向其他方向，如 2021 年真题中指北针就是指向图纸的右侧。

3. 基地范围

是应试者设计和绘图的范围，通常由道路红线、用地红线围合而成，这些红线也是各类规划退线要求的起点。除此之外，有时基地范围信息也会为应试者的设计和绘图提供一些特定的提示，如 2014 年真题中（图 1-4-6），题目除了标出了基地范围外，还在红线的相关控制点标注了路面的高程（标高），这也进一步为地形设计提供了基础。

4. 基地内以及周边的建筑现状

说明了基地内及周边建筑的具体位置及布局情况，应试者可以根据这些信息进行日照间距、防火间距的退让，并且就考试大纲要求的城市设计角度上来说，周边建筑的布局也会对基地内建筑的布局产生一定影响。如 2018 年真题中，基地西侧历史建筑的平面轴线也会对基地内新增三栋建筑的布局有一定的提示作用。

5. 基地周边的道路交通现状

应试者需要重点关注基地邻近道路的等级，如果是城市干道且基地邻近道路交叉口，那么进入基地的车行出入口必须对道路交叉口有退让关系，如 2018 年真题。

6. 绿地景观

包括公园、水景、山景等一切景观要素，影响基地内有观景需求的建筑的布局。

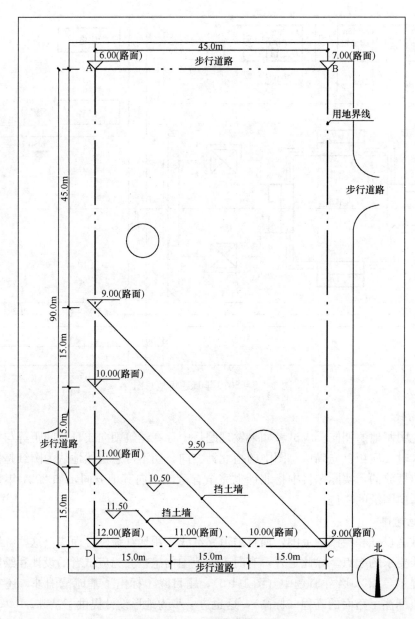

图 1-4-6 2014年真题场地总图

7. 地形地貌

通常出现在地形设计类题型中，当然其他题型中也时常出现此类信息。主要包括等高线的分布情况、地形的坡向和坡度、各个位置的高程等。如2011年真题场地总图所示（图1-4-7）。

8. 保留古树或建筑

主要涉及对于保留树木或建筑的保护范围，应试者需结合题目文字描述部分的要求进行退让。

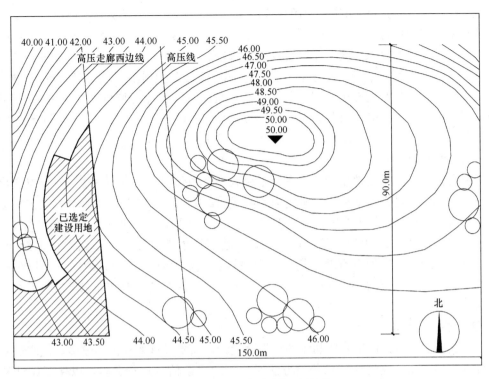

图 1-4-7　2011 年真题场地总图

9. 基础设施

有时总图中会出现高压线、市政管道等基础设施穿越基地，遇到这种情况时需要结合文字说明中的要求对基础设施进行退让（如 2011 年真题中的高压线）。

二、审题要点分析

由于场地设计作图考试涉及四种题型，每种题型都会有各自的命题特点，应试者在考试中应当针对不同题型进行审题和信息整合。

（一）场地分析类

主要要求为确定建筑的可建范围。与一级注册建筑师考试不同，一级场地设计（作图题）考试通常需要应试者在同一张图上确定两种建筑的可建范围，而到现在为止二级考试只需要确定一种建筑的可建范围即可。有时题目会要求按特定图例填充可建范围，如 2019 年真题要求应试者用图例来绘制建筑可建范围。

另外，此类题目通常设计条件较少，涉及规划退线、日照间距、防火间距等，因而笔者推测出题组会出于平衡考试难度的考量，在此类题目中增加各种限制性条件，如增加过境地下管道、基地内保留古树、有坡度的地形地貌、等高线布置等要素，以加大题目难度。不过只要应试者在考试中足够认真仔细，且对于相关概念、原理、规范规定等充分掌握，就算增加难度此类题型也不难通过。

（二）停车场设计类

此类题型通常会在题目中给定相关图示图例，如 2020 年真题中就给定了相关设计内容的平面尺寸和相关设施的画法。且此类题目通常涉及《汽车库、修车库、停车场设计防火规范》GB 50067 与《民用建筑通用规范》GB 55031 中的相关条文，因此应试者应重点注意题目要求布置的停车位数量、停车场与周边建筑的关系、停车场与道路交叉口的关系，以及与其他要素（如过街天桥、地铁站出入口、公园、幼儿园、学校等）的距离，详细条文要求将会在第二章相关专题中介绍。与一级考试场地作图中的停车场设计不同，二级考试中需要布置的车位较少，但命题组也经常在题目中增加考核点以对难度进行调整，如 2003 年真题中要求布置自行车停车位、2020 年要求布置电动车停车位与无障碍车位等。

（三）地形设计类

地形设计类题型是场地设计作图考试中变数最多的题型，其考核方式和考核点变化很大，至今为止，考过在山地地形中确定道路路线（2006 年）、在山地地形中确定较平缓区域（2011 年）、人工土台和护坡设计（2010 年）、竖向设计及运动场布置（2014 年）、场地平整挖填方设计（2021 年）等。除此之外，还有可能考到场地和道路的排水设计等。在遇到此类题型时，假如没有对于场地竖向设计相关概念和原理的系统认识是较难通过的，本篇第二章第三节的专题解析中对地形设计类题型涉及的概念和知识点进行汇编，以便应试者备考。

（四）综合设计类

这类题型实际就是应试者所熟悉的总平面设计，通常设计要求内容较多，但应试者可以结合本节第一部分提到的信息分类方法对给定的繁杂信息进行分类，以便于设计和绘图。关于本类题型的具体解题方法将在第二章第四节的专题中进行讨论。

第二章 解题方法与真题解析

如第一章所述，场地设计作图考试经常考到四种题型：场地分析类、停车场设计类、地形设计类、综合设计类。这些题型所涉及的考核点、概念以及规范各不相同，因而有必要在本章中按专题对不同题型的考核要点、相关规范与解题步骤进行说明，并结合真题来讲解具体应试方法。

第一节 专题一：场地分析类

场地分析类题型，其本质上就是根据题目条件在建筑基地内确定建筑的最大可建范围。本节将罗列出一些相关的知识点供应试者使用。

一、考核要点

场地分析类试题涉及的考核要点主要包括以下几点：建筑基地及相关控制线的概念、建筑高度的计算方法和多层高层的界定方式、建筑间距的概念与分类。

（一）建筑基地及相关控制线的概念

《民用建筑通用规范》GB 55031 中对于建筑基地的定义为：根据用地性质和使用权属确定的建筑工程项目的使用场地。

与建筑基地直接相关的控制线包括：道路红线、用地红线、建筑控制线（图 2-1-1）。《民用建筑通用规范》GB 55031 中的定义如下：

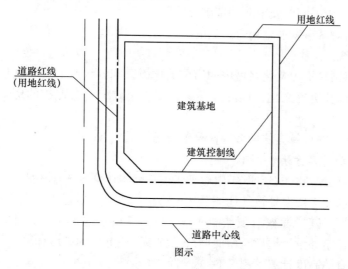

图 2-1-1　与建筑基地直接相关的控制线

1）道路红线：城市道路（含居住区级道路）用地的边界线。

2）用地红线：各类建设工程项目用地使用权属范围的边界线。

3）建筑控制线：规划行政主管部门在道路红线、建设用地边界内，另行划定的地面以上建（构）筑物主体不得超出的界线。

道路红线和用地红线是由城乡规划主管部门依据全国《民用建筑通用规范》GB 55031、城市总体规划、控制性详细规划等综合划定的，而建筑控制线则是由设计方依据该城市城乡管理技术规定、城乡规划主管部门出具的规划条件等综合确定的。通常来说，在二级注册建筑师作图考试中较少标出建筑控制线。

另外，《民用建筑通用规范》GB 55031 中相关条目提到，建筑物的基底不应超出建筑控制线，凸出建筑控制线的建筑凸出物和附属设施应符合当地城市规划的要求。而场地分析类作图题中要求应试者确定的最大可建范围有时只是基地内某一类建筑地上部分的可建范围，因此建筑控制线和题目中的最大可建范围是不同的概念。

除上述的三种与建筑基底直接相关的规划控制线外，我国在城乡管理中为了加强对于城市道路、城市绿地、城市历史文化街区和历史建筑、城市水体和生态系统等公共资源的保护，除了红线外，还设定了绿、蓝、紫、黑、橙和黄等控制线，这些控制线以及相关的要素可能也会在题目中出现。以下简单说明各种控制线的定义。

1）绿线：指城市各类绿地范围的控制线。对绿线的管理，体现在对于城市绿地系统的规划管理。

2）蓝线：一般称为河道蓝线，指水域保护区，即城市各级河、渠道用地规划控制线，包括河道水体的宽度、两侧绿化带以及清淤路。根据河道性质的不同，城市河道的蓝线控制也不一样。

3）黑线：一般称"电力走廊"，指城市电力的用地规划控制线。建筑控制线原则上在电力规划黑线以外，建筑物任何部分不得突入电力规划黑线范围内。

4）橙线：指为了降低城市中重大危险设施的风险水平，对其周边区域的土地利用和建设活动进行引导或限制的安全防护范围界线。

5）黄线：指对城市发展全局有影响的、城市规划中确定的、必须控制的城市基础设施用地的控制界线。

6）紫线：指国家历史文化名城内的历史文化街区和各级政府公布的历史文化街区的保护范围界线，以及历史文化街区外经县级以上人民政府公布保护的历史建筑保护范围界线。

（二）建筑高度的计算方法和多层高层的分类

1. 建筑高度的计算方法

《民用建筑通用规范》GB 55031 中对于建筑高度的计算方式描述如下：

平屋顶建筑高度应按室外设计地坪至建筑物女儿墙顶点的高度计算，无女儿墙的建筑应按室外设计地坪至其屋面檐口顶点的高度计算。坡屋顶建筑应分别计算檐口和屋脊高度，檐口高度应按室外设计地坪至屋面檐口或坡屋面最低点的高度计算，屋脊高度应按室外设计地坪至屋脊的高度计算（图 2-1-2）。

由于《民用建筑通用规范》GB 55031 中的建筑高度概念意在反映建筑真实高度，有别于《建筑设计防火规范》GB 50016 中建筑高度的概念。所以在实际项目中就有了规划

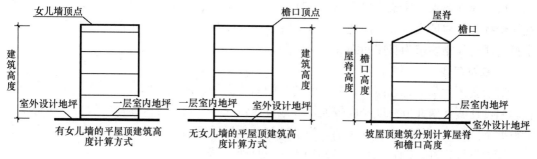

图 2-1-2 建筑高度计算方式

建筑高度与消防建筑高度的区分。对于有女儿墙的平顶建筑而言：

规划建筑高度＝室内外高差＋正负零标高至结构顶板高度＋女儿墙高度

消防建筑高度＝室内外高差＋正负零标高至结构顶板高度（结构标高）＋屋面面层厚度

2. 多、高层的分类

民用建筑按使用功能可分为居住建筑和公共建筑两大类。其中，居住建筑可分为住宅建筑和宿舍建筑。

民用建筑按地上建筑高度进行分类应符合下列规定：

1）建筑高度不大于 27.0m 的住宅建筑、建筑高度不大于 24.0m 的公共建筑及建筑高度大于 24.0m 的单层公共建筑为低层或多层民用建筑；

2）建筑高度大于 27.0m 的住宅建筑和建筑高度大于 24.0m 的非单层公共建筑，且高度不大于 100.0m 的，为高层民用建筑；

3）建筑高度大于 100.0m 为超高层建筑。

注：建筑防火设计应符合现行国家标准《建筑设计防火规范》GB 50016 中有关建筑高度和层数计算的规定。此外，需明确的是《建筑设计防火规范》GB 50016 对宿舍、公寓的界定：宿舍、公寓等属于非住宅类居住建筑，但其防火要求应符合本规范有关公共建筑的规定。

（三）建筑间距的概念与分类

在明确建筑高度的计算方式与多、高层的分类后，就可以确定相应的建筑间距了。其中，建筑的高度影响两建筑之间的日照间距，多层与多层、多层与高层、高层与高层建筑之间的防火间距则有所区别。

1. 建筑间距的概念

建筑间距即两栋建（构）筑物之间的水平距离，具体是指两建筑相对的外墙外皮最突出处（不含居住建筑阳台）之间的水平投影距离（图 2-1-3）。

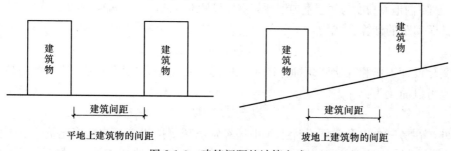

图 2-1-3 建筑间距的计算方式

城市规划要求，建筑应根据所在地区的日照、通风、采光、防火、卫生、防止噪声、视线干扰、管线埋设、节约用地等要求，综合确定建筑间距。通常在场地分析类考试中最常见的建筑间距要求为日照间距和防火间距。

2. 日照间距

对于我国大部分地区而言，最佳的建筑朝向为南向，适宜的建筑朝向为东南向。由于我国幅员辽阔，南北方纬度跨度较大，各地日照情况各不相同，因此建筑的日照间距要求会根据不同地区有不同程度的差别。为了满足各地区居民的采光需求，我国现行《城市居住区规划设计标准》GB 50180 中制定了统一的日照标准。

（1）日照标准

日照标准是根据建筑物所处的气候区、城市大小和建筑物的使用性质确定的，在规定的日照标准日（冬至日或大寒日）的有效日照时间范围内，以底层窗台面为计算起点的建筑外窗获得日照时间。

建筑日照标准应符合下列要求：

每套住宅至少应有一个居室间获得日照，该日照标准应符合现行国家标准《城市居住区规划设计标准》GB 50180 的有关规定；

宿舍半数以上的居室，应能获得同住宅居住空间相等的日照标准；

托儿所、幼儿园的主要生活用房，应能获得冬至日不小于 3h 的日照标准；

老年人住宅、残疾人住宅的卧室、起居室，医院、疗养院半数以上的病房和诊疗室，中小学半数以上的教室应能获得冬至日不小于 2h 的日照标准。

（2）日照间距计算

影响日照间距计算的相关概念有遮挡建筑、被遮挡建筑、建筑间距系数。

遮挡建筑：指对相邻现状或规划建筑的日照条件产生影响，且与日照受到影响的建筑南北向水平距离小于规定距离的建筑。

被遮挡建筑：日照条件因其他建筑的建设而受到影响的建筑。

建筑间距系数：一般指各地规划部门根据日照标准确定的，在建筑采光方向上（我国通常为正南北向）出现重叠的建筑之间，遮挡建筑与被遮挡建筑在采光方向上的建筑水平距离与遮挡建筑高度的比值。

日照间距系数计算公式：

$$日照间距系数(L) = 建筑间距(D) / 遮挡建筑高度(H)$$

由于《城市居住区规划设计标准》GB 50180 中提到以底层窗台面为计算起点的建筑外窗获得日照时间，那么在计算日照间距时还应注意底层窗台到室外设计地坪的高度 h（底层窗台顶面到室内地面高度与底层室内地坪与室外设计地坪的高差之和）（图 2-1-4）。

则日照间距的计算公式为：

$$D = (H - h) \times L$$

在实际设计工作和注册建筑师作图考试中通常会忽略底层窗台到室外地坪的高度，因而公式也可以简化为：

$$D = H \times L$$

另外，在考试中以及实际设计工作中还经常出现遮挡建筑与被遮挡建筑位于不同高程地坪上的情况，如建筑基地中存在坡地地形或建筑基地中有数个高程不同地坪等

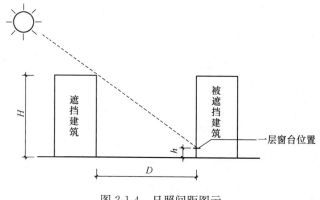

图 2-1-4 日照间距图示

(图 2-1-5)。若出现这种情况，计算日照间距时应将两建筑之间的高低关系以及底层高程的高差 H' 纳入考虑范畴。

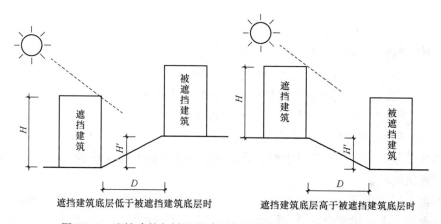

图 2-1-5 遮挡建筑与被遮挡建筑底层有高差时的日照间距计算

若遮挡建筑底层高程低于被遮挡建筑的底层高程，相对于平地情况在满足日照标准的情况下，两建筑的日照间距可以根据高差 H' 适当减小；与之相反，若遮挡建筑底层高程高于被遮挡建筑的底层高程，则日照间距会增大。相应的日照间距计算方式如下：

遮挡建筑底层低于被遮挡建筑时：$D = (H - H') \times L$

遮挡建筑底层高于被遮挡建筑时：$D = (H + H') \times L$

3. 防火间距

《建筑设计防火规范》GB 50016 中对于防火间距的定义为：防止着火建筑在一定时间内引燃相邻建筑，便于消防扑救的间隔距离。

通常来说，建筑之间的最小防火间距受建筑的耐火等级以及建筑的高度两个变量影响。《建筑设计防火规范》GB 50016 中将建筑分为 4 个耐火等级，不同耐火等级的建筑物之间的防火间距在本节相关规范部分列出。

二级注册建筑师作图考试中的建筑以一、二级耐火等级为主，在两栋一、二级多层建筑相邻的墙面不是防火墙的情况下，其防火间距不小于 6m；

当一、二级多层建筑与一、二级高层建筑相邻时，防火间距不小于 9m；

当两栋一、二级高层建筑相邻时，防火间距不小于 13m；

一、二级高层塔楼的裙房（塔楼投影范围外高度不超过24m的附属用房）与相邻建筑的防火间距要求参照一、二级多层建筑的相关要求（图2-1-6）。

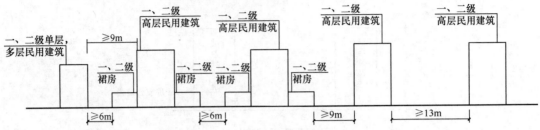

图2-1-6 一、二级民用建筑之间的防火间距

二、相关规范

（一）《建筑防火通用规范》GB 55037

民用建筑之间的防火间距不应小于《建筑防火通用规范》GB 55037第3.3.1条的规定。

第3.3.1条，除裙房与相邻建筑的防火间距可按单、多层建筑确定外，建筑高度大于100m的民用建筑与相邻建筑的防火间距应符合下列规定：

1) 与高层民用建筑的防火间距不应小于13m；
2) 与一、二级耐火等级单、多层民用建筑的防火间距不应小于9m；
3) 与三级耐火等级单、多层民用建筑的防火间距不应小于11m；
4) 与四级耐火等级单、多层民用建筑和木结构民用建筑的防火间距不应小于14m。

第3.3.2条，相邻两座通过连廊、天桥或下部建筑物等连接的建筑，防火间距应按照两座独立建筑确定。

说明：由于《建筑防火通用规范》GB 55037中未对多高层建筑的防火间距进行明确说明，本书将参考《建筑设计防火规范》GB 50016中的相关数据（表2-1-1）。

民用建筑之间的防火间距（m）　　　　表2-1-1

建筑类别		高层民用建筑	裙房和其他民用建筑		
		一、二级	一、二级	三级	四级
高层民用建筑	一、二级	13	9	11	14
裙房和其他民用建筑	一、二级	9	6	7	9
	三级	11	7	8	10
	四级	14	9	10	12

注：1) 相邻两座单、多层建筑，当相邻外墙为不燃性墙体且无外露的可燃性屋檐，每面外墙上无防火保护的门、窗、洞口不正对开设且该门、窗、洞口的面积之和不大于外墙面积的5%时，其防火间距可按本表的规定减少25%。
2) 两座建筑相邻较高一面外墙为防火墙，或高出相邻较低一座一、二级耐火等级建筑的屋面15m及以下范围内的外墙为防火墙时，其防火间距不限。
3) 相邻两座高度相同的一、二级耐火等级建筑中相邻任一侧外墙为防火墙，屋面板的耐火极限不低于1.00h时，其防火间距不限。
4) 相邻两座建筑中较低一座建筑的耐火等级不低于二级，相邻较低一面外墙为防火墙且屋顶无天窗，屋面板的耐火极限不低于1.00h时，其防火间距不应小于3.5m；对于高层建筑，不应小于4m。
5) 相邻两座建筑中较低一座建筑的耐火等级不低于二级且屋顶无天窗，相邻较高一面外墙高出较低一座建筑的屋面15m及以下范围内的开口部位设置甲级防火门、窗，或设置符合现行国家标准《自动喷水灭火系统设计规范》GB 50084规定的防火分隔水幕或本规范第6.5.3条规定的防火卷帘时，其防火间距不应小于3.5m；对于高层建筑，不应小于4m。
6) 相邻建筑通过连廊、天桥或底部的建筑物等连接时，其间距不应小于本表的规定。
7) 耐火等级低于四级的既有建筑，其耐火等级可按四级确定。

(二)《汽车库、修车库、停车场设计防火规范》GB 50067

第 4.2.1 条，除本规范另有规定外，汽车库、修车库、停车场之间及汽车库、修车库、停车场与除甲类物品仓库外的其他建筑物的防火间距，不应小于下表的规定。其中，高层汽车库与其他建筑物，汽车库、修车库与高层建筑的防火间距应按下表的规定值增加 3m；汽车库、修车库与甲类厂房的防火间距应按下表的规定值增加 2m。

汽车库、修车库、停车场之间及汽车库、修车库、停车场与除甲类物品仓库外的其他建筑物的防火间距（m） 表 2-1-2

名称和耐火等级	汽车库、修车库		厂房、仓库、民用建筑		
	一、二级	三级	一、二级	三级	四级
一、二级汽车库、修车库	10	12	10	12	14
三级汽车库、修车库	12	14	12	14	16
停车场	6	8	6	8	10

注：1）防火间距应按相邻建筑物外墙的最近距离算起，如外墙有凸出的可燃物构件时，则应从其凸出部分外缘算起，停车场从靠近建筑物的最近停车位置边缘算起。
2）厂房、仓库的火灾危险性分类应符合现行国家标准《建筑设计防火规范》GB 50016 的有关规定。

三、解题步骤

二级注册建筑师场地作图中场地分析类题型通常要求应试者确定拟建建筑或场地的最大可建范围，其解题步骤如下：

1）满足规划退线要求。
① 如果建筑基底邻近城市道路时，满足退让道路红线要求；
② 满足退让用地红线要求；
③ 如有其他规划线（如绿线、蓝线等）邻近建筑基地，应满足相关退让要求。
2）如果建筑基地内存在保留古树、保留建筑等保护对象，应满足保护范围要求；如有地下管线等基础设施穿越建筑基地，应满足相应的退让要求。
3）拟建建筑的建筑范围与基地内以及周边的已建建筑之间的防火间距应满足《建筑设计防火规范》GB 50016 中相关条文的要求；建停车场范围与建筑之间的防火间距应满足《汽车库、修车库、停车场设计防火规范》GB 50067 中相关条文的要求。
4）如果拟建建筑的建筑范围位于有日照要求的已建建筑南侧时，应按照题目给定的日照间距系数和拟建建筑高度确定日照间距；且应将日照间距与防火间距进行比较后取较大的数值。
5）按照题目要求绘制建筑可建范围并对相关尺寸进行标注。

四、真题解析

(一) 拟建实验楼可建范围（2008 年）

1. 题目

(1) 设计条件

某科技园位于一坡地上，基地范围内原有办公楼和科研楼各一幢，如图 2-1-7。当地日照间距系数为 1.5（窗台、女儿墙高度忽略不计）。

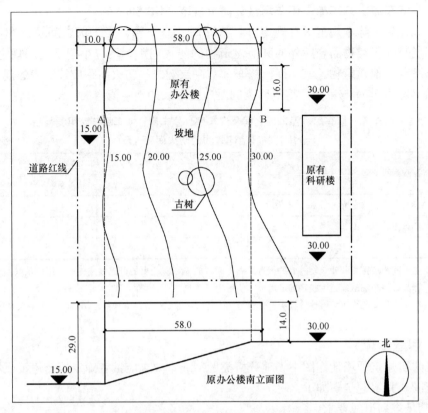

图 2-1-7 2008年实验楼可建范围总图及原办公楼立面图

（2）设计要求

在基地范围内拟建一幢平屋面实验楼，其楼面标高与原有办公楼相同，要求不对原有办公楼形成日影遮挡。拟建实验楼可建范围应符合下列要求：

1）退西向道路红线10m。
2）退南向基地边界线4m。
3）东向距原有科研楼15m。
4）距现有古树树冠3m。

（3）作图要求

用粗虚线绘出拟建实验楼的可建范围，标注该用地范围北侧边界线西端点至A点、东端点至B点的距离。

2. 解析

场地分析类考题的设计条件通常不多，所以不必对于条件进行分类，只要按照题目要求逐步作图即可。

步骤一：根据要求对场地进行规划退线。按题目要求，退西侧道路红线10m，退南侧基地边界4m（图2-1-8）。

步骤二：根据建筑的耐火等级以及高度确定防火间距，并对基地中的保留树木或建筑进行退让。本题未提供基地内东侧现存科研楼的耐火等级和建筑高度，但是题目要求拟建实验楼与东侧科研楼间距不小于15m，而15m的间距完全可以满足拟建实验楼和原有科

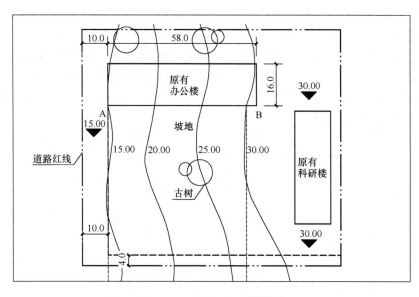

图 2-1-8 步骤一：规划退线

研楼之间的防火间距要求，因此可直接从原有科研楼的西墙退让15m；另外题目要求确定拟建实验楼的最大可建范围，所以要在东侧原有科研楼的西南角以15m为半径画圆弧，此圆弧与南侧退线以及退让科研楼的边线围合成了拟建实验楼东南侧的可建范围。拟建实验楼和北侧原有办公楼之间要满足日照间距要求，本步骤暂时按下不表。

由于基地内存在一棵保留古树，需退让古树树冠3m，则实验楼可建范围还应扣除古树的保护范围（图2-1-9）。

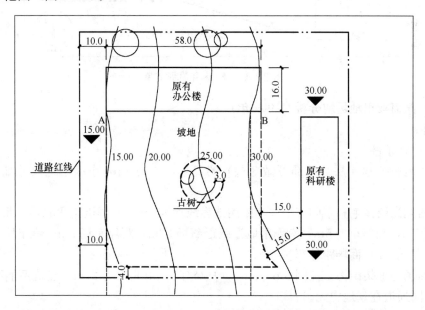

图 2-1-9 步骤二：根据防火间距和保留古树保护范围确定建筑范围

步骤三：根据建筑高度和日照间距系数确定日照间距。题目中拟建实验楼和原有办公楼楼面标高相同，实验楼不应对办公楼形成日影遮挡，日照间距系数为1.5，且两建筑都在坡地上垂直于等高线布置，坡地落差15m，则此时日照间距应分段计算。

办公楼A点高程为15m处拟建实验楼屋面到室外设计地坪高度为29m，则此处日照间距应为29×1.5＝43.5m；办公楼B点高程为30m处拟建实验楼屋面到室外设计地坪高度为14m，则此处日照间距应为14×1.5＝21m。最后，将建筑用地范围边线闭合并标注相关尺寸后则得到答案（图2-1-10）。

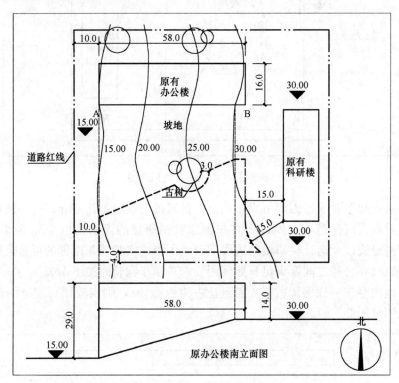

图2-1-10　2008年真题答案

（二）某商业用地场地分析（2009年）

1. 题目

（1）设计条件

1）某地块拟建4层（局部可做3层）的商场，层高4m，小区用地尺寸如图2-1-11所示。

2）西侧高层住宅和东侧多层住宅距用地界线均为3m，北侧道路宽12m；北侧道路红线距商场5m，距停车场5m；南侧用地界线距商场22m，距停车场2m；停车场东、西两侧距用地界线3m；商场距停车场6m。

3）商场为框架结构，柱网9m×9m，均取整跨，南北向为27m，建筑不能跨越人防通道，人防通道在基地中无出入口。

4）停车场面积为1900m²（±5%）。

5）当地日照间距系数为1.6。

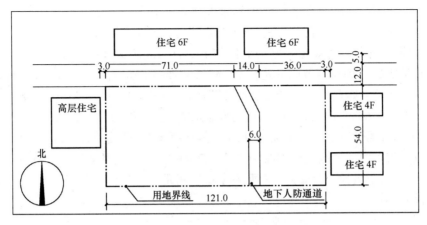

图 2-1-11 2009 年某商业用地场地分析总图

(2) 任务要求

1) 根据基地条件布置商场和停车场，并使容积率最大。
2) 标注相关尺寸。

2. 解析

本题有两个目标，其一是根据规划退线、防火间距、日照间距、避让地下人防通道的要求确定商场建设范围；其二是在基地中布置面积不小于 1900m² 的停车场。在遇到这种有两个及以上任务目标的题目时，可分步解题，以实现目标。本题目中设计限制最多的内容是商场的布置，那么毫无疑问，商场布置的分数权重更大，因此要先布置商场后布置停车场。

步骤一：通过规划退线和防火间距初步确定商场建设范围。题目要求拟建商场应退让北侧道路红线 5m，退让南侧用地红线 22m。题目未说明拟建商场应退让东西两侧用地红线的距离，但基地西侧为高层住宅距本基地的用地红线 3m，东侧为多层住宅距基地的用地红线 3m，由于题目未对拟建建筑和基地周边住宅的耐火等级进行说明，可以默认所有建筑的耐火等级为一、二级，且拟建商场的建筑高度为 16m 是多层建筑；根据《建筑设计防火规范》GB 50016 商场与西侧高层住宅的防火间距不小于 9m，与东侧多层住宅的防火间距不小于 6m。由于拟建商场不得跨越地下人防通道，则初步确定的商场可建范围如图 2-1-12 所示。

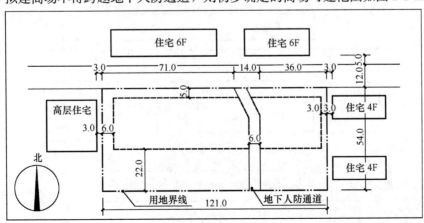

图 2-1-12 步骤一：根据规划退线和防火间距初步确定建筑可建范围

23

步骤二：根据日照间距和建筑柱网跨度布置商场建筑。题目中日照间距系数为1.6，且拟建商场局部可为3层。通过上一步骤建筑退线后，拟建商场与北侧住宅距离为5+12+5=22m，如果商场北侧为3层，则与北侧住宅的日照间距为3×4×1.6=19.2m<22m；由于上一步确定的商场建设范围的进深为54-5-22=27m，商场采用9m柱跨，则商场进深方向为27/9=3跨；此时商场4层部分若从北侧外墙退后一跨（9m），则商场4层高的部分距北侧住宅楼31m，且4层商场与北侧住宅的日照间距为4×4×1.6=25.6m<31m，则可确定商场在南北方向的布置方式。由于商场不得跨越地下人防通道，则基地内拟建商场应分为东西两栋楼；西侧商场的开间应为（71-6）/9≈7跨（63m），东侧开间应为（36-3）/9≈3跨（27m），东西两栋商场间距为121-63-27-6-3=22m，如图2-1-13所示。

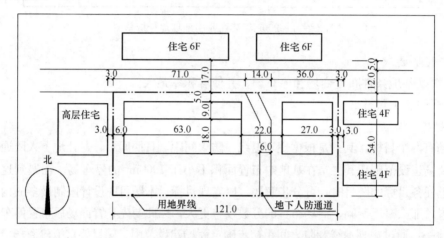

图2-1-13 步骤二：根据日照间距和建筑柱网跨度布置商场建筑的具体位置

步骤三：确定停车场范围并计算面积。根据题目要求，基地内停车场应退北侧道路红线5m、东西侧用地红线3m、南侧用地红线2m，且停车场与基地内商场建筑距离不小于6m（该距离满足规范中停车场与一、二级耐火等级建筑的防火距离），退让后计算面积得到图2-1-14。

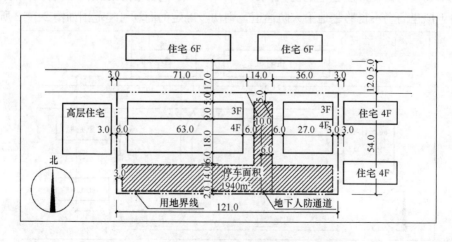

图2-1-14 步骤三：确定停车场范围并计算面积

(三) 拟建多层住宅最大可建范围 (2019年)

1. 题目

某用地内拟建多层住宅建筑，场地平面如图 2-1-15 所示：

(1) 设计条件

1) 拟建多层住宅退南、东侧道路红线不小于 10m。
2) 拟建多层住宅退北、西侧用地红线不小于 5m。
3) 拟建多层住宅退地下管道边线不小于 3m。
4) 当地居住建筑日照间距系数为 1.5。
5) 拟建及既有建筑的耐火等级均为二级。既有办公楼东侧山墙为玻璃幕墙。
6) 应符合国家现行有关规范的规定。

(2) 作图要求

1) 绘出拟建多层住宅的最大可建范围（用 ▨ 表示）。
2) 标注办公楼与拟建多层住宅最大可建范围边线的相关尺寸。
3) 标注拟建多层住宅与道路红线、用地红线的尺寸。

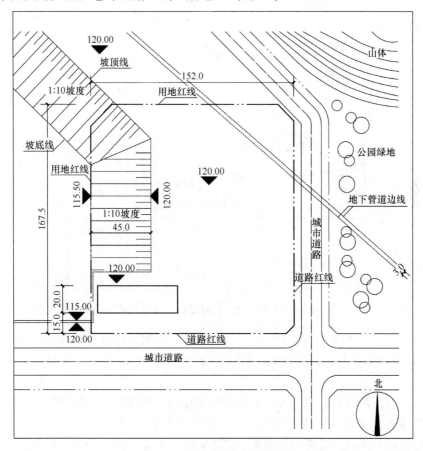

图 2-1-15 2019 年分析用地最大可建范围

2. 解析

本题目的考点除了常见的退让道路红线、用地红线、地下管道边线、防火间距、日照间距外，基地西侧还存在一处边坡，在计算和退让日照间距时应着重考虑。

25

步骤一：将设计条件"拟建多层住宅退南、东侧道路红线不小于10m""拟建多层住宅退北、西侧用地红线不小于5m""拟建多层住宅退地下管道边线不小于3m"表达到图上。该考点没有任何难度，考生须细心辨清指北针方向，且不要忘记标注退线的尺寸。考生还须注意基地东北角的小地块，不要因为粗心或主观认为其不具有用地价值而遗漏。

另外，现状办公楼为5层，根据建筑高度判断为多层建筑，拟建住宅也为多层建筑，根据设计条件"拟建及既有建筑的耐火等级均为二级，既有办公楼东侧山墙为玻璃幕墙"，可知不须考虑建筑有防火墙的情况，故建筑的防火间距应为6m。可见范围在建筑转角处应用圆弧表示（图2-1-16）。

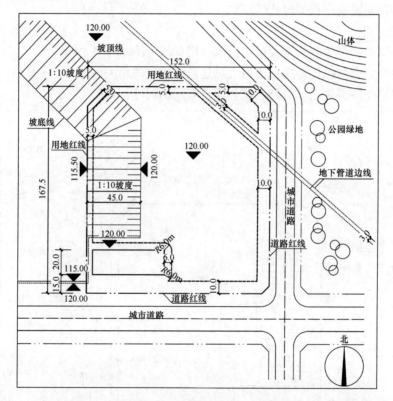

图 2-1-16　步骤一：退让道路红线、用地红线、地下管道边线以及防火间距

步骤二：现状用地内办公楼为5层，合计20m，根据设计条件"当地居住建筑日照间距系数为1.5"可知其与北侧建筑的日照间距应为：20×1.5＝30m。退让日照间距后可得图2-1-17。

步骤三：由于基地的西侧有1:10坡度的边坡，会对现状办公楼北侧日照间距有所影响，通过内插法计算最大可见范围西南侧点的场地标高，该标高为：115.50＋5×0.1＝116.00；则该点与现状办公楼的距离为（120.00－116.00＋20）×1.5＝36m，因边坡的原因，最大可见范围西南侧为一道斜线。

确定用地内拟建建筑的最大可建范围后，用"▨"填充该范围并按照要求标注相关尺寸后可得答案如图2-1-18所示。

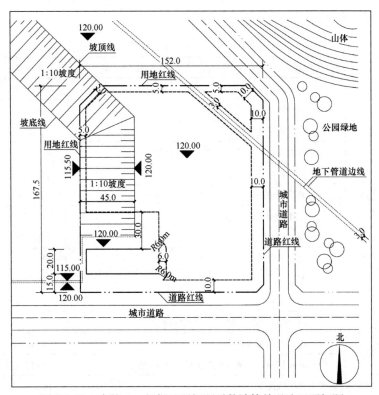

图 2-1-17 步骤二：根据日照间距系数计算并退让日照间距

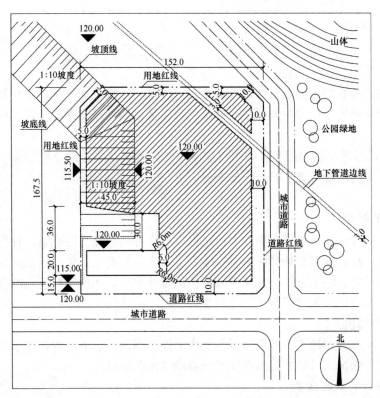

图 2-1-18 步骤三：根据边坡坡度确定该范围内的日照间距，并最终确定可建范围

3. 评分标准（表 2-1-3）

2019 年场地设计评分标准　　　　　　　　表 2-1-3

考核内容		扣分点	扣分值	分值
建筑用地范围选择	退线	（1）退南侧道路红线小于 10m	扣 10 分	30 分
		（2）退东侧道路红线小于 10m	扣 10 分	
		（3）退西侧用地红线小于 5m	扣 10 分	
		（4）东南角、东北角不是切线或退线错	扣 5~10 分	
		（5）尺寸未标注或注错	每处扣 5 分	
	地下管线	（1）地下管道南、北两侧边线未画或画错	扣 5 分	15 分
		（2）尺寸未标注或注错	扣 5~10 分	
	日照间距	（1）办公楼北侧日照间距未画或画错	扣 5 分	15 分
		（2）尺寸未标注或注错	扣 10 分	
	坡顶线	（1）退坡顶线边线未画或画错	扣 5 分	15 分
		（2）尺寸未标注或注错	扣 10 分	
	防火间距	（1）办公楼东侧防火间距未画或画错	扣 5 分	20 分
		（2）尺寸未标注或注错	扣 10 分	
		（3）漏办公楼东北角、东南角防火间距圆弧	每处扣 5 分	
图面表达		图面粗糙或主要线条徒手绘制	扣 2~5 分	5 分
第一题小计分		第一题得分：小计分×0.2＝		

第二节　专题二：停车场设计类

停车场设计类题型是要求应试者在符合相应规范和法规的前提下，结合基地周边环境按照题目要求安排停车位和附属设施，并组织停车区域的流线的题型。停车场设计类题型在二级注册建筑师场地设计（作图题）考试的历史上虽然只出现过三次（2003 年、2005 年、2020 年），但停车场和停车位的布置和设计也会出现在综合设计类题型中，因此应试者也应当对停车场的设计方法有充分的掌握。

一、考核要点

好的停车场设计应当方便车辆和人员进出、有良好的道路交通自组织且符合相应的防火安全规范等。在设计停车场时应主要注意以下几个考核要点：停车场出入口的数量和位置、停车位的尺度和停车方式、无障碍停车位的设计要求、场内车行道路的宽度和组织方式、停车场附属用房的布置原则、绿化布置等。

（一）停车场出入口

停车场出入口的安排主要涉及以下几方面：停车场出入口的位置、停车场出入口的数量和尺寸、停车场出入口的通行及视线通畅要求（图 2-2-1）。

1. 停车场出入口的位置

1）公共停车场距服务建筑出入口宜为 50~100m。在风景名胜区，公共停车场距主入

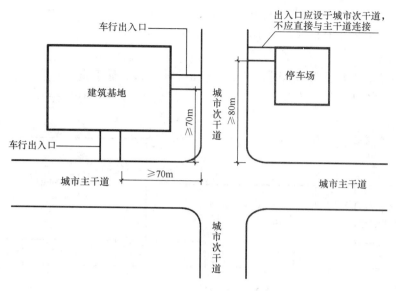

图 2-2-1 车行出入口设置要求

口可以达150~200m。

2）停车场出入口应设于城市次干道，不应该直接与主干道连接，不得设于人行横道处。

3）建筑基地的机动车出入口距离城市主干道交叉口不小于70m。停车场出入口距离道路交叉口必须不小于80m。

4）停车场出入口距离人行过街天桥、地道和桥梁或隧道引道必须不小于5m。

5）停车场出入口的缘石转弯曲线切点距铁道口的最外侧钢轨外缘应不小于30m。

6）距离地铁出入口、公共交通站台边缘不小于15m。

7）距离公园、学校、儿童及残疾人使用的出入口不小于20m（图2-2-2）。

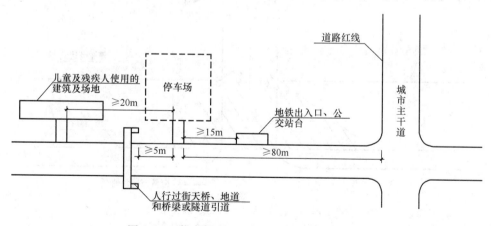

图 2-2-2 停车场出入口与周围城市环境的关系

2. 停车场出入口的数量和宽度

1）场内停车数不超过50辆时，可设1个出入口。如果设置1个出入口，则出入口采取双向车道方便车辆进出，通道宽度不应小于7m，通常可以做到9~10m。但考试中具体宽度以题目要求为准，无要求时则不小于7m。

2）场内停车数大于50辆且不超过500辆时，设不少于2个出入口。通道宽度不应小于7m。

3）场内停车数大于500辆时，设不少于3个出入口。通道宽度不应小于7m。

4）出入口之间的距离不应小于10m，出入口宽度单向不小于5m，双向不小于7m（图2-2-3）。

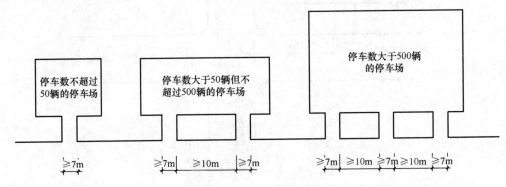

图2-2-3 停车场出入口的数量及布置（双向）

3. 停车场出入口的通视要求

为了避免停车场进出车辆时对道路造成拥堵压力，停车场出入口通常与道路红线之间设置作为缓冲区的引道。具体要求为停车场出入口与道路红线之间的距离不小于7.5m，且出入口的引道与城市道路相接的位置应做倒圆角处理（小型车停车场圆角半径一般为小型车的转弯半径6m）。

除此之外，为了保证车辆离开停车场时不发生碰撞事故，还应在距出入口边线内2m的出入口通道中心线交点处保证120°的视野范围，该视野范围至道路红线内不应有视觉障碍物（图2-2-4）。

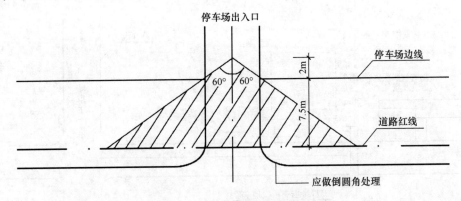

图2-2-4 停车场出入口的通视要求

(二) 停车位的尺度及停车方式

1. 停车位的尺寸

停车位的尺寸通常是由机动车的车型的外廓平面尺寸（表2-2-1）加上安全间距以及人所需的通过尺度综合确定的。

机动车设计车型的外廓尺寸　　　　　　　　　　　表 2-2-1

设计车型		外廓尺寸（m）		
		总长	总宽	总高
微型车		3.80	1.60	1.80
小型车		4.80	1.80	2.00
轻型车		7.00	2.25	2.75
中型车	客车	9.00	2.50	3.20
	货车	9.00	2.50	4.00
大型车	客车	12.00	2.50	3.50
	货车	11.50	2.50	4.00

一般而言，在使用垂直式停车时，小型车停车位尺寸为 2.5m×5.5m，考试中通常为 3m×6m（具体尺寸以题目要求为准）；中型车停车位尺寸为 3.5m×8m，为方便记忆可近似为 4m×8m；大型车停车位尺寸为 3.5m×12m，可记忆为 4m×12m。在以往考试中，暂未出现中型车和大型车的停车位布置，若出现停车位尺寸以题目要求为准。

2. 停车方式

按照车辆的纵向轴线与停车场内道路的夹角关系，停车位的布置方式通常划分为水平式、垂直式、斜列式三类（图 2-2-5）。

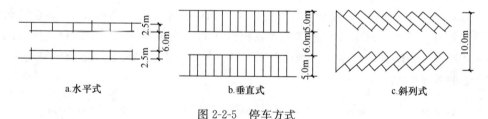

图 2-2-5　停车方式

（1）水平式停车

指车辆纵向平行于道路方向停放的停车方式。在这种方式下，车辆驶入及驶离停车位时最为安全、方便，但由于要方便侧方位停车，避免与两侧车辆碰撞，通常在车辆的纵向需要更大的空间（如 3m×6m 的垂直式停车位若做成水平式，可能需要 3m×8m）。且水平式每个车位占用的道路面积更大，所以在停车场总面积一定的情况下用水平式布置停车位会得到最少的车位。

（2）垂直式停车

指车辆纵向垂直于道路方向停放的停车方式。在这种方式下车辆通常需要倒车驶入或驶出车位，因而道路宽度通常不应小于停车位的进深（如采用 3m×6m 的垂直式停车位，则道路宽度不应小于 6m）。在使用垂直式停车方式时，每个车位占用的道路面积更小，所以在停车场总面积一定的情况下用垂直式布置停车位可以更有效利用场地面积。

（3）斜列式停车

指车辆纵向与道路方向成一定倾斜角度的停车方式，车位的倾斜角度通常为 30°、45°、60°。斜列式停车时进出车比较方便，所需回转空间较小，但进出时只能按固定方向,且车位前、后方会形成难以利用的三角形区域。

对比三种停车方式,在停车场总面积一定的情况下,使用垂直式停车数量最多,水平式停车数量最少,斜列式停车数量居中。另外,由于斜列式停车位在设计时尺寸计算较复杂,在作图考试中不推荐使用此种方式布置停车位,而且考试中通常会给出停车位的图示图例,应试者应当严格按照题目要求作图。

3. 无障碍停车位

无障碍停车位是为方便肢体伤残者、失能及半失能老人、有暂时性创伤的正常人等行动障碍者由车辆转乘轮椅而设置的停车位。无障碍停车位需满足以下规定:

1)无论设置在地上或地下的停车场地,应将通行方便、距离出入口路线最短的停车位安排为无障碍机动车停车位;

2)停车位的一侧或与相邻停车位之间应留有宽1.2m以上的轮椅通道,方便行动障碍者上下车,相邻两个无障碍机动车停车位可共用一个轮椅通道;

3)无障碍机动车停车位的地面应平整、防滑、不积水,且地面坡度不应大于1∶50。

无障碍停车位的具体布置方式可参考图2-2-6,如图所示,为保障乘轮椅者的安全,无障碍停车位旁的轮椅通道应连接或毗邻无高差的步行通道,且能够通过该步行通道直达停车场出口或目的地,从而使乘轮椅者远离车行区域。在具体布置无障碍车位和轮椅通道时可以衍生出三种做法:a. 两个无障碍停车位共用一条轮椅通道的情况,即将两个无障碍停车位布置在一条轮椅通道两侧;b. 每个无障碍停车位都对应一条轮椅通道的情况,即将轮椅通道固定布置于无障碍停车位的一侧;c. 每个无障碍停车位对应两条轮椅通道的情况,通常采用 $n+1$ 的方式布置,即有 n 个无障碍停车位时,则有 $n+1$ 条轮椅通道,这样可以保证每个无障碍车位都能满足乘轮椅者从两侧换乘轮椅(图2-2-6)。在考试中,具体选用哪种布置方式应严格按照题目要求设计。另外,在考试时轮椅通道的宽度也应严格按照题目要求绘制。

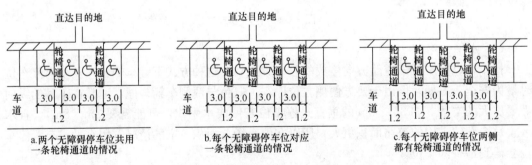

图2-2-6 无障碍停车位的布置方式

(三)停车场内的交通组织

停车场中的车道应满足每一个停车位的可达性,且方便车辆进出。通常停车场内车道的布置应主要注意两个方面:车道宽度和车道组织方式。

1. 车道宽度

车道宽度通常按照7m布置,这样可以满足双向行车,且方便车辆倒车驶入或驶出停车位。如果作图考试中题目对车道宽度有明确要求,则以题目要求为准。

2. 车道的组织形式

停车场内车道应结合出入口以及场地尺度进行组织，尽量保证车辆的行驶方向一致，避免过多的会车和交叉。因此应避免尽端式车道布置，尽量将车道布置为环通式或穿越式。车道组织的具体方式与出入口的数量、场地的尺度有关，具体可分为四种情况（图 2-2-7）：

1）停车场有一个出入口且场地短向尺寸较小的情况。场地短向尺寸只能容纳一条车道和一到两排停车位，这种情况下只能在场内设置一条尽端式道路，并沿道路单侧或双侧布置停车位。同时为了停在尽端车位的车辆能够倒车进出车位，还应在车道的尽端进行一定延伸方便车辆回转。这种布置方式通常会导致停车场内有较多会车和两方向车流交叉的情况，不够通畅，且尽端车位不易进出。不建议这样布置。

2）停车场有一个出入口且场地短向尺寸较大的情况。通常需要场地的短向尺寸可以容纳两条车道以及不少于两排的停车位，这样可以设置如图中所示的环通式车道，虽然在出入口容易出现会车的情况，但绝大多数情况可以保证车辆方便进出车位且场内交通顺畅。

3）停车场有不少于两个出入口且场地短向尺寸较小的情况。这种情况下，可以将场内车道布置成穿越式，结合出入口的位置关系设置"U"形或"L"形车道，并沿车道两侧布置停车位，如此便可以在小场地中保证停车场的交通流畅。但由于难以形成环通式的流线，所以车辆难以在场内往复寻找车位。

4）停车场有不少于两个出入口且场地短向尺寸较大的情况，通常适合停车量较大的停车场，结合了 b 和 c 的优点，既可以保持场内环通式的流线，又可以将出入口分开，从

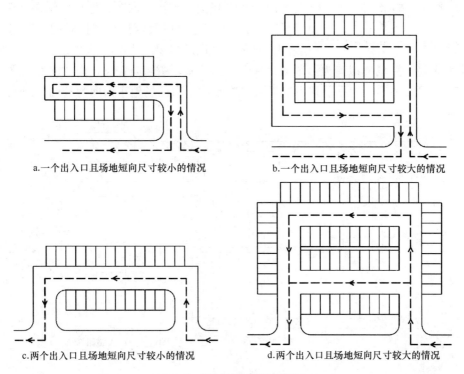

a.一个出入口且场地短向尺寸较小的情况　　b.一个出入口且场地短向尺寸较大的情况

c.两个出入口且场地短向尺寸较小的情况　　d.两个出入口且场地短向尺寸较大的情况

图 2-2-7　停车场车道的组织形式

而避免场内的会车和车流交叉的情况。

3. 停车场停车位和车道布置技巧

根据前述的内容，应试者必须牢记一组关键数据，即垂直停车位进深6m、水平式停车位进深3m，以及停车场内车道宽度7m。以这三个数据为出发点，这里提出一个布置停车场的技巧作为参考：

1）在设计停车场时应沿场地的长向尽量多布置垂直式停车位（可搭配少量水平式停车位，但出于节地的考虑不以水平式为主），具体能够布置几排垂直式停车位，需要根据场地的短向尺寸确定；

2）一排垂直停车位和一条车道需要的短向尺寸为6m+7m=13m；两排垂直停车位和一条车道需要的短向尺寸为6m+7m+6m=19m；一排水平式停车位、一排垂直式停车位和一条车道需要的短向尺寸为3m+7m+6m=16m（图2-2-8）；

3）当场地的短向尺寸至少可容纳三排停车位和两条车道时，可以布置环通式车道；因此可布置环通式车道的最小场地短向尺寸为29m（两排垂直停车位、一排水平停车位、两条车道）；

4）若场地空间足够做环通式车道，且场地长向空间足够时，可在场地两侧沿短向布置停车位作为补充；

5）应在红线边缘以及两排车位相对的位置留出绿化空间，具体尺寸以题目要求为准。

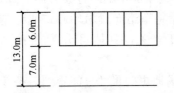

a. 车道一侧布置垂直式停车位所需尺寸

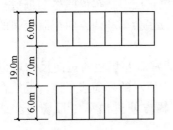

b. 车道两侧布置垂直式停车位所需尺寸

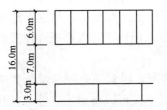

c. 车道一侧布置垂直式停车位，另一侧布置水平式停车位时所需尺寸

图2-2-8 停车位、车道所需尺度

举例来说，一场地拟建为停车场，其南北向较短，东西向较长，南北向红线之间的尺寸为37m（图2-2-9）。根据前述方法，可以判断例子中的场地东西向为长向，南北向为短

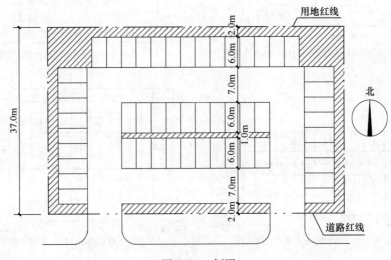

图2-2-9 例图

向，因此应当沿东西向多布置垂直式停车位。由于场地南北向尺寸为37m，可以布置三排垂直式停车位和两条车道，剩余5m空间作为场地边缘以及相对停车位之间的绿化空间。场地东、西两端可以沿南北向布置少量停车位作为补充。

当然以上方法仅作为一种参考，在考试与实际设计工作中如果实际要求的数据有所不同，自然以实际要求为准，可以将具体数值代入前述范式之中以方便设计。

（四）停车场管理用房的布置

停车场管理用房通常是为方便管理人员收取停车费用而布置。

在停车场有两个及以上出入口时，管理用房通常设置于停车场出口处。由于我国的机动车为左舵车，驾驶员位于车辆左前方，为了方便驾驶员通过扫码、刷卡或现金的方式缴费，管理用房应当放置于停车场出口出车方向的左侧（图2-2-10）。

如果停车场只有一个出入口，则应当将管理用房设置于靠近出车车流的一侧，并在道路中央设置读卡、扫码装置，方便驾驶员缴费；或者在出入口的中央设置较小的收费亭方便进场、出场的车辆共同使用（图2-2-11）。

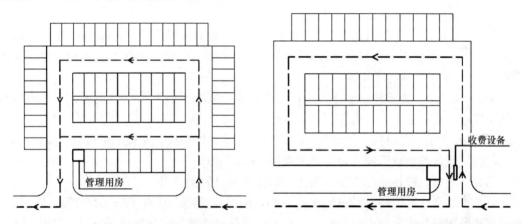

图2-2-10 出入口分开时管理用房的设置方式　　图2-2-11 只有一个出入口时管理用房的设置方式

（五）绿化

考试中停车场的绿化区域应严格按照题目要求进行布置，在此不作赘述。

二、相关规范

（一）《民用建筑设计统一标准》GB 50352

第4.2.4条，建筑基地机动车出入口位置，应符合所在地控制性详细规划，并应符合下列规定：

1) 中等城市、大城市的主干路交叉口，自道路红线交叉点起沿线70.0m范围内不应设置机动车出入口；
2) 距人行横道、人行天桥、人行地道（包括引道、引桥）的最近边缘线不应小于5.0m；
3) 距地铁出入口、公共交通站台边缘不应小于15.0m；
4) 距公园、学校及有儿童、老年人、残疾人使用建筑的出入口最近边缘不应小于20.0m。

(二)《汽车库、修车库、停车场设计防火规范》GB 50067

第6.0.13条，汽车疏散坡道的净宽度，单车道不应小于3.0m，双车道不应小于5.5m。

第6.0.14条，除室内无车道且无人员停留的机械式汽车库外，相邻两个汽车疏散出口之间的水平距离不应小于10m；毗邻设置的两个汽车坡道应采用防火隔墙分隔。

第6.0.15条，停车场的汽车疏散出口不应少于2个；停车数量不大于50辆时，可设置1个。

(三)《停车场规划设计规则》

第四条，机动车停车场的出入口应有良好的视野。出入口距离人行过街天桥、地道和桥梁、隧道引道须大于50m；距离交叉路口须大于80m。

第五条，机动车停车场车位指标大于50个时，出入口不得少于2个；大于500个时，出入口不得少于3个。出入口之间的净距须大于10m，出入口宽度不得小于7m。

第十条，机动车停车场内的主要通道宽度不得小于6m。

(四)《无障碍设计规范》GB 50763

第3.14.1条，应将通行方便、行走距离路线最短的停车位设为无障碍机动车停车位。

第3.14.2条，无障碍机动车停车位的地面应平整、防滑、不积水，地面坡度不应大于1∶50。

第3.14.3条，无障碍机动车停车位一侧，应设宽度不小于1.20m的通道，供乘轮椅者从轮椅通道直接进入人行道和到达无障碍出入口。

第3.14.4条，无障碍机动车停车位的地面应涂有停车线、轮椅通道线和无障碍标志。

(五)《建筑与市政工程无障碍通用规范》GB 55019

第2.9.1条，应将通行方便、路线短的停车位设为无障碍机动车停车位。

第2.9.2条，无障碍机动车停车位一侧，应设宽度不小于1.20m的轮椅通道。轮椅通道与其所服务的停车位不应有高差，和人行通道有高差处应设置缘石坡道，且应与无障碍通道衔接。

第2.9.3条，无障碍机动车停车位的地面坡度不应大于1∶50。

第2.9.4条，无障碍机动车停车位的地面应设置停车线、轮椅通道线和无障碍标志，并应设置引导标识。

第2.9.5条，总停车数在100辆以下时应至少设置1个无障碍机动车停车位，100辆以上时应设置不少于总停车数1%的无障碍机动车停车位；城市广场、公共绿地、城市道路等场所的停车位应设置不少于总停车数2%的无障碍机动车停车位。

第2.9.6条，无障碍小汽(客)车上客和落客区的尺寸不应小于2.40m×7.00m，和人行通道有高差处应设置缘石坡道，且应与无障碍通道衔接。

三、解题步骤

二级注册建筑师场地设计(作图题)停车场设计类题型解题步骤如下：

1) 题目中通常已给定停车场内的停车数量，根据停车数量确定停车场出入口数量。

① 如果总停车数不超过50辆，则设置一个出入口。2003年真题中的机动车总停车数为45辆。

② 如果总停车数超过 50 辆，则应设置两个出入口。2020 年真题中虽要求应试者布置 38 个停车位，但场地中包括一栋已建停车楼，场地中总停车位超过 50 辆。

2) 根据拟建停车场的场地与周边道路，以及城市功能与设施的关系确定停车场出入口的位置。

3) 根据题目要求进行退线并留出绿化区域。

4) 根据场地的平面形式以及尺寸，大致判断停车位的布置方向以及车道的组织方式。如果拟建停车场的短向尺寸大于 29m，则可考虑布置环通式车道，否则应布置穿越式车道，尽量避免停车场中出现尽端式车道。

5) 在靠近停车场出口或靠近主要目的地的位置优先布置无障碍停车位。

6) 根据停车场的出入口设置以及车流方向布置管理用房。

7) 标注相关尺寸、出入口位置、行车路线、行驶方向、停车带停车数量以及总停车数量。

四、真题解析
（一）某超市停车场设计（2003 年）
1. 题目

（1）设计要求

某仓储式超市需在超市东侧基地内配套建一停车场（图 2-2-12）。

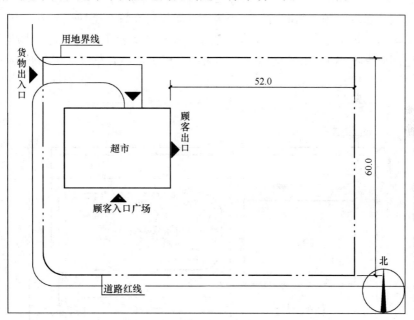

图 2-2-12　2003 年某超市停车场设计总图

1) 要求布置不少于 45 辆小客车停车位和 60 辆自行车停车位。

2) 要求小客车和自行车均从南面道路出入，但二者应分别单独设置出入口。所有停车位距建筑物不应小于 6m。入口广场内不应布置车位。

3) 小客车停车场与自行车停车场之间应有不小于 4m 宽的绿化带，所有停车场与用地界限、道路红线之间应有不小于 2m 宽的绿化带。

37

4）小客车停车位尺寸 3m×6m，自行车停车位尺寸 1m×2m。

（2）作图要求

1）绘图表示停车位、道路和绿化带，并注明尺寸。

2）注明小客车和自行车数量。

3）用虚线表示小客车的行车路线和行驶方向。

2. 解析

本题目需要在基地中布置自行车停车场和小客车停车场，由于小客车停车场占地面积更大、相关规范更严格，所以在解题过程中应优先考虑布置小客车停车场，再布置自行车停车场。

步骤一：确定小客车停车场和自行车停车场的大致位置。

题目要求小客车和自行车均从南面道路出入，但二者应分别单独设置出入口；题目要求小客车停车场的总停车数不少于 45 辆，按照规范要求少于 50 辆机动车的停车场可设一个机动车出入口；由于所有车辆通过一个出入口进出，出入口宽度不应小于 7m；基地位于道路交叉口附近，但题目未给出道路交叉口与基地的具体距离，应使机动车停车场的出入口尽量远离道路交叉口，再按题目要求退东侧用地红线 2m 后直接布置连接停车场的车行出入口。

对于自行车停车场出入口，可考虑靠近顾客入口广场布置。为了方便出入，可将自行车停车场布置在靠近南侧道路的附近，小客车停车场可布置在基地东北侧，并按题目要求小客车停车场与自行车停车场之间应有不小于 4m 宽的绿化带，所有停车场与用地界线、道路红线之间应有不小于 2m 宽的绿化带。由此，可确定小客车停车场与自行车停车场的大体位置（图 2-2-13）。

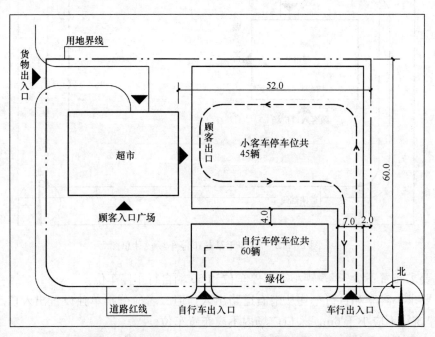

图 2-2-13 步骤一：规划退线、大致确定小客车停车场和自行车停车场的位置

步骤二：按题目要求设计小客车停车场。

根据规范要求，停车场内双向车道宽度不少于7m，并按照题目要求留出与道路、用地红线间不少于2m的绿化带，若停车场布置环通式车道并布置4排垂直式停车位，所需尺寸为2+6+7+6+6+7+6=40m。若考虑相对停车位直接设置2m的绿化带，则最南侧停车位边缘距北侧用地红线尺寸为42m，基地南北进深60m，剩余18m进深布置自行车停车场。

超市东墙距基地东侧用地红线52m，退东侧红线2m后剩余50m，由于停车位与建筑的距离不得少于6m（题目和规范要求），则沿基地最北侧可布置15个垂直停车位，该停车带东西尺寸为15×3=45m，且可以满足超市东北角到最近停车位的距离不少于6m；其余小客车停车位则需要在超市东墙和基地东侧绿化带之间布置，由于要留出两条车道宽度以及停车位和道路之间不小于2m的绿化带，则剩余可作停车位的尺寸为52-7×2-2×3=32m，垂直式停车位宽度为3m，则取30m做3排各10个停车位的停车带，剩余的空间做绿化。综上，场地中总共可以布置45个小客车停车位（图2-2-14）。

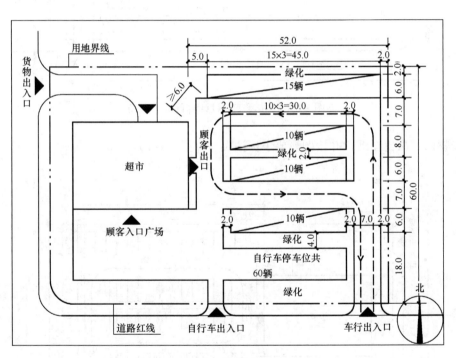

图2-2-14 步骤二：设计小客车停车场

步骤三：按题目要求设计自行车停车场。

在布置完小客车停车场后，剩余18m的南北进深可以布置自行车停车场与绿化带。由于小客车停车场与自行车停车场之间应有不小于4m宽的绿化带，所有停车场与用地界线、道路红线之间应有不小于2m宽的绿化带，去掉绿化带后剩余18-4-2=12m，做两排垂直式自行车停车位和车道有余。自行车停车位尺寸为1m×2m，因此可与北侧小客车停车带对齐，作2排各30个垂直式自行车停车位，场地中总共可以布置60个自行车停车位。其余尺寸可参考图2-2-15。

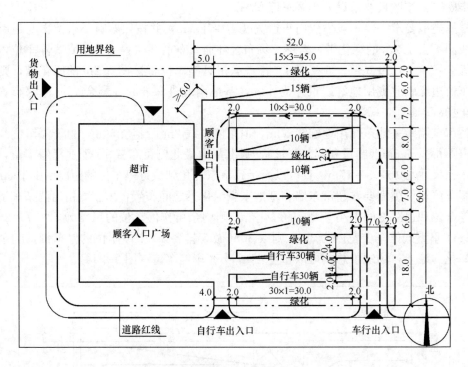

图 2-2-15 步骤三:设计自行车停车场

步骤四:深化图纸,并按题目要求标注尺寸(图 2-2-16)。

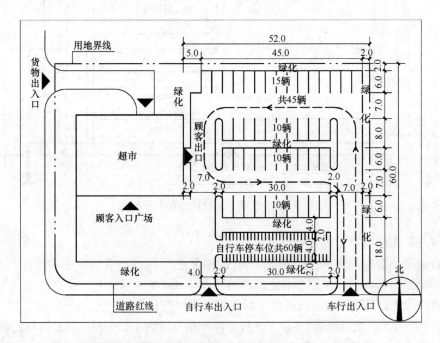

图 2-2-16 步骤四:深化设计,并标注尺寸得到答案

（二）某餐馆总平面设计（2005年）

1. 题目

（1）设计要求

在城郊某基地（图2-2-17）布置一餐馆，并布置基地的出入口、道路、停车场和后勤小货车卸货院。

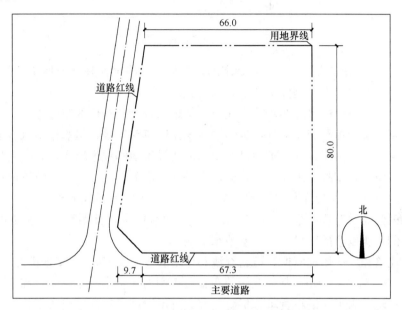

图2-2-17 2005年某餐馆总平面设计总图

1）餐馆为1层，其平面尺寸为24m×48m，建筑距道路红线及用地界线应不小于3m。建筑南向适当位置设置顾客出入口及不小于18m×8m的集散广场。

2）在基地次要位置设置后勤出入口及不小于300m²的后勤小货车卸货院，并设置5个员工小汽车停车位。

3）在餐馆南侧设置不少于45个顾客的小汽车停车位，不允许布置尽端式车道，停车位置成组布置，每组连续布置的停车位不得超过5个，每组之间或尽端要有不小于2m宽的绿化隔离带。停车场与道路红线或用地界线之间应设置3m的绿化隔离带。

4）基地内道路及停车场距道路红线或基地界线不小于3m。

（2）作图要求

按照设计要求在总平面图中：

1）要标出主入口、次入口、员工出入口、后勤小货车卸货院并标注名称。

2）布置停车场，标明相关尺寸。

3）绘出顾客停车场的车行路线。

4）布置绿化隔离带。

提示：有关示意图如图2-2-18。

2. 解析

本题目虽然名为餐馆总平面设计，但其题型实际上却是停车场设计，题目中只需要布置一栋建筑、一个集散广场和一个货车卸货场，除此之外其重点是布置两个停车区总共

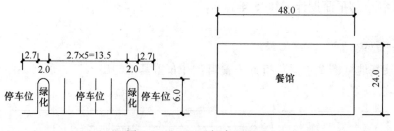

图 2-2-18 2005 年真题图示

50个停车位。因为餐馆的平面尺寸是确定的，题目的不确定性来自于停车位的布置方式，所以在设计时应首要考虑的是停车位的布置方式。

步骤一：根据基地的尺寸初步确定建筑、场地的位置和车位的布置方式。

首先，基地位于道路交叉口处，虽然题目未说明道路等级，但基地出入口的位置应尽量远离道路交叉口。由于设计要求中已经说明需要设置南侧顾客出入口和后勤出入口，结合道路交叉口位置，则顾客出入口位置应位于基地东南侧，后勤出入口位置应位于基地西北侧。基地内总共50个停车位，因此2个车行出入口可以满足规范要求。

其次，因为需要布置不小于18m×8m的顾客集散广场，且顾客进入基地的出入口位于基地东南侧，所以集散广场应位于基地东南侧。

再次，建筑和停车场都应退让道路红线和用地界线不少于3m，基地南北向进深80m，退线后剩余 80－3×2=74m。基地北侧须布置员工用的5个小汽车停车位和不小于300m²的小货车卸货院，为了保证小货车卸货院足够大且不被员工车辆进出所干扰，应将其布置在基地东北侧，员工车位则在卸货院西侧沿东西向布置。小汽车停车位进深6m，车道宽度不应小于7m，则后勤区以南剩余进深为74－6－7=61m。由于题目设计要求中不允许布置尽端车道，则场地内车道应为环通式。若在南侧布置两条宽度不小于7m的车道和三条进深6m的小汽车停车带，则南北进深剩余 61－7×2－6×3=29m，餐馆南北进深为24m，此进深可以满足要求；若三条停车带不足以布置45个停车位，则可以在基地西南侧沿南北向布置停车带，东西向除了退线外还应留出6m的垂直停车位进深以及宽度不小于7m的车道，最终可安放建筑的场地东西面宽大约为50m，餐馆东西面宽为48m，也可以满足要求。

最后，按照以上逻辑可得到如图 2-2-19 中的初步布置图。

步骤二：根据图示要求深化设计并标注尺寸。

题目要求停车位成组布置，每组连续布置的停车位不得超过5个，每组之间或尽端要有不小于2m宽的绿化隔离带。结合场地尺寸设计可得，环通车道中央可布置4组（20个）停车位，基地南侧可布置3组（15个）停车位，剩余10个停车位可在基地西南侧沿南北方向布置。

最后，按照题目要求布置建筑、场地，并标注相关尺寸和建筑及基地出入口位置，可得到答案（图 2-2-20）。

（三）某停车场设计（2020年）

1. 题目

项目用地范围如图 2-2-21 所示，场地中包括一既有停车楼。场地东侧、北侧分别为

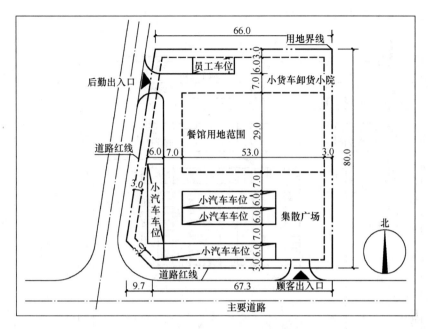

图 2-2-19 步骤一：根据基地尺寸初步确定建筑、场地的位置及车位的布置方式

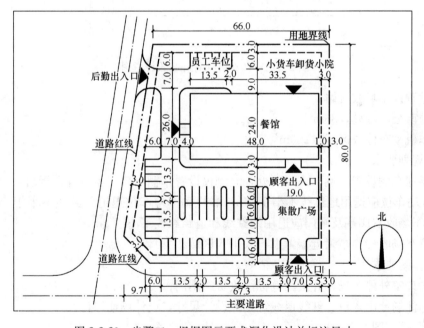

图 2-2-20 步骤二：根据图示要求深化设计并标注尺寸

城市支路 1、城市支路 2，南侧为既有办公楼，西侧为城市绿地。

(1) 设计要求

1) 设置满足 38 个停车位。
2) 需包含 10 个电动汽车停车位。
3) 需包含 5 个无障碍停车位。

43

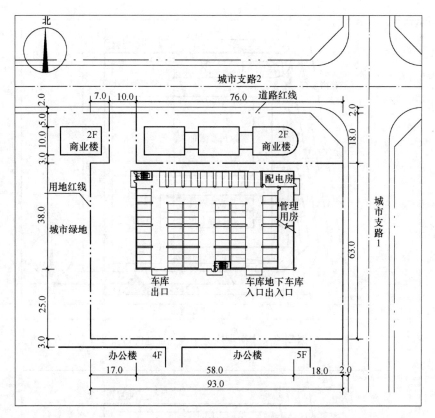

图 2-2-21 2020年某停车场设计总图

4) 设置停车场收费站。

5) 城市公厕一处, $36m^2$。

6) 非机动车停放区域, $200m^2$。

(2) 规划要求

1) 场地东侧设置车辆出入口一处, 北侧仅设置车辆出口, 需设置人行出入口一处。

2) 机动车位应退用地红线不小于2m, 非机动车停车位退道路红线不小于5m, 城市公厕、停车场收费岗亭及闸门应退用地红线和道路红线不小于5m。

3) 停车场收费岗亭附近需考虑行人出入区域。

(3) 作图要求

1) 设计室外停车场, 并按图例标注收费站闸门;

2) 标注场地出入口、红线退线等相关设计尺寸, 设计场地绿化。

(4) 图例 (图 2-2-22)

2. 解析

根据设计要求可知: 需设置普通机动车停车位23个, 电动汽车停车位10个, 无障碍停车位5个。在后期总图绘制过程中, 应严格落实、注明停车位的类型、数量, 且在停车位上标注清楚相应的停车位名称。

步骤一: 初步确定停车场布局。

根据规划要求 "场地东侧设置车辆出入口一处, 北侧仅设置车辆出口, 需设置人行出

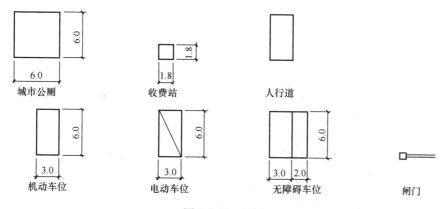

图 2-2-22 图例

入口一处",可知场地应有两处出入口,因两处出入口均有车行功能,故须远离城市支路交叉口。一处出入口(主入口)设在场地东侧,供人行、车行;一处出入口(次入口)位于场地北侧,仅供车行。场地内车行道连接主次入口,为宽 7m "L"形双车道,路边设置垂直式停车位。

车行道的具体位置根据规划退线条件确定,由用地红线往内依次是:机动车位退线、6m 的停车位、7m 的机动车道。其中场地西侧停车位退线根据设计条件退用地红线不小于 2m,南侧由于存在两栋办公楼应距用地红线 3m,而根据防火规范要求,停车位应当与建筑保持不小于 6m 的防火间距,因此,南侧车位退线应为 3m。

非机动车停车区域、公厕宜靠近人行出入口,设于场地东侧,且均应满足退道路红线 5m 的要求。考虑到图面美观,非机动车停车区域宽度宜与公厕同宽,取 6m,长度经过计算 200÷6≈33.3m。

综合上述内容可得停车场初步布置(图 2-2-23)。

步骤二:在前一步骤的基础上明确各类停车位的位置、数量及尺寸。

电动车停车宜靠近配电房,尽量保证在室外敷设的电线长度较短且较少迂回,因此宜将电动汽车停车位布置于基地东南侧,该停车位数量为 10 个,垂直式停车时需要留出 30m 的长度;无障碍停车位宜靠近出入口(无障碍停车位数量少,但应方便使用)。本题停车场的两个出入口中北侧出入口靠近商业区,可以在北侧出入口附近布置无障碍停车位,由于题目要求布置 5 个无障碍停车位,若保证每两个停车位能共用一个 2m 宽无障碍通道,则需要预留 $3×5+2×3=21m$ 的长度;其余普通停车位布置在剩余的位置,普通停车位共 23 个,需要共 69m 的长度。

综合上述内容可得图 2-2-24。

步骤三:在前一步骤的基础上细化设计并布置人行道、收费站、闸门、绿化等。

《民用建筑设计统一标准》GB 50352 第 5.2.2 条第 3 款规定:"人行道路宽度不应小于 1.5m",应满足无障碍最低要求。宽度设置为"2.5~3.0m",是为考虑非机动车和人行道的便捷通畅。另外,无障碍停车位中的无障碍通道应当与人行道相连。

按要求绘制收费岗亭、闸门,一定要标注其退线距离。标注场地出入口,在合适的位置标注"绿化"二字。最终可得答案(图 2-2-25)。

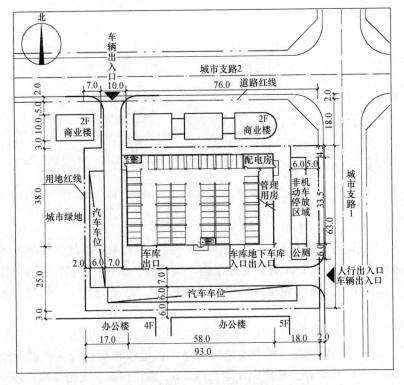

图 2-2-23 步骤一:初步确定停车场布局

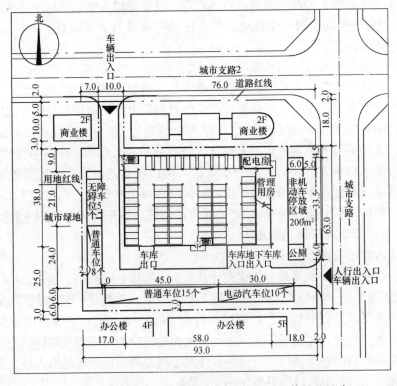

图 2-2-24 步骤二:明确各类停车位的位置、数量及尺寸

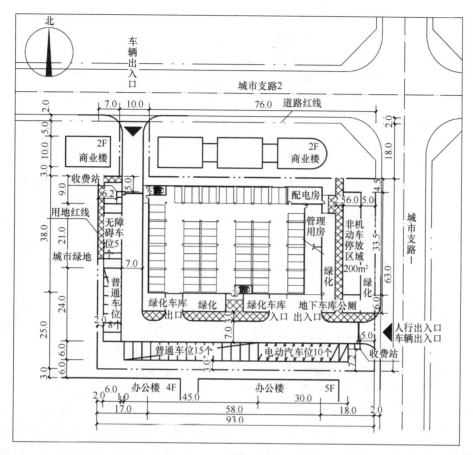

图 2-2-25 步骤三：细化设计并确定停车场设计

第三节 专题三：地形设计类

地形设计类题型是二级注册建筑师场地设计（作图题）考试历史上出现次数第二多的题目类型。此类题目出题方式较为多样，解题方式没有固定方法，因而这类题型更加注重考核应试者对于地形设计的相关概念以及设计原理的理解和掌握。本节将对历年地形设计类考题涉及的概念和要点进行汇总和梳理，以供应试者参考。

一、相关概念

地形设计中的"地形"一词，在地理学的研究范畴中几乎与"地貌"是同义词，但相对于地理学宏观的、大尺度的研究角度而言，建筑学对于地形和地貌的研究更加细致。从建筑学的角度出发，"地貌"由"地形"和"地肌"组成；其中，"地肌"指的是地表的肌理，即组成地表不同物质的总称；"地形"即本节将重点讨论的内容，是指地表的三维形态。

由于地形是三维形态，而地形图是二维图纸，为了能够用地形图来表达地形需要借助以下几个概念。

47

（一）高程

高程也称海拔，是指某一点沿铅垂线方向到水准基面的距离。中国以青岛验潮站长期观测资料推算出的黄海平均海平面作为中国的水准基面，即零高程面。中国水准原点建立在青岛验潮站附近，并构成原点网。用精密水准测量测定水准原点相对于黄海平均海面的高差，即水准原点的高程，定为全国高程控制网的起算高程，由水准原点起算的高程称为绝对高程。当个别地区引用绝对高程有困难时，可以采用任意假定水准基面作为高程起算面，此时某点沿铅垂线方向到达假定水准基面的距离称为假定高程或相对高程。

（二）等高线

等高线是指地面上高程相等的点连成的闭合曲线，也可以看作为以某高程的假想水平面与地表相交产生的闭合曲线；每条等高线都应该是闭合的，但是有时图纸表示的范围有限，经常出现等高线没有闭合的情况。

地形图实际上就是按照比例绘出的多条等高线（相邻等高线之间的高差应当相等）在某水平面上的投影（图2-3-1），根据等高线分布的疏密以及围合情况，可以判断出地形的坡度以及山地地形的位置特征。

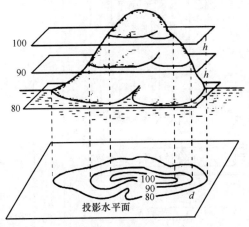

图2-3-1 地形与地形图

（三）等高距

等高距也称等高线间距，是指地形图上相邻等高线之间的高差。由于同一张地形图上的等高距是相同的，所以等高线越密集则说明坡度越陡峭，等高线越疏离则说明坡度越平缓。另外，等高距的大小通常与地形图的比例有关。

（四）坡度

坡度是指地表上任意两点之间连线相对于水平面的倾斜度。坡度通常有三种表示方式：高长比、百分比、倾斜角度（图2-3-2）。在工程设计中常采用高长比和百分比表示坡度。

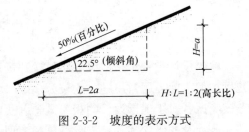

图2-3-2 坡度的表示方式

在工程设计中，通常根据坡度的数值将自然地形分为平坡地、缓坡地、中坡地、陡坡地、急坡地和悬崖坡地。针对不同类型的地形，设计方法是有区别的。

1. 平坡地

地面坡度在3‰（1∶33.3）以下时为平坡地。此时的地面基本上是平地，道路及房屋可以自由布置，但坡在0.3‰（1∶333.3）以下时应注意组织排水以免地面积水。

2. 缓坡地

地面坡度在3‰（1∶33.3）～10‰（1∶10）时为缓坡地。在缓坡地上车道可以纵横自由布置；对于步行者而言在缓坡地上站立和行走基本没有不适感，可以如履平地。

另外，在无障碍设计逐渐成为通用设计要求的今天，除了车辆和步行者的通行，还应考虑乘轮椅的行动障碍者的通行。对于乘轮椅者而言，当坡度为3‰（1∶33.3）～5‰

(1:20) 时，操作轮椅相对不太费力；但在坡度5%（1:20）～10%（1:10）的缓坡地上，乘轮椅者操作轮椅会越来越费力。因此，轮椅坡道尽量与等高线方向斜交布置以减小坡度，且每段坡道的提升高度须考虑使用者的体力情况，每提升一定的高度需要设置一个平台提供短暂休息，否则容易造成因体力不支无法操作轮椅的情况，从而带来安全隐患。例如在轮椅坡道坡度为1:12时，每段坡道的提升高度不应大于750mm，即水平长度不应大于9m，否则应设休息平台。

缓坡地上的建筑群布置相对自由，但相对于平坡地而言也有一定限制。在缓坡地上，通常建筑宜平行于等高线或与等高线斜交处理，建筑垂直于等高线布置时长度不宜过长，否则应结合场地的落差进行错层、掉层、架空、吊脚等处理。

3. 中坡地

地面坡度在10%（1:10）～25%（1:4）时为中坡地。此时车道不宜垂直于等高线布置；对于步行者而言，随着坡度增大行走逐渐费力，在步行路线垂直于等高线布置时需要设置台阶；如果步行线路同时要考虑无障碍通行，应将轮椅坡道与等高线方向斜交布置，以减小坡度；在中坡地上布置较大规模的建筑或大面积的平台场地时，需进行挖填方处理，有时需要结合场地形式设置高度不同的平台作为建筑基地。

4. 陡坡地

地面坡度在25%（1:4）～50%（1:2）时为陡坡地。陡坡地上的车道须与等高线成较小角度布置；步行者可以在陡坡地上站立，但不舒适，比较费力，有跌落的风险；陡坡地的建筑用地施工难度较大，建筑必须结合具体地形进行设计，不宜大面积开发。

5. 急坡地

地面坡度在50%（1:2）～100%（1:1）时为急坡地。急坡地上的车道须盘旋而上；步行者难以保持平衡；建筑设计须作特殊处理。

6. 悬崖坡地

地面坡度在100%（1:1）以上时为悬崖坡地。不管是车行道还是步行道布置起来都极其困难，修建建筑的难度大、费用高，不适合作为建设用地。

（五）放坡

放坡也称坡度系数或坡度比值，是土木工程师以及现场施工人员经常使用的词汇，放坡的数值与坡度互为倒数，且经常用比值表示，即1:10的坡度的坡度系数为10:1。

（六）山位

山位指山体不同位置的形态。卢济威与王海松所著的《山地建筑设计》中将山位分为以下七种（图2-3-3）：

1）山脊：条形隆起的山地地形，亦被称为山岗、山梁；
2）山顶：大致呈点状或团状的隆起地形，亦称山丘或山包；
3）山腰：位于顶部与底部之间的倾斜地形，亦称山坡，其中较为平缓的地形也被称为台地；
4）山崖：坡度在70°以上的倾斜地形；
5）山谷：两侧或三面被上坡所包围的地形，亦被称为山坳、山沟等；
6）山麓：周围大部分地区较为开敞，只有一面与上坡相连接的地形，亦被称为山脚；
7）盆地：四周的大部分地区被上坡所围，内部为较平缓、宽大的地形。

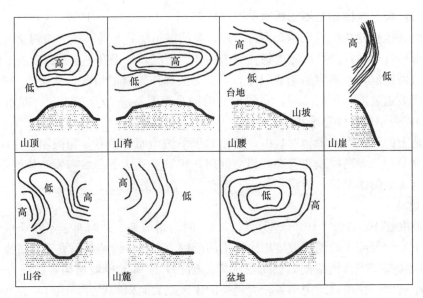

图 2-3-3 《山地建筑设计》中的山位分类图

二、考核要点

(一) 路径最短距离

不管是步行者、乘轮椅者还是机动车,在行进时对于道路纵坡的最大值有不同的要求,而在起伏不定的地形上布置符合纵坡坡度要求的道路也是建筑师经常会遇到的问题。如前文所述,地表上任意两点之间的坡度为两点之间高差与水平投影距离的比值,将这一概念结合地形图的等高线的分布情况,可以确定以某一特定的坡度从等高线上的一点到达相邻等高线最短距离的路径。

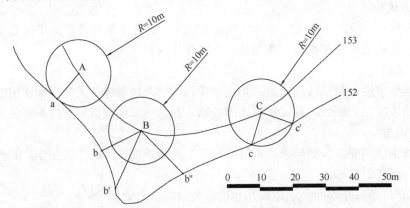

图 2-3-4 从等高线上的一点以 10% (1:10) 的上限纵坡到达另一条等高线的三种情况

以图 2-3-4 为例,图中有相邻的两条等高线,高程分别为 152m 与 153m,等高距为 1m,假设需要从图中所示的高程为 153m 等高线上的 A、B、C 三点以不大于 10% (1:10) 的坡度到达高程为 152m 的等高线。根据坡度计算公式可知,如果要以不大于 10% (1:10) 的坡度下降 1m,则需要路径的水平投影距离不小于 10m。那么,在地形图上以 A、B、C 三点为圆心画半径为 10m 的圆,则出现图 2-3-4 中的情况。

1）以 A 点为圆心、半径为 10m 的圆形与相邻的高程 152m 等高线相切于 a 点，Aa 线段的水平距离等于 10m，则以 Aa 线段为路径的道路纵坡为 10%（1∶10），从 A 点到达高程 152m 等高线上任意一点的坡度都不大于 10%（1∶10），且 Aa 路径为最短路径。

2）以 C 点为圆心、半径为 10m 的圆形与相邻的高程 152m 等高线相交于 c、c′两点，Cc、Cc′线段的水平距离等于 10m，则 C 点到达 c 与 c′两点之间等高线上的任意一点（圆形范围内的任意一点）的坡度都大于 10%（1∶10），C 点到达 c 与 c′在等高线上的连线范围之外的任意一点（圆形范围外的任意一点）的坡度都小于 10%（1∶10）。在这种情况下 Cc 与 Cc′两条路径都是最短路径。

3）以 B 点为圆心、半径为 10m 的圆形与相邻的高程 152m 等高线既没有相交也没有相切，这意味着从 B 点到达高程 152m 等高线上任意一点坡度都不大于 10%（1∶10），如图中选取的三个点 b、b′、b″到达 B 点的路径都是符合坡度要求的，但若是要选出最短路径则需要对比具体的路径长度，如图中 Bb＜Bb″＜Bb′，B 点到达水平距离最近的一段等高线切线的垂足距离为最短距离，即 Bb 段。

如果需要布置路径跨越多条等高线，且地表坡度较大时，可以在上述方法的基础上进行连续操作。如图 2-3-5 中，需要用坡度不大于 10%（1∶10）的路径联系 A 点与 B 点，并确定最短的爬坡路线。那么需要首先以 A 点为圆心作半径为 10m 的圆，圆形如果与等高线相交时会出现两个交点，从中选取一个作为圆心继续作半径为 10m 的圆，如此反复，从而达到 B 点。需要注意的是为了让最后一段到达 B 点的路径坡度满足要求，需要使 B 点尽量处于前一个圆形的范围之外。

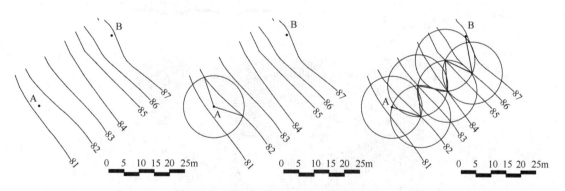

图 2-3-5　起点和终点间跨越多条等高线时路径的确定方法

当然此方法确定的路径不会是唯一的，因为路径的起点和终点之间跨越的等高线越多，则可能的路径就越多，设计者往往需要设计五种以上的路径，并对于其合理性和总长度进行比对才能最终确定最短路径。

（二）地形坡度划分

自然地形的起伏通常是不均匀的，因而在实际设计中，往往遇到场地中坡度各不相同的情况。由于各种设计要素对于坡度的要求各不相同（如车行道、步行道、无障碍坡道、建筑构筑物的坡度要求或排水要求等），因此需要在场地中划分不同的坡度范围，以便后续设计。

如图 2-3-6 中所示，需要在自然地形中划分出如下不同坡度。在该地形图中等高距为 0.5m，在该图示范围内，按坡度 $i>10\%$（1∶10）、5%（1∶20）$<i\leqslant10\%$（1∶10）、$i\leqslant5\%$（1∶20）对地形坡度范围进行划分。具体方法如下：

1）对于坡度 $i>10\%$（1∶10）的情况，首先应按照等高距 0.5m 和 10%（1∶10）的坡度计算出以 10%（1∶10）的坡度爬升 0.5m 需要 5m 的水平投影距离，而后在两两等高线之间标出间距刚好为 5m 的位置；由于等高线分布越密集坡度越陡峭，因而两等高线之间水平投影距离小于 5m 的区域的坡度都大于 10%（1∶10）。

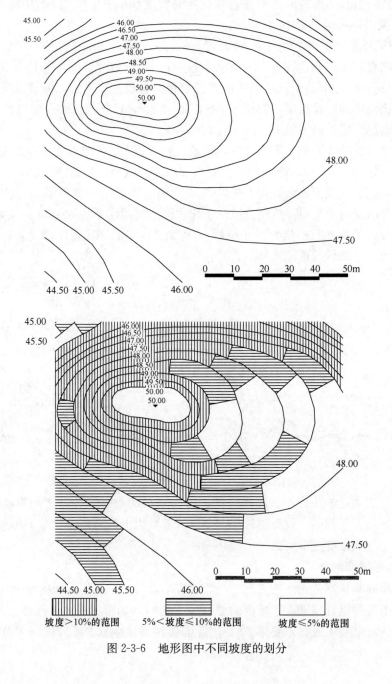

图 2-3-6 地形图中不同坡度的划分

2) 对于坡度 $i \leqslant 5\%$（1∶20）的情况，首先应按照等高距 0.5m 和 5%（1∶20）的坡度计算出以 5%（1∶20）的坡度爬升 0.5m 需要 10m 的水平投影距离，而后在两两等高线之间标出间距刚好为 10m 的位置；由于等高线分布越稀疏坡度越平缓，因而两等高线之间水平投影距离大于 10m 的区域的坡度都不超过 5%（1∶20）。

3) 对于坡度要求为 5%（1∶20）$< i \leqslant 10\%$（1∶10）的情况，则是找出两两等高线之间的间距在 5～10m 之间的区域即可。

（三）坡地剖断面绘制

由于地形图是由复杂的三维地表投影到二维图面上所得到的图形，有时在进行如建筑物、构筑物以及台地等布置时，需要将二维的地形图还原为三维状态，以便对复杂的地表形式进行识别。为了便于较为直观地研究地形，往往可以绘制坡地的剖断面图。

剖断面图的绘制方法如图 2-3-7 所示，可以在地形图中绘制一条假想的剖断线，然后可以在图纸上（也可在图纸上另外附上一张透明的草图纸）画出平行于剖断线的数条平行线，这些平行线对应着地形图中被剖断线所剖切到的等高线在垂直方向上的位置，因而新画出的平行线之间的两两间距应当等于某比例下的等高距，之后要在这些平行线上注明所对应的高程；剖断线与等高线相交后可以产生数个交点，由这些交点向其所对应高程的平行线一一作垂线，可得到这一系列被剖断的交点在垂直方向上的位置，然后用平滑的直线贯穿这些点，由此便可得到坡地的剖断面图。

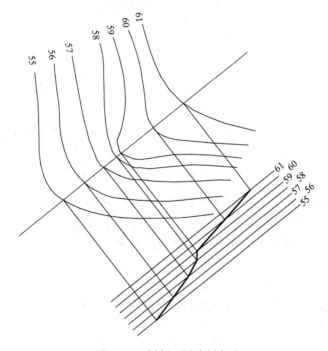

图 2-3-7　剖断面图绘制方法

（四）内插法

内插法是在场地竖向设计和研究时，根据两个及以上的已知点得到它们之间点的位置的方法。内插法经常应用于确定两个已知点之间的连线上某个点的高程或某高程的点位，通过内插法确认数个高程相同的点后，可以通过将它们相连从而画出等高线。参照图 2-3-8，

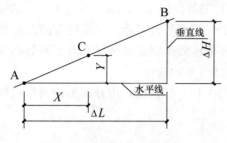

已知 A、B 两点，通过内插法求得两点连线上 C 点的具体计算公式如下：

因为 $i = Y/X = \Delta H/\Delta L$，则 $Y/\Delta H = X/\Delta L$；

i：A 点与 B 点连线的坡度；

Y：C 点到 A 点（或 B 点）的垂直距离；

X：C 点到 A 点（或 B 点）的水平距离；

ΔH：A 点到 B 点的垂直距离；

图 2-3-8 内插法计算方法

ΔL：A 点到 B 点的水平距离。

注：若选择如图中的较低点 A 作为参考点，则 C 点的高程为 Y 值与 A 点的高程相加；如果选择较高点 B 作为参考点，则 C 点的高程为 B 点高程与求得的 Y 值相减。

除了求得已知点之间某点的位置和高程，还可以通过内插法确定等高线。以图 2-3-9 为例，已知 30m×20m 的矩形场地 ABCD，其范围内坡度均匀且东北高西南低，最高点 C 点高程为 75m，最低点 A 点高程为 71m，B 点高程为 74m，D 点高程为 72m，需求得高程 72m、73m、74m 等高线的位置。由图中条件可知：

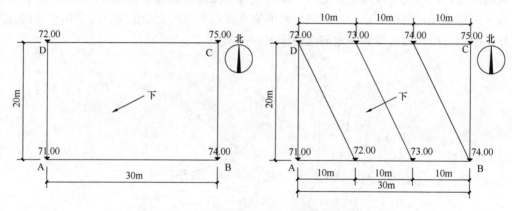

图 2-3-9 通过内插法求得等高线位置

A 与 B 连线的坡度 $i = \Delta H/\Delta L = (74m - 71m)/30m = 10\%$；

C 与 D 连线的坡度 $i' = \Delta H'/\Delta L' = (75m - 72m)/30m = 10\%$；

则在 AB 连线上，高程为 72m 的点与 A 点的距离 $x = y \div i = (72m - 71m) \div 10\% = 10m$；

同理可得高程为 73m 的点与 A 点的距离为 20m；

在 CD 连线上，高程为 73m 的点与 D 点的距离 $x' = y \div i = (73m - 72m) \div 10\% = 10m$；

同理可得高程为 74m 的点与 D 点的距离为 20m；

将高程相同的点相连可得到 72m、73m、74m 等高线。

（五）台地设计

在场地地形起伏较大时，常常需要按照设计要求设置大小不一的平坦台地来作为建筑物、构筑物以及室外场地的基面。在设置这些台地时，往往会出现三种情况：①在高程高于原地表高程处设置台地的情况；②在位置居中处设置台地的情况；③在高程低于原地表高程处设置台地的情况（图 2-3-10）。

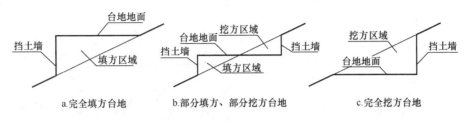

a.完全填方台地　　b.部分填方、部分挖方台地　　c.完全挖方台地

图 2-3-10　台地设计三种常见情况

对于情况①需要大量填入土方（即填方），从而抬升台地平面；情况③需要对原有地形挖去大量土方（即挖方），从而降低台地平面；情况②则是可以将需要挖方部分的土方回填至需要填方的部分，从而形成台地。

由于对起伏地形进行设计时不只要考虑场地的平整，还要考虑施工的经济性以及人工建设区域对原有地形的影响，因此在地形起伏大的场地上设计台地应尽量实现土方平衡，即挖方大致等于填方。

对于单一坡度且等高线分布均匀的场地，可以通过内插法确定中间位置的等高线，并以此为界，对于高程低于原地形的位置挖方，对于高程高于原地形的位置进行填方，以此实现土方平衡（图 2-3-10b）。不过在实际的自然地形中，地表往往起伏不定，因而需要根据具体情况进行精确的计算才能实现平衡。

（六）护坡设计

护坡是指为了稳固台地周边的土壤并防止土壤倾覆而设置的斜坡式防护工程，其作用与挡土墙相同，但由于护坡时斜面的形式，按其材质可以分为砌石护坡、混凝土护坡、水泥预制板护坡、砌石草皮护坡等，按其形成方式又可以分为填方护坡和挖方护坡（图 2-3-11）。

图 2-3-11　填方护坡与挖方护坡

一般对于同一个台地而言，其周边的护坡坡度往往保持一致，除非碰到比较复杂特殊的地形时，局部护坡的坡度会有一定变化。

台地护坡范围线，是指台地的护坡与自然地表相交产生的范围线。因为护坡的放坡比较均匀，在确定台地护坡范围时通常会使用平行线法，对于特殊部分则使用剖断面绘制护坡与原有地表交点的截面法来确定护坡范围。以下将以例题说明通过平行线法和截面法确定某台地护坡范围的方法。

假设某起伏地形中的平坦正方形台地 ABCD，台地高程为 66m，且台地内各处高差可忽略不计（图 2-3-12），若台地的护坡以 2：1 放坡（坡度为 1：2），要求在图中绘出护坡范围。处理方法如下：

1）由于上述条件中台地各处高差可忽略不计，则正方形台地边缘四条边线以及 A、B、C、D 四点高程皆为 66m，这样可以将台地的四条边线考虑为高程为 66m 的等高线。由于护坡以 2：1 放坡（坡度为 1：2），图中等高距为 1m，则台地护坡上高程为 65m 的等高线与台地边缘的水平投影距离应为 2m。

2）将台地边线以 2m 为间距按比例进行偏移，获得范围 A′B′C′D′，该范围应为台

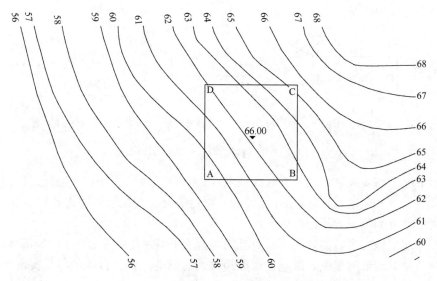

图 2-3-12 例题：确定某台地护坡范围

地护坡上高程为65m等高线的水平投影位置，A′B′C′D′与地形图中的高程为65m等高线相交于E、F点（图2-3-13）。由于每条等高线为封闭曲线，当护坡上65m等高线与地形图中相同高程的等高线相交，两条等高线应合并，并且去掉低于地表的C′E、C′F段。

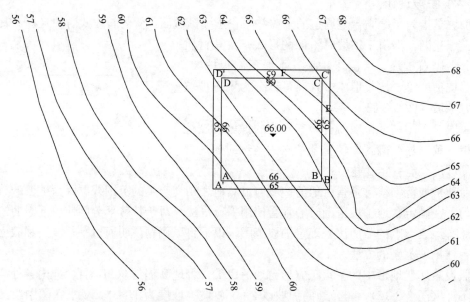

图 2-3-13 由台地边线偏移2m作平行线，求得护坡上高程为65m的等高线

3）运用相同的方法，由A′B′C′D′开始以2m间距依次按比例偏移出平行线，每一条平行线都代表台地护坡上某高程的等高线，这些等高线与原地形图上对应的等高线相交并去掉低于地表的部分，由此可得到护坡与地表的一系列交点，直到新的平行线无法再与对应的等高线相交。此时应当用截面法确定护坡与地表的交点。具体方法：将图中的AA′延长至地形图中高程56m的等高线处，这一线段可以假想为一个剖切面，并绘制此段地

形的剖断线与护坡的剖断线，如图2-3-14中所示，两条剖断线相交于G点，将G点重新投影至AA'的延长线上便可得到台地护坡与地表的交点。

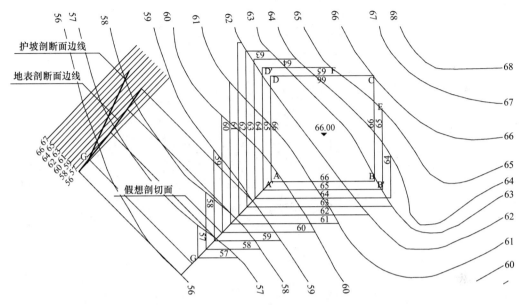

图 2-3-14　通过平行线法和截面法确定护坡与场地的交点

4）运用截面法求出其余交点，将所有的交点依次用平滑的折线连接，便可得到台地护坡的范围（图2-3-15）。

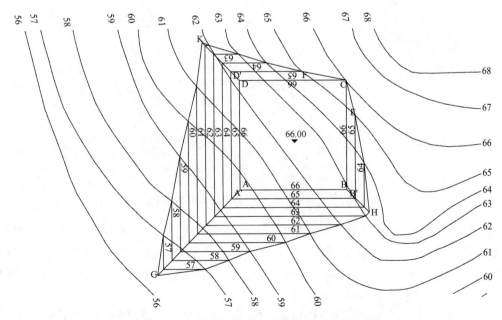

图 2-3-15　连接所有交点可得到护坡范围

若要对护坡阳角进行处理，使场地阳角向护坡在阳角延伸方向的坡度与护坡其他位置的坡度一致时，可参照下图2-3-16的方式确定护坡范围。具体方式如下：

57

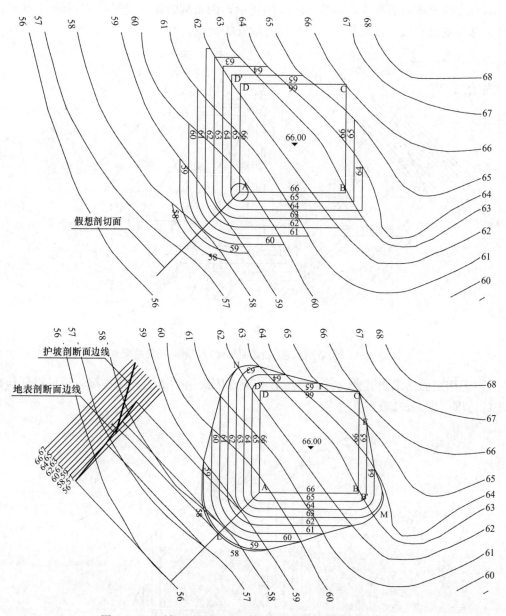

图 2-3-16 对场地护坡阳角进行处理时护坡范围的确定方式

以 A 点为圆心、2m 为半径作高程为 65m 的圆弧形等高线，该圆弧形等高线与按照平行线法作出的 65m 高程等高线进行合并，从而形成阳角为圆弧形的护坡等高线。重复此方法，依次画出 64m、63m、62m、61m、60m 等高程的等高线，直到场地平行线和圆弧平行线都无法与对应的等高线相交为止。

此时护坡与地表的交点未知，可以通过截面法确定交点，即假定一剖切面剖断护坡和地表，并画出护坡剖断面边线与地表剖断面边线，两条边线相交于 L 点。运用相同的方法确定护坡与地表的其他交点，并用平滑的曲线将交点相连便可得到阳角处理后的护坡范围。

（七）场地排水设计

场地设计工作还包含对于场地的坡度、坡向进行有序设计，从而达到有序组织雨水排出并避免场地积水的目的。具体的场地排水设计方式通过下列例题进行说明。

某广场道路平面如图 2-3-17 所示。广场北向及东西向坡度为 1%，E、F 点的高程为 85.00m。道路纵坡为 1.5%、横坡为 2.5%。要求画出等高距为 0.15m 且通过 85.00m 高程的设计等高线。

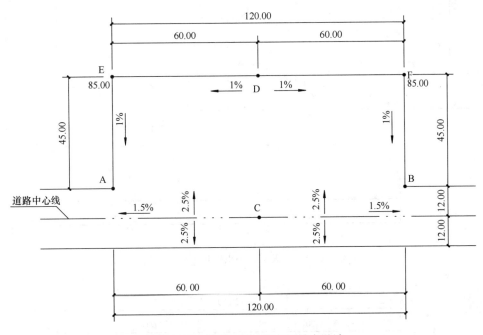

图 2-3-17　例题：某城市广场排水设计

1) 根据例题中设计条件可知，D 点为广场上高程最高点，C 点为道路上高程最高点，广场沿 DE、EA、DF、FB 方向的坡度均为 1%。由于坡度 $i = \Delta H/\Delta L$，则 D 点高程为 $85+60 \times 1\% = 85.60$m，A、B 点的高程为 $85-45 \times 1\% = 84.55$m；由于要求画出等高距为 0.15m 且通过 85.00m 的等高线，以 1% 的坡度升高（或下降）0.15m 所需的水平投影距离为 $0.15/1\% = 15$m，按此水平距离沿 DE、EA 方向可确定相应高程的位置，并得到广场左半边的等高线（图 2-3-18）。

2) 由于上一步骤已经求得 A 点高程为 84.55m，由 A 点向道路中心线作垂线可得交点 A′。由于道路横坡为 2.5%，且 AA′水平投影距离为 12m，则 A′点的高程为 $84.55+12 \times 2.5\% = 84.85$m；由于道路纵坡为 1.5%，且 CA′水平投影距离为 60.00m，则 C 点高程为 $84.85+60 \times 1.5\% = 85.75$m；以 1.5% 的坡度升高（或下降）0.15m 所需的水平投影距离为 $0.15/1.5\% = 10$m，按此水平距离沿道路中心线和 AB 连线方向可确定相应高程的位置，同时可求得广场左半边的等高线，且道路等高线与广场等高线的交点如图 2-3-19 所示。

3) 按照相同方法完成右侧范围和道路下侧的等高线布置，并连接高程相同等高线的交点。其中，排水坡度的目标方向为汇水线；背离坡度方向的为分水线（图 2-3-20）。

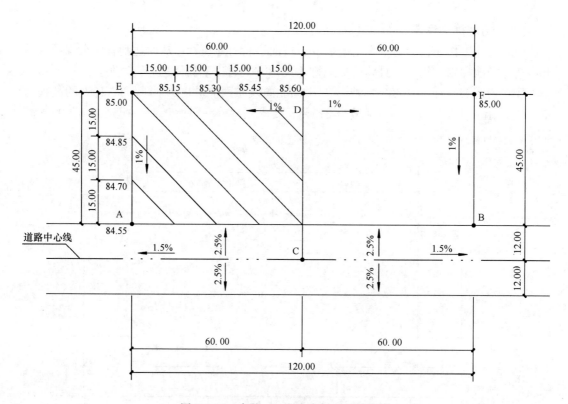

图 2-3-18 步骤一：画出广场上的等高线

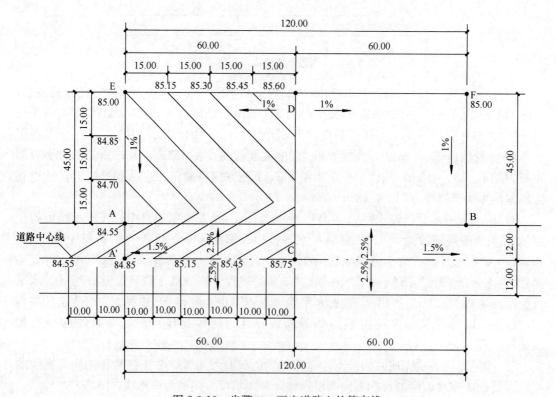

图 2-3-19 步骤二：画出道路上的等高线

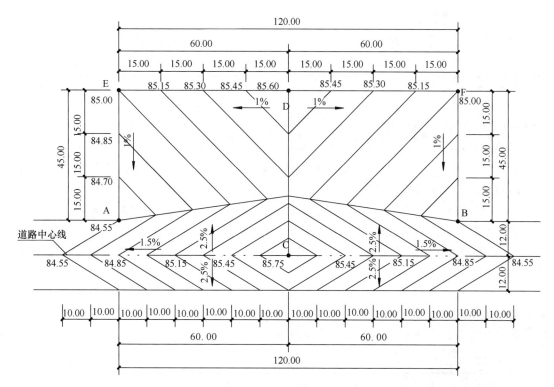

图 2-3-20　步骤三：连接等高线交点画出分水线和汇水线，并完成图纸

三、相关规范

(一)《城乡建设用地竖向规划规范》CJJ 83

第5.0.2条，道路规划纵坡和横坡的确定，应符合下列规定：

1) 城镇道路机动车车行道规划纵坡应符合表2-3-1的规定；山区城镇道路和其他特殊性质道路，经技术经济论证，最大纵坡可适当增加；积雪或冰冻地区快速路最大纵坡不应超过3.5%，其他等级道路最大纵坡不应大于6.0%。内涝高风险区域，应考虑排除超标雨水的需求。

城镇道路机动车车行道规划纵坡　　　　　　表2-3-1

道路类别	设计速度（km/h）	最小纵坡（%）	最大纵坡（%）
快速路	60~100	0.3	4~6
主干路	40~60		6~7
次干路	30~50		6~8
支（街坊）路	20~40		7~8

2) 村庄道路纵坡应符合现行国家标准《村庄整治技术规范》GB 50445的规定。
3) 非机动车车行道规划纵坡宜小于2.5%。
4) 道路的横坡宜为1%~2%。

第5.0.3条，广场竖向规划除满足自身功能要求外，尚应与相邻道路和建筑物相协调。广场规划坡度宜为0.3%~3%。地形困难时，可建成阶梯式广场。

(二)《城市道路工程设计规范》CJJ 37

第 6.3.1 条，机动车道最大纵坡应符合表 2-3-2 的规定，并应符合下列规定：

机动车道最大纵坡   表 2-3-2

设计速度（km/h）		100	80	60	50	40	30	20
最大纵坡（%）	一般值	3	4	5	5.5	6	7	8
	极限值	4	5	6		7		8

1) 新建道路应采用小于或等于最大纵坡一般值；改建道路、受地形条件或其他特殊情况限制时，可采用最大纵坡极限值。

2) 除快速路外的其他等级道路，受地形条件或其他特殊情况限制时，经技术经济论证后，最大纵坡极限值可增加 1.0%。

3) 积雪或冰冻地区的快速路最大纵坡不应大于 3.5%，其他等级道路最大纵坡不应大于 6.0%。

第 6.3.2 条，道路最小纵坡不应小于 0.3%；当遇特殊困难纵坡小于 0.3%时，应设置锯齿形边沟或采取其他排水设施。

第 6.3.3 条，纵坡的最小坡长应符合表 2-3-3 规定。

最小坡长   表 2-3-3

设计速度（km/h）	100	80	60	50	40	30	20
最小坡长（m）	250	200	150	130	110	85	60

第 6.3.4 条，当道路纵坡大于本规范表 6.3.1 所列的一般值时，纵坡最大坡长应符合表 2-3-4 的规定。道路连续上坡或下坡，应在不大于表 2-3-4 规定的纵坡长度之间设置纵坡缓和段。缓和段的纵坡不应大于 3%，其长度应符合本书表 2-3-3 最小坡长的规定。

最大坡长   表 2-3-4

设计速度（km/h）	100	80	60			50			40		
坡度（%）	4	5	6	6.5	7	6	6.5	7	6.5	7	8
最大坡长（m）	700	600	400	350	300	350	300	250	300	250	200

第 6.3.5 条，非机动车道纵坡宜小于 2.5%；当大于或等于 2.5%时，纵坡最大坡长应符合表 2-3-5 的规定。

非机动车道最大坡长   表 2-3-5

纵坡（%）		3.5	3.0	2.5
最大坡长（m）	自行车	150	200	300
	三轮车	—	100	150

(三)《建筑与市政工程无障碍通用规范》GB 55019

第2.3.1条，轮椅坡道的坡度和坡段提升高度应符合下列规定：

1) 横向坡度不应大于1：50，纵向坡度不应大于1：12，当条件受限且坡段起止点的高差不大于150mm时，纵向坡度不应大于1：10；

2) 每段坡道的提升高度不应大于750mm。

第2.3.2条，轮椅坡道的通行净宽不应小于1.20m。

第2.3.3条，轮椅坡道的起点、终点和休息平台的通行净宽不应小于坡道的通行净宽，水平长度不应小于1.50m，门扇开启和物体不应占用此范围空间。

第2.3.4条，轮椅坡道的高度大于300mm且纵向坡度大于1：20时，应在两侧设置扶手，坡道与休息平台的扶手应保持连贯。

第2.3.5条，设置扶手的轮椅坡道的临空侧应采取安全阻挡措施。

(四)《民用建筑设计统一标准》GB 50352

第5.3.2条，建筑基地内道路设计坡度应符合下列规定：

基地内机动车道的纵坡不应小于0.3%，且不应大于8%，当采用8%坡度时，其坡长不应大于200.0m。当遇特殊困难纵坡小于0.3%时，应采取有效的排水措施；个别特殊路段，坡度不应大于11%，其坡长不应大于100.0m，在积雪或冰冻地区不应大于6%，其坡长不应大于350.0m；横坡宜为1%～2%。

四、真题解析

(一) 某山地观景平台及道路设计（2006年）

1. 题目

(1) 任务描述

某旅游区临水山地地形如图2-3-21所示，场地内有树高12m的高大乔木群、20m高的宝塔、游船码头、登山石阶及石刻景点。

(2) 设计要求

在现有地形条件下选址，修建8m×8m的正方形观景平台一处，并设计出由石刻景点A至石阶最高处B的登山路线。

1) 观景平台选址要求：① 海拔高程不低于200m；② 平台范围内地形高差不超过1m，且应位于两条等高线之间；③ 平台中心点面向水面方向水平视角90°范围内应无景物遮挡。

2) 道路设计要求：① 选择A与B间最近道路；② 相邻等高线间的道路坡度要求为1：10。

3) 作图要求：① 按比例用实线绘出8m×8m的观景平台位置。② 用虚线绘出90°水平视角的无遮挡范围。③ 用点画线绘出A至B点的道路中心线。

2. 解析

本题目需要应试者实现两个目标，即布置观景平台和A至B点的最短路径，所以本题可以分成两个步骤实现目标。

步骤一：按照题目要求布置观景平台。

题目中对观景平台的要求为：观景平台尺寸为8m×8m；海拔高程不低于200m；平

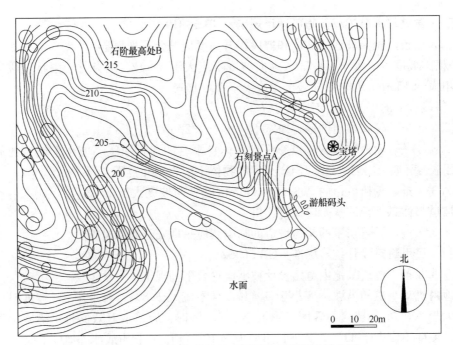

图 2-3-21 2006 年某山地观景平台及道路设计总图

台范围内地形高差不超过 1m，且应位于两条等高线之间；平台中心点面向水面方向水平视角 90°范围内应无景物遮挡。

对于前三条要求，可以选择海拔 200m 以上等高线较稀疏的位置，如图 2-3-22 中斜线填充区域都可满足要求。题目对观景平台还有 90°视野范围无遮挡要求，那么根据图中地形情况，可能对观景平台造成视线干扰的分别为西侧峭壁上的树木和东侧的宝塔。为了避

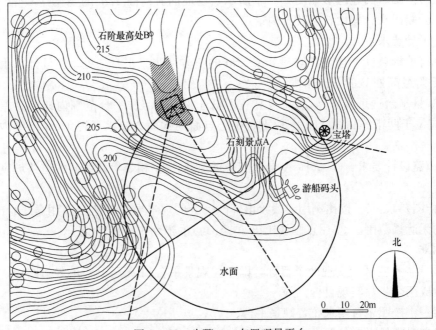

图 2-3-22 步骤一：布置观景平台

64

免前述二者遮挡视线，应作一条切线与宝塔和峭壁最南端的树木相切，以切点的连线为直径作圆形，观景平台位于圆心上半段圆弧中点附近位置时，可保证90°视野范围内无景物遮挡（图2-3-22）。

步骤二：按题目要求布置A至B点的最短登山道路。

题目中对于登山道路的坡度要求为1∶10，总图所示等高距为1m，根据坡度公式坡度$i=\Delta H/\Delta L$，则登山道路在垂直方向每爬升1m水平方向投影距离应为10m。为满足坡度要求，应从A点开始，以道路起点为圆心作半径为10m的圆。本题中可选择圆与相邻等高线东侧的交点作为道路端点，以此为逻辑依次作半径为10m的圆，并连接交点后，最终可到达B点（图2-3-23）。

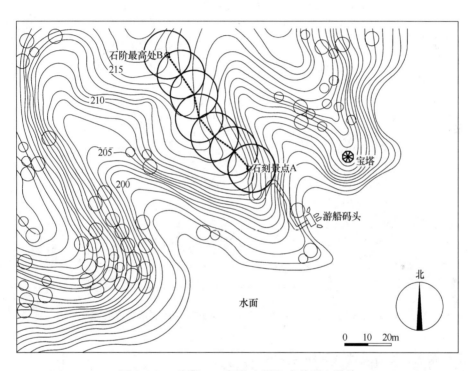

图2-3-23　步骤二：布置A至B点的登山道路

步骤三：综合上述解答并按作图要求绘出答案。

按比例用实线绘出8m×8m的观景平台位置；用虚线绘出90°水平视角的无遮挡范围；用点画线绘出A至B点的道路中心线，最终得到答案（图2-3-24）。

3. 评分标准（表2-3-6）

2006年场地设计评分标准　　　　表2-3-6

考核内容	扣分点	扣分值	分值
平台选址	(1) 选址概念错误，不在答案允许范围内	扣70分	70
	(2) 选址概念基本正确，局部超出答案允许范围	扣5~10分	
	(3) 平台不足8m×8m	扣5分	
	(4) 水平视角未画或绘制不当	扣15分	

续表

考核内容	扣分点	扣分值	分值
选路	（1）道路坡度概念错误	扣30分	30
	（2）道路坡度不是1：10（共6段）	每段扣5分	
	（3）道路与A、B点连接错误	扣5分	

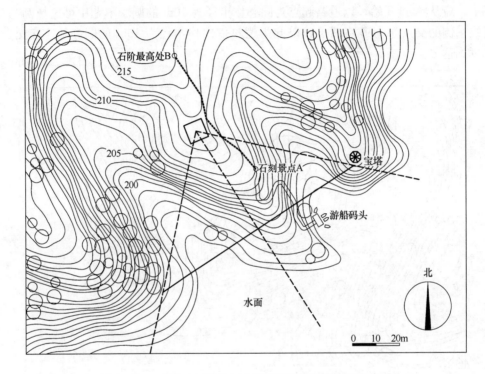

图 2-3-24　步骤三：综合上述解答并按作图要求绘出答案

（二）某人工土台设计（2010年）

1. 题目

（1）设计条件

在某处人工削平的台地土坡上，如图 2-3-25 所示，添加一个平面为直角三角形的人工土台，台顶标高130m。人工土台坡度为1：2，1-1剖面坡度也为1：2。

（2）设计要求

绘制高差为5m的台地等高线、边坡界线以及1-1竖向场地剖面。

2. 解析

本题目为护坡设计类题型，由于题目中要求人工土台坡度为1：2，1-1剖面坡度也为1：2，则意味着平台B点延伸线上的土台坡度也是1：2，护坡需要做阳角处理。本题可以通过本专题考核要点中护坡设计的相关做法实现题目要求。

步骤一：通过平行线法确定土台等高线与原地形等高线的交点。

由于题目要求中土台边坡的各处坡度均为1：2，总图中等高线的等高距为5m，平台

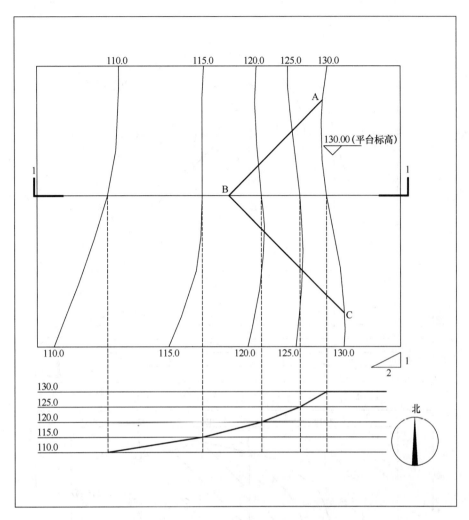

图 2-3-25 2010 年某人工土台设计总图

标高为 130m；根据坡度公式 $i=\Delta H/\Delta L$ 则应将平台边线 AB、BC 向左侧偏移 10m，且需在以 B 点为圆心作半径为 10m 的圆弧，将圆弧与偏移出的平行线合并形成土台边坡上标高为 125m 的等高线，该等高线与原地形等高线相交可产生两个交点；用平行线法依次画出标高为 120m、115m 等高线，并且与原地形上相应等高线相交可求得相应交点，这些交点都是边坡边界上的点（图 2-3-26）。

步骤二：通过截面法绘制土台边坡截面以及边坡与地形的交点。

当绘制土台边坡上标高为 110m 的等高线时该等高线无法与原地形 110m 标高的等高线相交，这时需要利用截面法确定边坡与原地形的交点。具体方法可参考本专题考核要点中的坡地剖断面绘制和边坡设计中的相关内容。

通过将剖断面与边坡的交点一一对应到剖面图相应的标高上并进行连接，可获得边坡剖面边线，该边线与地形剖面边线相交可得到靠近地形 110m 标高等高线处的边坡和地形的交点。

用平滑的曲线连接所有边坡与地形的交点可获得土台边坡的范围，如图 2-3-27 所示。

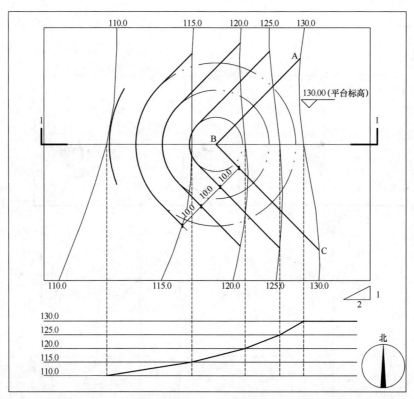

图 2-3-26 步骤一：通过平行线法确定护坡等高线与原地形等高线的交点

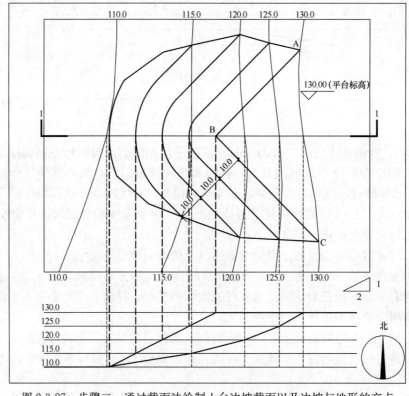

图 2-3-27 步骤二：通过截面法绘制土台边坡截面以及边坡与地形的交点

(三) 某山地场地分析 (2011年)

1. 题目

(1) 设计条件

1) 已知某山地地形图如图2-3-28所示，最高点高程为50.00m。

2) 要求围合出拟用建设用地，坡度不超过10%，可以参考图中场地西侧已绘出坡度小于10%的拟用建设用地。

3) 场地上空有高压线经过，高压走廊宽50m，高压线走廊范围内不可作为拟用建设用地，图中已绘制出高压线走廊西边线。

4) 保留场地内原有树木，拟用建设用地距树边线3m。

(2) 任务要求

1) 在给出场地内剩余部分中绘出符合要求的拟用建设用地，用▨标示。

2) 绘出高压线走廊东边线。

3) 要求拟用建设用地坡度不超过10%，则符合要求的等高线间距应为____m。

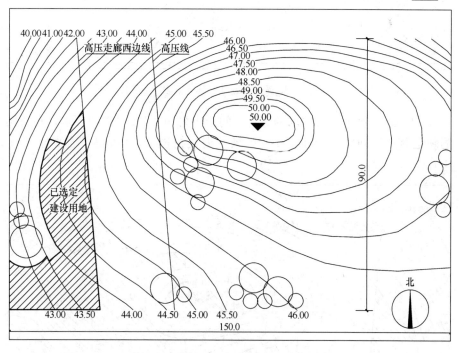

图2-3-28　2011年某山地场地分析总图

2. 解析

步骤一：退让高压线走廊和树冠边线。

题目要求：高压线走廊宽50m，且高压走廊内不可作为拟用建设用地。总图中高压线西侧已经留出25m高压走廊，在本图中应在高压线东侧也预留25m宽的高压走廊区域。

题中要求建设用地内保留所有树木，并退让树冠边线3m，因此，需要在高压走廊东侧画出退让树冠3m的保留范围边线（图2-3-29）。

步骤二：确定建设用地范围。

题目要求建设用地坡度不大于10%，总图中等高线的等高距为0.5m，则根据坡度公

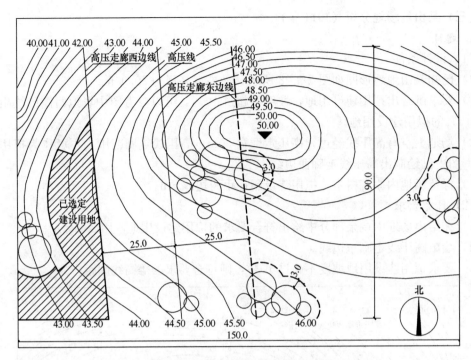

图 2-3-29　步骤一：退让高压走廊和树冠边线

式坡度 $i=\Delta H/\Delta L$ 计算出符合要求的等高线间距应为 5m。按照作图要求，在总图中高压走廊东侧确定等高线间距不小于 5m 的区域并退让树冠 3m，可得符合要求的建设区域（图 2-3-30）。

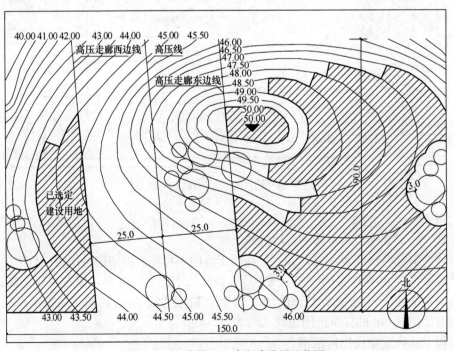

图 2-3-30　步骤二：确定建设用地范围

3. 评分标准（表 2-3-7）

2011 年场地设计评分标准   表 2-3-7

考核内容		扣分点	扣分值	分值
建设用地范围选择	高压走廊、树冠	（1）高压线走廊保护区东侧边线未画或画错	扣 20 分	20
		（2）高压线走廊保护区尺寸未注或注错	扣 15 分	
		（3）树冠水平投影 3m 线未画或画错，共 2 处	每处扣 5 分	
	建设用地范围选择	（1）坡度、等高线概念不清或不符合题意	扣 70 分	70
		（2）10%坡度连线（5m 长，共 8 处）与题解不符	每处扣 5 分	
		（3）等高线连线（共 10 处）与题解不符	每处扣 2 分	
		（4）山顶用地范围未画或画错	扣 20 分	
		（5）未用斜线填充用地范围或画错	扣 10 分	
	计算结果	计算结果错误（5m），或其他坡度概念错误	扣 5 分	5
图面表达		图面粗糙	扣 2~5 分	5

（四）某球场地形设计（2014 年）

1. 题目

（1）设计条件

1）已知待修建的为球场和景观的一处台地和坡地。场地周边为人行道路，每边人行道路坡度不同，每边都采用各自均匀的坡度。场地条件如图，道路最低高程点为 6m，最高高程点为 12m，详见总图（图 2-3-31）。

2）根据现有路面标高规律与台地布置情况，即每块台地与其相邻的台地高差一样，台地互相间高差为 1m，台地标高与道路控制点标高高程差为 0.5m。

3）保留场地内原有台地形态、标高与树木。

（2）任务要求

1）在合理的台地区域内布置篮球场、羽毛球场，尺寸如图 2-3-32 所示。尽可能多地布置球场。

2）补全道路（即场地边）标高与台地内高程点标高。

3）不同方向的道路标高作为挡土墙起始端，挡土墙长度要求最短。新建球场与挡土墙不能穿过树冠。

2. 解析

本题目的设计目标是用挡土墙将基地内的坡地划分成数块台地，并在台地上尽量多地布置图示中的球场。并且由总图中已有的挡土墙位置可知，需要新增的挡土墙位置应与场地内标高为 7m 和 8m 的等高线位置相重合。且挡土墙的起始点都是基地周边道路相应标高的控制点。

步骤一：通过内插法补全道路控制点的标高并确定基地内挡土墙位置。

为了确定场地内新增挡土墙的位置，就需要先确定道路沿 AD 边和 BC 边上标高为 7m 和 8m 的控制点的位置。根据内插法公式坡度 $i = Y/X = \Delta H/\Delta L$，则 $Y/\Delta H = X/\Delta L$ 可知沿 AD 边水平方向变化 15m、垂直方向变化 1m，沿 BC 边水平方向变化 45m、垂直

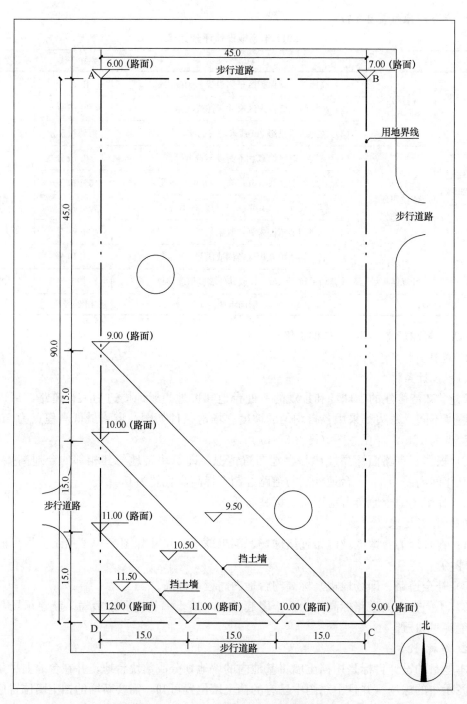

图 2-3-31 2014年某球场地形设计总图

方向变化1m；从而可求出AD边上标高为7m、8m的控制点分别距A点15m和30m，BC边上标高为8m的控制点位于BC的中点。题目要求挡土墙长度要求最短，新建球场与挡土墙不能穿过树冠，则可得到图2-3-33中挡土墙的位置。参照基地中其他台地的标高可确定新增台地的标高。

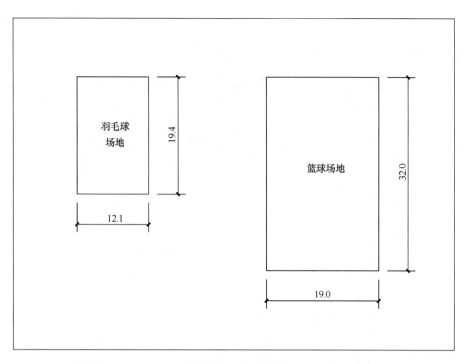

图 2-3-32 球场图示

步骤二：在基地中尽可能多地布置球场。

在划分出新的台地后，只有标高为 7.5m 和 8.5m 的台地尺寸足以布置羽毛球场和篮球场，按图 2-3-34 中布置，场地中最多可布置一个篮球场和三个羽毛球场。

3. 评分标准（表 2-3-8）

2014 年场地设计评分标准　　　　　　　　　　　　　表 2-3-8

考核内容	扣分点	扣分值	分值
设计要求	（1）场地西侧 7m 标高点未与场地 B 点直线相连为挡土墙连线。或场地西侧 7m 标高点位置不正确，或无法判断	均扣 90 分	90
	（2）场地西侧 8m 标高点位置和数量不正确	扣 20 分	
	（3）场地东侧 8m 标高点位置和数量不正确	扣 40 分	
	（4）场地北侧设置标高点	扣 20 分	
	（5）连接两个 8m 标高点的挡土墙连线未躲让大树树冠	扣 5 分	
	（6）连接两个 8m 标高点的挡土墙连线不是最短	扣 5 分	
	（7）在题意要求的 7m 标高线、8m 标高线有误的前提下布置球场	扣 10 分	
作图要求	（1）在 7m 标高线、8m 标高线均符合题意的前提下，球场数量不是 1 个篮球场和 3 个羽毛球场	扣 5 分	10
	（2）球场尺寸不准确，或球场不是南北长向布置	扣 5 分	
	（3）未按题目要求标注标高和尺寸，标注不全或标注错误	扣 5 分	
第一题小计分	第一题得分	小计分×0.2＝	

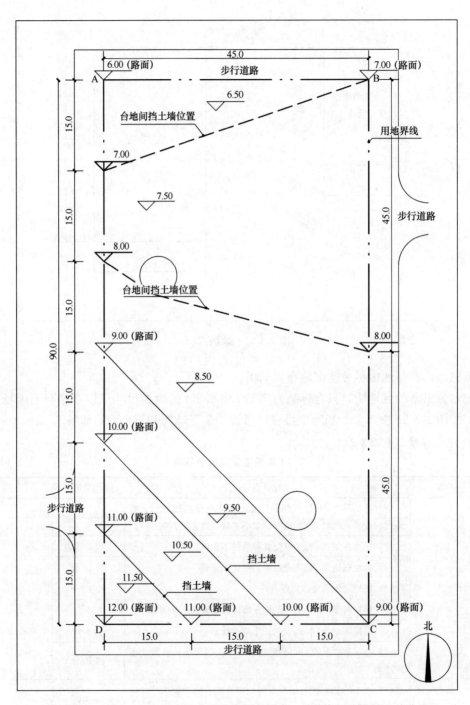

图 2-3-33 步骤一：内插法补全道路控制点标高，并确定场地内挡土墙位置

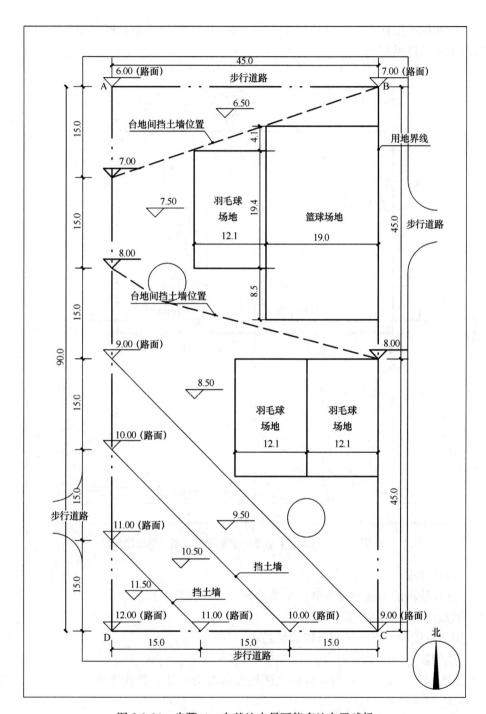

图 2-3-34 步骤二：在基地中尽可能多地布置球场

（五）某场地平整设计（2021年）

1. 题目

拟建设两栋6层住宅，建筑日照计算高度为19m，基地建筑日照间距系数为1.5。住宅位置及场地条件见图2-3-35。

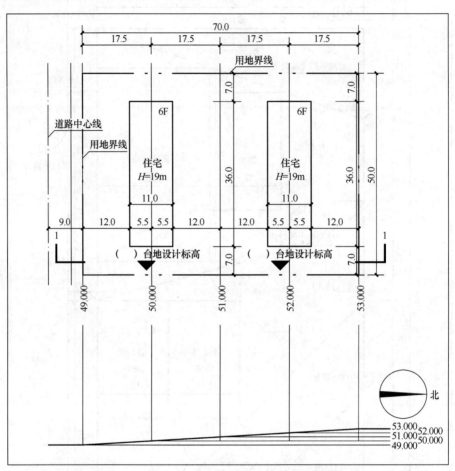

图2-3-35　2021年某场地平整设计总图及剖面图

（1）设计要求

将用地界线内的坡地整理为两块平整的台地，并满足下列要求：

1）满足当地日照间距要求；

2）用地范围内土石方平衡且挖填量最小。

（2）作图要求

1）在场地平面图中，用粗实线绘出两块台地的分界线，并在图中（　　）内注明台地设计标高。

2）在1-1剖面图中，用粗实线绘出整理后的台地剖面轮廓线、住宅轮廓线，并注明台地标高、住宅高度。

（3）提示

1）场地平整设计不考虑住宅室内外高差的影响。

2）住宅平面位置及高度不应改动。

2. 解析

步骤一：看到条件"建筑日照计算高度为19m，基地建筑日照间距系数为1.5"，第一反应是随手算出日照间距 $19×1.5=28.5m$。

两栋楼的实际间距 $24m<28.5m$，可知建成后两栋楼肯定是有高差的，先按照挖填方平衡的原则将坡地分为两块平整的台地，在本题目中可以在51.00m等高线的位置布置挡

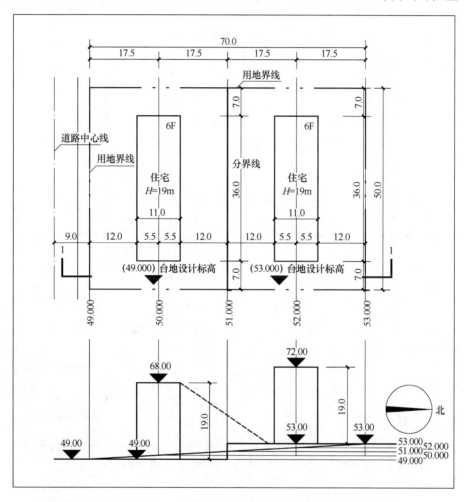

图 2-3-36　步骤一：按照挖填方平衡的方式将坡地分为两个台地

土墙，将坡地分别分为高程为49.00m和53.00m，两台地间高差为4m（图2-3-36）。此时两住宅楼需要的最小日照间距为 $(19-4)×1.5=22.5m$，该间距小于基地内的两楼间距24m，可以满足日照间距要求。但是此时是否能满足挖填方量最小的要求需要进一步验证。

步骤二：根据设计要求"用地范围内土石方平衡且挖填量最小"以及坡地标高情况，可判断出两台地分界线应位于51.000m标高处（场地中间），阻挡阳光的住宅楼的遮挡高度为 $24/1.5=16m$，故两台地的高差为：$19-16=3m$。

由于场地最高处与最低处的高差为 $53.000-49.000=4m>3m$，同样基于"用地范围内土石方平衡且挖填量最小"的考虑，地块南北两侧需各有0.5m来消化1m的高差。

77

验证：南侧台地标高应为 49.500（49.500－49.000＝0.5m）；北侧台地标高 52.500（53.000－52.500＝0.5m）；两台地高差：52.500－49.500＝3m；均符合要求。

从头到尾检查核对设计要求、作图要求，保证在图中对每一项要求均做出回应，最终可得答案（图 2-3-37）。

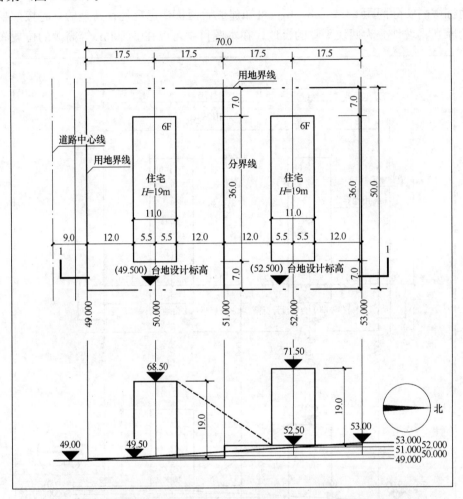

图 2-3-37　步骤二：根据挖填方量最小原则调整台地，并得到最终答案

第四节　专题四：综合设计类

综合设计类题型是二级注册建筑师场地设计（作图题）考试中出题次数最多的题型。此类题型不仅会考核应试者布置总平面图的能力，也会对场地分析、停车场设计、地形设计等题型的相关考核要点进行综合考核。但是应试者切不可因为综合设计类出题概率最高而忽略其他题型，对于场地设计相关的知识尽数掌握才是一名注册建筑师应有的素质。

一、考核要点

场地设计（作图题）考试大纲对于二级注册建筑师的能力要求为："掌握一般建设用地

的场地分析、交通组织、功能布局、空间组合、竖向设计、景观环境等方面的设计能力。"可以说，大纲的要求正是综合设计类题目的考试要点：建筑布局、交通组织、景观布置。

（一）建筑布局

要实现合理的建筑布局应从以下几个方面考虑：

1）基地内的建筑布局首先应当满足规划退线、退让保护树木或建筑、建筑防火间距和采光间距等要求，也就是场地分析类题目中的相关考核要点，本章第一节中已经详细说明过，在此不再赘述。

2）应按照具体的设计要求考虑建筑与基地之间的图底关系，尽量保证基地剩余区域完整，并避免因建筑布置而导致基地空间零碎的现象。但有时，根据题目对于场地的具体要求，须将剩余区域分开设置。如图 2-4-1 所示，根据建筑在基地中摆放位置和方式的不同会形成不同的剩余区域。图 2-4-1a 中由于建筑靠边布置形成了较完整的场地，比较便于布置广场、绿化、室外设施等；图 2-4-1b 中建筑则将整个基地分成了两个部分，这种布置方式比较适合基地内需要按照内外、动静、主次等设计要求划分场地的情况。

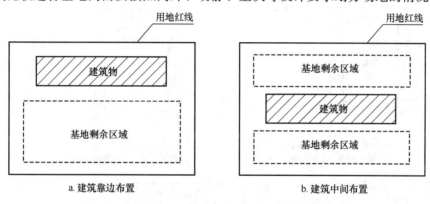

图 2-4-1　建筑与基地的图底关系

3）不应只将眼光局限于基地内的建筑和场地，还应从城市设计的角度对基地内的建筑进行布置，从而使基地与周边环境产生良好的呼应关系。如图 2-4-2 所示，左侧地块中三栋公共建筑形成了对称的轴线，需要在隔街相望的基地中布置另外三栋公共建筑。图 2-4-2a 基地中的三栋建筑与左侧建筑群形成的轴线毫不相关，从而使得整个区域没有秩序感；图 2-4-2b 将左侧建筑群的轴线延伸至基地以内，并按相似逻辑对于三栋拟建建筑进行布置，从而形成了较强的秩序感，隔街相望的两个区域似乎构成了一个整体。

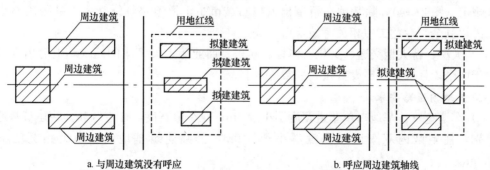

图 2-4-2　通过与周边建筑呼应形成秩序感

4）建筑布局应符合基地内的主次、动静、内外、洁污等分区的设计要求，这些分区要求与具体的建筑和建筑群的类型有关，因而无法一概而论，具体的布局方式会在本节的真题解析部分结合具体题目进行说明。

（二）交通组织

交通组织的内容包括基地出入口位置的选择和基地内道路的要求，具体考核要点如下：

1. 基地出入口布置

1）根据《民用建筑设计统一标准》GB 50352 中的相关规定：建筑基地应与城市或城镇道路相邻或通过道路相连。当基地通过道路与城市道路相连时，如果基地面积不大于 3000m² 时，连接基地的道路宽度不小于 4m；当基地面积大于 3000m² 且只有一条道路与城市或城镇道路相连时，连接道路宽度不小于 7m；当基地面积大于 3000m² 且有不少于两条道路与城市或城镇道路相连时，每条连接道路宽度不小于 4m（图 2-4-3）。

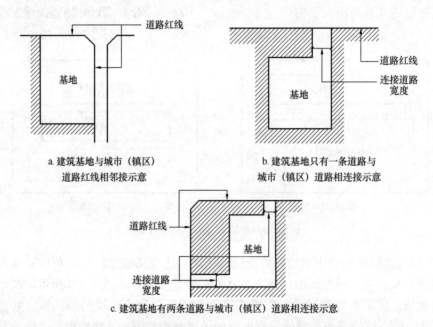

图 2-4-3　建筑基地与城市（镇区）道路的相邻接或连接示意

2）建筑基地的车行道出入口的位置应符合《民用建筑设计统一标准》GB 50352 中的相关规定（图 2-4-4），除基地车行道出入口与城市主干道道路红线交叉点的距离不小于 70m 外，其余与专题二中相关考核要点一致。

3）大型、特大型交通、文化、体育、娱乐、商业等人员密集的建筑基地的出入口不应少于两个，且最好不要设置在同一条道路上。

2. 基地内道路要求

1）车道宽度。基地内单车道宽度不小于 4m；双车道宽度，住宅区和公共建筑基地有所区别，住宅区内双车道路宽度不小于 6.0m，公共建筑基地内双车道路宽度不小于 7.0m。

2）车道形式。基地内车道尽量布置为环通式道路，且应尽可能通达每栋建筑入口，

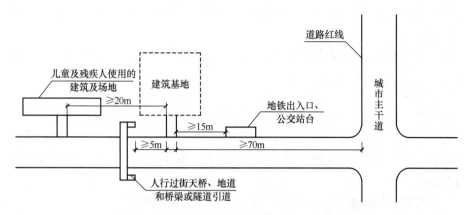

图 2-4-4 基地车行出入口与周围城市环境的关系

便于机动车在场地内通行,以及火灾时消防车对着火建筑进行扑救。

3)消防车道。消防车道宽度与净空不应小于4m,消防车道宜设置成环形车道,且环形消防车道至少有两处与其他车道连通。若设置尽头式消防车道则应设置回车道和回车场,回车场面积与扑救建筑高度以及消防车种类有关。多层建筑的回车场面积不小于12m×12m;高层建筑的回车场面积不小于15m×15m;重型消防车的回车场面积不小于18m×18m。

3. 布置停车位

停车位布置的相关要点详见本章第二节。

(三)景观布置

场地设计(作图题)综合设计类题型对于景观布置的要求主要包括对广场、活动场地、绿地布置以及保留古树和建筑的退让等,由于通常题目答案为唯一解,因而题目对于相关设计内容的尺寸、面积、位置等会有严格的规定,本节将结合历年真题进行解析。

二、相关规范

(一)《民用建筑设计统一标准》GB 50352

第4.2.1条,建筑基地应与城市道路或镇区道路相邻接,否则应设置连接道路,并应符合下列规定:

1)当建筑基地内建筑面积小于或等于3000m^2时,其连接道路的宽度不应小于4.0m;

2)当建筑基地内建筑面积大于3000m^2,且只有一条连接道路时,其宽度不应小于7.0m;当有两条或两条以上连接道路时,单条连接道路宽度不应小于4.0m。

解析:本条文是关于当建筑基地与城市道路不相邻时的开口情况,首先要看基地内的建筑面积,如果≤3000m^2,可只设置一条4m宽的道路与城市道路连接;如果>3000m^2,一般设置两条4m宽的道路与城市道路连接(是否开向不同方向的城市道路要根据基地特征、甲方、规划局要求,视具体情况而定),也可合二为一,设置一条7m宽的道路。

第4.2.4条,建筑基地机动车出入口位置,应符合所在地控制性详细规划,并应符合下列规定:

1) 中等城市、大城市的主干路交叉口，自道路红线交叉点起沿线70.0m范围内不应设置机动车出入口；

2) 距人行横道、人行天桥、人行地道（包括引道、引桥）的最近边缘线不应小于5.0m；

3) 距地铁出入口、公共交通站台边缘不应小于15.0m；

4) 距公园、学校及有儿童、老年人、残疾人使用建筑的出入口最近边缘不应小于20.0m。

第4.2.5条，大型、特大型交通、文化、体育、娱乐、商业等人员密集的建筑基地应符合下列规定：

1) 建筑基地与城市道路邻接的总长度不应小于建筑基地周长的1/6；

2) 建筑基地的出入口不应少于2个，且不宜设置在同一条城市道路上；

3) 建筑物主要出入口前应设置人员集散场地，其面积和长宽尺寸应根据使用性质和人数确定；

4) 当建筑基地设置绿化、停车或其他构筑物时，不应对人员集散造成障碍。

解析：根据国家标准《城市用地分类与规划建设用地标准》GB 50137，文化设施包括：公共图书馆、博物馆、美术馆、展览馆、会展中心以及文化活动中心、文化馆、青少年宫、儿童活动中心、老年活动中心等设施；体育设施包括：体育场馆、游泳场馆、各类球场等公共体育设施；娱乐康体设施包括：剧院、音乐厅、电影院、溜冰场等设施。

人员密集建筑的基地由于人员量大且集散相对集中，因此人员疏散及城市交通的安全极为重要。但建筑使用功能不同、建筑容量和人口容量不一、人员集聚特点差异较大，故本条只作一般性规定。

第5.2.2条，基地道路设计应符合下列规定：

1) 单车道路宽不应小于4.0m，双车道路宽住宅区内不应小于6.0m，其他基地道路宽不应小于7.0m；

2) 当道路边设停车位时，应加大道路宽度且不应影响车辆正常通行；

3) 人行道路宽度不应小于1.5m，人行道在各路口、入口处的设计应符合现行国家标准《无障碍设计规范》GB 50763的相关规定；

4) 道路转弯半径不应小于3.0m，消防车道应满足消防车最小转弯半径要求；

5) 尽端式道路长度大于120.0m时，应在尽端设置不小于12.0m×12.0m的回车场地。

解析：单车道路面宽度4.0m，双车道宽住宅和公建有所区别，住宅6.0m宽，公建7.0m宽。

(二)《居住绿地设计标准》CJJ/T 294

第8.1.2条，园路的宽度应符合下列规定：

1) 宅前路宽度应大于2.5m；

2) 人行路宽度不应小于1.2m，需要轮椅通行的园路宽度不应小于1.5m，非公共区域路面宽度可小于1m或设汀步。

解析：居住绿地内各级园路的宽度，主要是根据使用功能及交通流量而定，同时还要考虑环境及景观的要求。

宅前道路平时主要供居民出入，以自行车及行人使用为多，同时满足清运垃圾、救护车和搬运家具等需要。按照居民区内部有关车辆低速缓行的通行宽度要求，轮距宽度在2～2.5m之间，所以，宅前路的路面宽度一般为2.5～3m，为兼顾必要时大货车、消防车的通行，路面两边至少还要各留出宽度不小于1m的路肩。

居住绿地内人行路的宽度的设计主要是根据其使用功能和居住区内的人流量而定，通常宽度不小于1.5m，在人流比较少的地方可设计为1.2m。另外，还有一些不常使用的地方，路面宽度可设计为0.6～1m或设汀步。

在实际小区规划项目中，高层建筑的宅前道路宽度通常做到4.0m，以满足消防车通行要求。

(三)《建筑防火通用规范》GB 55037

第3.4.3条，除受环境地理条件限制只能设置1条消防车道的公共建筑外，其他高层公共建筑和占地面积大于3000m^2的其他单、多层公共建筑应至少沿建筑的两条长边设置消防车道。住宅建筑应至少沿建筑的一条长边设置消防车道。当建筑仅设置1条消防车道时，该消防车道应位于建筑的消防车登高操作场地一侧。

说明：2022年防火规范新规把2018年版防火规范中的"应设置环形消防车道"改为了"应至少沿建筑的两条长边设置消防车道"，相比老规范有所放宽；新规要求住宅建筑不论多层还是高层，均应至少沿建筑的一条长边设置消防车道，这条对于多层住宅项目影响较大。

第3.4.5条，消防车道或兼作消防车道的道路应符合下列规定：

1）道路的净宽度和净空高度应满足消防车安全、快速通行的要求；
2）转弯半径应满足消防车转弯的要求；
3）路面及其下面的建筑结构、管道、管沟等，应满足承受消防车满载时压力的要求；
4）坡度应满足消防车满载时正常通行的要求，且不应大于10%，兼作消防救援场地的消防车道，坡度尚应满足消防车停靠和消防救援作业的要求；
5）消防车道与建筑外墙的水平距离应满足消防车安全通行的要求，位于建筑消防扑救面一侧兼作消防救援场地的消防车道应满足消防救援作业的要求；
6）长度大于40m的尽头式消防车道应设置满足消防车回转要求的场地或道路；
7）消防车道与建筑消防扑救面之间不应有妨碍消防车操作的障碍物，不应有影响消防车安全作业的架空高压电线。

说明：本条规定了用于消防车通行的道路的基本性能要求。

特殊消防车通行道路的要求及本条未明确的消防车道的其他性能要求，应符合国家现行相关技术标准的规定和当地消防救援机构的要求。

用于通行消防车的道路的净宽度、净高度、转弯半径和路面的承载能力要根据需要通行的消防车的基本参数确定，对于需要利用消防车道作为救援场地时，道路与建筑外墙的距离、扑救范围内的空间还应满足方便消防车安全救援作业的要求。

(四)《建筑设计防火规范》GB 50016

第7.1.9条，环形消防车道至少应有两处与其他车道连通。尽头式消防车道应设置回车道或回车场，回车场的面积不应小于12m×12m；对于高层建筑，不宜小于15m×15m；供重型消防车使用时，不宜小于18m×18m。

解析：目前，我国普通消防车的转弯半径为 9m，登高车的转弯半径为 12m，一些特种车辆的转弯半径为 16～20m。本条规定回车场地不应小于 12m×12m，是根据一般消防车的最小转弯半径而确定的，对于重型消防车的回车场则还要根据实际情况增大。如，有些重型消防车和特种消防车，由于车身长度和最小转弯半径已有 12m 左右，就需设置更大面积的回车场才能满足使用要求；少数消防车的车身全长为 15.7m，而 15m×15m 的回车场可能也满足不了使用要求。因此，设计还需根据当地的具体建设情况确定回车场的大小，但最小不应小于 12m×12m，供重型消防车使用时不宜小于 18m×18m。

在实际项目中，习惯的画法是：遇到多层建筑，消防车道转弯半径取 9m，遇到高层建筑，消防车道转弯半径取 12m。有些消防局对消防车道转弯半径要求更严格，要求：当消防车道宽 4m 时，转弯半径取 12m；消防车道宽 6m 时，转弯半径取 9m。当地消防局更了解当地消防车的种类，以及怎样更利于消防扑救，所以设计过程中应多与当地消防局协调沟通，以当地消防局意见为准。

三、解题步骤

二级注册建筑师场地设计作图题综合设计类题型解题步骤如下：

1）认真审题并将不同的题目要求归类。综合设计类题型通常在题目中设计要求较多，应试者在解题时难免产生混乱，遗漏条件，因此在审题时可以参考第一章第四节图 1-4-2 中的方法，将繁杂的设计要求划分为：任务目标要求、基地周边现状、主要设计目标要求、次要设计目标要求、图面表达要求。通常来说，主要设计目标要求集中在建筑布置部分，其分数权重较大；而次要设计目标要求则包含交通组织和景观布置，分数权重略小。通过将设计条件进行归类，应试者可以对考点进行梳理并有针对性地进行解题。

2）根据题目要求，对道路红线和用地红线进行退让从而确定建筑控制线；同时根据建筑的耐火等级确定建筑间的防火间距；如果基地内或基地周边建筑有一定的日照需求，则应按照题目给定的日照间距系数计算出日照间距；按照要求对保留古树和保留建筑进行退让；综合考虑上述退让关系以及建筑间距确定可布置建筑的范围，具体方法参照本章第一节。

3）根据题目中给定的建筑及建筑群功能进行建筑布置。建筑布置除应符合规划退让、防火及采光间距、保留树木和建筑退让等要求外，还应满足内外、主次、动静、洁污等具体要求的功能分区。

4）根据基地周边的道路分布以及相关城市要素确定基地出入口位置，按题目要求布置人行和车行出入口。如果基地靠近城市主干道交叉口，则车行道路出入口应退让道路交叉口不少于 70m，如果基地周边有公园、学校、儿童及残疾人使用的建筑和设施、公交站、地铁站出口、人行天桥等需要退让的区域或设施，则应按《民用建筑设计统一标准》GB 50352 中的条文进行退让。

5）组织基地内车行道路，尽量布置成环通式，且尽量使每栋建筑都能与基地内道路相邻或相接。如果无法布置成环通式道路则应布置回车场。

6）根据题目要求布置足够数量的停车位，具体布置方式参照本章第二节。

7）布置绿化区域和广场，通常题目中会给定尺寸和面积。

8）如果场地中存在高差，则应参照本章第三节中的相关知识对场地内的竖向设计、建筑布置、交通组织进行设计和处理。

9）按照题目的图面表达要求进行绘图，对相关尺寸、标高、建筑出入口位置、基地出入口位置等进行标注。

四、真题解析
（一）某科技工业园场地设计（2004年）
1. 题目

（1）设计任务

某科技工业园拟建设研发办公楼、厂房、设备用房各一幢。用地现状及用地范围如图 2-4-5 所示。拟建建筑物受场地现有道路、山地、池塘、高压走廊、微波通道等条件的限制，请按设计要求进行总平面设计。

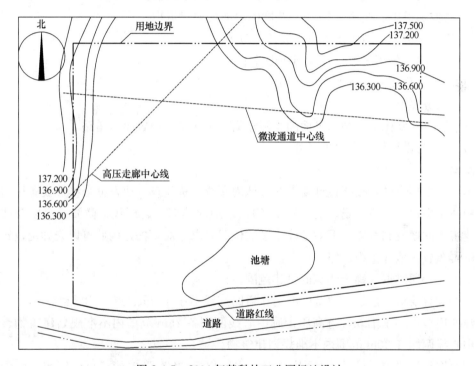

图 2-4-5 2004 年某科技工业园场地设计

（2）设计内容与规模（图 2-4-6）

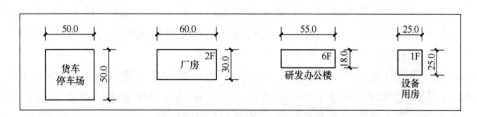

图 2-4-6 2004 年真题图示

85

1）研发办公楼 55m×18m，6层。
2）厂房 60m×30m，2层。
3）设备用房 25m×25m，1层。
4）货车停车场 50m×50m。
5）小汽车停车场不少于10个停车位。

(3) 设计要求

1）建筑退道路红线≥9m。
2）建筑退距池塘边线≥12m。
3）建筑之间的间距≥9m。
4）建筑退场地边线≥4m。
5）高压走廊中心线两侧各25m范围内不准规划建筑物。
6）微波通道中心线两侧各20m范围内不准规划建筑物。
7）停车场可设于高压走廊或微波通道范围内。
8）建筑物及停车场不允许规划在山地上。
9）研发办公楼前应设置入口广场。

(4) 任务要求

1）按1∶500比例绘制总平面图，标注场地出入口，布置园区道路。
2）标注与设计要求有关的尺寸。

2. 解析

本题目需要应试者按照设计要求在基地内布置三栋建筑（研发办公楼、设备用房、厂房）和两块场地（入口广场、货车停车场），基地内池塘、高压线、微波通道以及坡地等对于建筑物的摆放制约较大但对于停车场的位置要求相对宽松，因此可以先确定建筑的可建范围再布置场地并组织道路。

步骤一：通过退线确定建筑的可建范围。

根据设计要求，建筑可建范围应退让道路红线不小于9m、退让用地红线不小于4m、退让池塘边线不小于12m，且高压走廊中心线两侧各25m范围内不准规划建筑物、微波通道中心线两侧各20m范围内不准规划建筑物。

在根据设计要求退线后可得到图2-4-7中近似于"C"形的建筑可建区域。由于该区域的东侧南北纵深较大，因此可以考虑在东侧布置入口广场和研发办公楼；区域西侧则布置厂房，设备用房布置于办公楼和厂房之间方便使用。

由于停车场可设于高压走廊或微波通道范围内，但不可布置于山地上，因此可以将货车停车场布置于如图位置，小汽车停车位则可以结合入口广场布置。

步骤二：布置建筑及场地并标注相关尺寸。

在确定了建筑和场地的大致位置后，可按照图示中的尺寸将建筑布置在基地中，同时还应当满足建筑之间间距不小于9m的要求。组织道路时应注意道路宽度不小于7m，可以沿池塘周边布置道路并联系基地纵深处的货车停车场。

最后根据题目要求标注相关尺寸以及场地出入口，便得到图2-4-8中的答案。

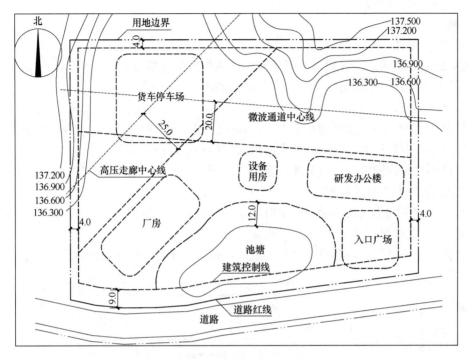

图 2-4-7 步骤一：退线确定建筑的可建范围

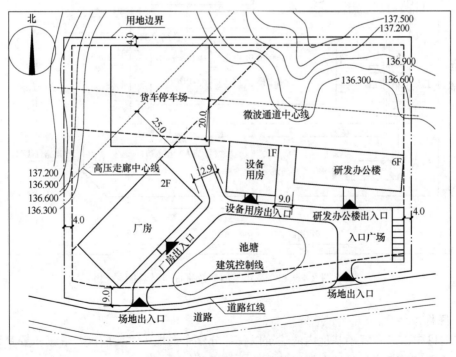

图 2-4-8 步骤二：布置建筑及场地并标注相关尺寸

(二) 某酒店总平面设计 (2012年)

1. 题目

(1) 设计条件

某基地内有酒店主楼、裙房、附属楼,西侧为汽车停车场,地下停车库范围、地下停车库及其出入口、城市道路、保留树木等现状如图2-4-9所示。

(2) 作图要求

1) 沿城市主干道设置机动车出入口,并标注该出入口距道路红线交叉点的距离。

2) 沿城市道路设人行出入口及人行出入口广场,面积不小于300m²。

3) 绘制总平面图中道路与基地内建筑、广场、停车场、地下停车库入口之间的关系,酒店主楼满足环形消防通道要求。

4) 酒店裙房和附属楼各设一处临时停车场,每处停车场不少于10个临时停车位,各包含两个无障碍停车位。

5) 标注道路宽度及道路至建筑物的距离,临时停车位与建筑之间的距离等。

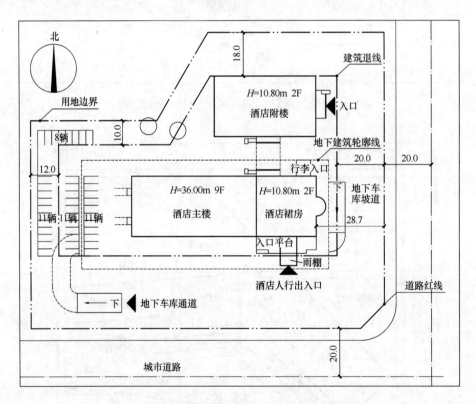

图2-4-9 2012年某酒店总平面设计总图

2. 解析

本题目中已经布置了基地内的建筑以及部分停车场地,需要应试者继续布置基地出入口、人行广场、两块临时停车场以及基地内的道路。

步骤一:初步布置基地机动车出入口、相关场地以及基地内道路。

基地位于城市干道交叉口附近,宜在相邻的两条道路上各设置一个机动车出入口,且机动车出入口应距道路红线交叉点的距离不小于70m。

题目要求沿城市道路设置人行出入口及面积不小于300m² 的人行出入口广场，结合总图中酒店主楼及主楼主入口的位置，则应将人行出入口广场及人行出入口设置于基地的东南侧。

酒店裙房和附属楼各需要设一处临时停车场，每处停车场不少于10个临时停车位，且每个临时停车场都应包含无障碍停车位。为方便临时停车的人员及行为障碍者快速进入建筑，临时停车场和无障碍停车位应靠近酒店裙房和附属楼的主入口设置。

基地内设置环通式道路，方便社会车辆以及消防车进出。

酒店总平面初步布置如图2-4-10所示。

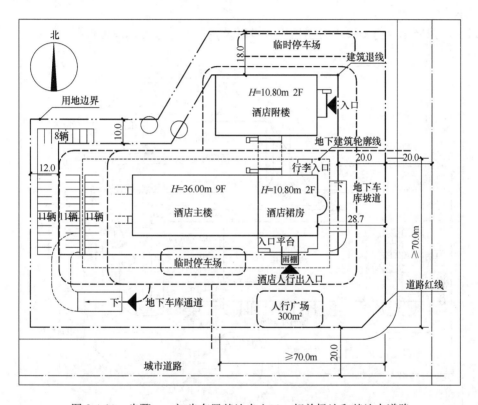

图2-4-10　步骤一：初步布置基地出入口、相关场地和基地内道路

步骤二：深化设计。

根据前一步骤的安排具体布置机动车出入口、人行出入口及人行出入口广场，并在酒店裙房和附属楼出入口附近布置包含10个车位的临时停车场且临时车位与建筑之间应保持不小于6m的防火间距，临时停车场中的无障碍车位应接近建筑入口布置，无障碍车位应包含不小于1.2m的轮椅通道。

根据题目要求组织基地内道路联系基地内建筑、广场、停车场、地下停车库，且楼周边的环路须满足环形消防车道要求，具体要求如下：

（1）车道的净宽度和净空高度均不应小于4m；
（2）转弯半径应满足消防车转弯的要求；

(3) 消防车道与建筑之间不应设置妨碍消防车操作的树木、架空管线等障碍物；

(4) 消防车道靠建筑外墙一侧的边缘距离建筑外墙不宜小于5m；

(5) 消防车道的坡度不宜大于8%；

(6) 环形消防车道至少应有两处与其他车道连通；

(7) 消防车道的路面、救援操作场地、消防车道和救援操作场地下面的管道和暗沟等，应能承受重型消防车的压力。

关于消防车转弯半径，我国普通消防车的转弯半径为9m，登高车的转弯半径为12m，一些特种车辆的转弯半径为16～20m。

在实际项目中，习惯的画法是：遇到多层建筑，转弯半径取9m，遇到高层建筑，转弯半径取12m。

最后，按照题目作图要求对基地出入口以及相关尺寸进行标注可得图2-4-11。

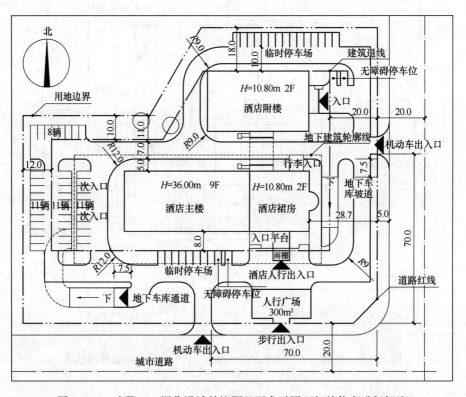

图2-4-11 步骤二：深化设计并按题目要求对图面相关信息进行标注

3. 评分标准（表2-4-1）

2012年场地设计评分标准　　　　　　　　　　　　表2-4-1

		考核内容	分值
总平面设计	基地出入口	(1) 小广场面积小于300m²	20
		(2) 机动车出入口中心线距城市主干道红线交叉点的距离，未标注或注错	
		(3) 其他设计不合理	

续表

考核内容		分值
总平面设计	道路、停车场、出入口	（1）总平面道路系统未画或无法判断	75
		（2）酒店主楼未设环形消防车道或路宽小于4m	
		（3）基地内道路系统未连接建筑各出入口及广场、停车场、车库等出入口，画错或无法判断	
		（4）道路系统与地下车库坡道入口连接的7.5m缓冲车道（两处）未设置	
		（5）临时停车位、无障碍停车位未按两处设置	
		（6）临时停车位每处少于10个停车位	
		（7）临时停车位每处应设2个无障碍停车位（共4个）	
		（8）临时停车位、无障碍停车位设置不合理，临时停车位前道路宽度小于5.5m	
		（9）临时停车场的停车位距建筑外墙防火间距小于6m	
		（10）道路宽度、道路至建筑物的距离、无障碍车位名称，未标注或注错	
		（11）其他设计不合理	
图面表达		图面表达不正确或粗糙	5

（三）综合楼、住宅楼场地布置（2013年）

1. 题目

（1）设计条件

场地内拟建综合楼与住宅楼各一栋，平面形状及尺寸见示意图2-4-12，住宅须正南北向布置；在场地平面图虚线范围内拟建的110车位地下汽车库不需设计，用地南侧及西侧为城市次干道，北侧为现状住宅，东侧为城市公园（图2-4-13），建筑退道路红线不小于16m，退用地红线不小于5m，当地建筑日照间距系数为1.6，城市绿化带内可开设机动车及人行出入口。

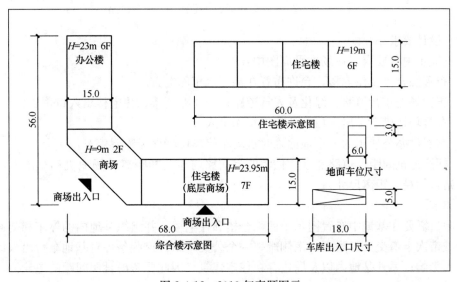

图2-4-12　2013年真题图示

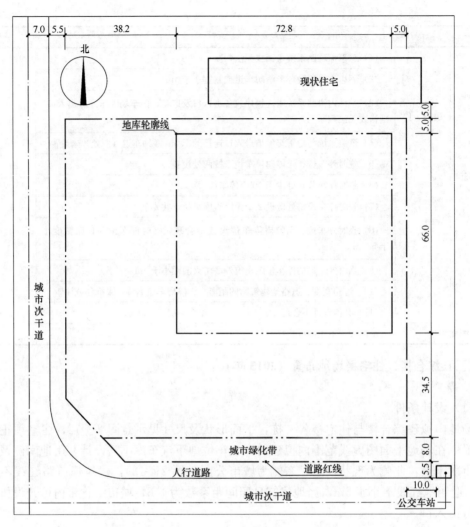

图 2-4-13 2013 年综合楼、住宅楼场地布置总图

(2) 设计要求

根据提示内容要求,在场地平面图中:
1) 布置综合楼及住宅楼,允许布置在地下汽车库上方。
2) 布置场地车行道路、绿化及人行道路;标注办公楼、住宅楼出入口位置。
3) 布置场地机动车出入口、地下汽车库出入口。
4) 布置供办公使用的 8 个地面临时机动车停车位(含无障碍停车位 1 个)。
5) 标注建筑间距、道路宽度、住宅的宅前路与建筑的距离、场地机动车出入口与公交车站站台的最近距离尺寸。

2. 解析

本题目需要在基地中布置图示中的综合楼和住宅楼,并组织基地内的停车和交通。基地位于城市次干道交叉口附近,南侧毗邻一个公交车站,这些条件对基地车行出入口的安排有较大影响;另外基地内以及周边存在住宅建筑,因此要考虑日照间距的退让。

步骤一:按题目要求退线并初步布置拟建建筑。

首先,题目要求建筑退道路红线不小于16m,退用地红线不小于5m,则应按照规划要求退让道路红线及用地红线。

其次,根据图示中拟建建筑的平面形式及基地的基本情况可判断"L"形综合楼应布置于基地西南角的道路交叉口附近,住宅楼则应布置于基地内部。

再次,本题中日照间距系数为1.6,拟建住宅楼高度为19m,综合楼东侧的住宅楼高度为23.95m。为了保证基地北侧现状住宅的日照需求,基地内拟建住宅应退让北侧住宅的南侧外墙不少于$19×1.6=30.4m$;拟建综合楼东侧的住宅部分可能会对拟建住宅楼形成遮挡,则综合楼的住宅部分应退让拟建住宅楼不少于$23.95×1.6=38.32m$。

最后,应保证基地内建筑的防火间距,根据图示可知拟建建筑都为多层建筑,则防火间距不应小于6m,退让后可得图2-4-14中的基地初步布置。

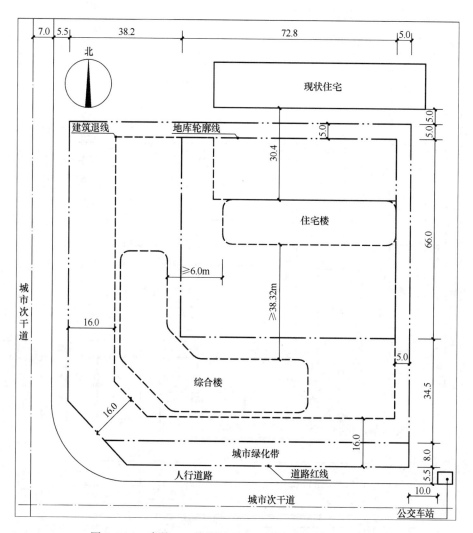

图2-4-14 步骤一:按题目要求退线并初步布置拟建建筑

步骤二:确定拟建建筑的具体位置并初步安排基地出入口。

首先,按照上一步骤的思路具体布置拟建综合楼和拟建住宅楼,并使建筑间的日照间距和防火间距符合要求。

其次，根据基地周边现状布置基地机动车出入口。由于基地位于城市次干道交叉口附近，机动车出入口应尽量远离城市干道红线交叉点，退让距离不应小于70m；基地东南侧有公交车站一处，根据《民用建筑设计统一标准》GB 50352 中的要求，基地机动车出入口距地铁出入口、公共交通站台边缘不应小于15m。

再次，基地内车行道路应能到达所有建筑并能进入地库。其中，联系住宅楼的车行道路为尽头式道路，应布置符合规范要求的消防车回车场；联系综合楼的车行道可结合基地的两个机动车出入口布置为穿越式道路。

最后，应考虑基地内的停车问题，基地内车行道应能够便捷联系基地机动车出入口和地库；另外，题目要求为综合楼的办公部分设置8个临时停车位，这些停车位应靠近办公楼布置。基地内道路初步组织如图 2-4-15 所示。

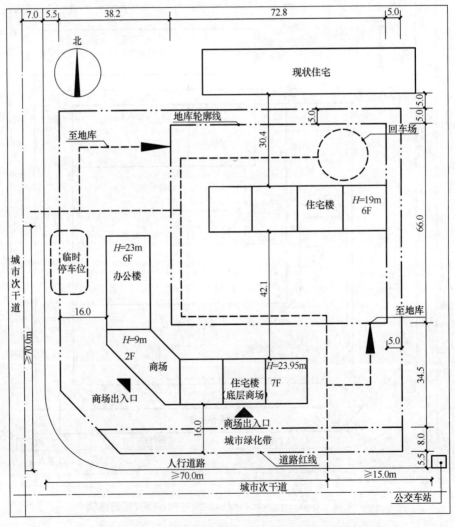

图 2-4-15　步骤二：确定拟建建筑的具体位置并初步安排基地车行出入口及基地内道路

步骤三：深化设计并标注相关尺寸。

按照步骤二的逻辑布置基地机动车出入口、基地内车行道路、办公楼临时停车场和地库出入口。具体布置时应注意几点：

其一，基地出入口及基地内车行道宽度不小于7m；其二，联系拟建住宅楼的道路为尽头式道路，应设置尽头式消防车道、回车道和回车场，回车场面积与扑救建筑高度以及消防车种类有关，多层建筑的回车场面积不小于12m×12m；高层建筑的回车场面积不小于15m×15m；重型消防车的回车场面积不小于18m×18m；其三，办公楼的临时停车位中包含一个无障碍停车位，该停车位应靠近办公楼出入口和基地人行出入口布置。

最后按照题目要求标注基地和建筑出入口以及相关尺寸可得图2-4-16中的答案。

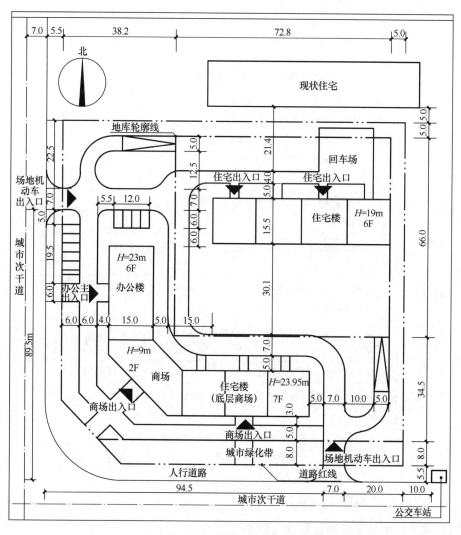

图2-4-16 步骤三：深化设计并标注相关尺寸

3. 评分标准（表2-4-2）

2013年场地设计评分标准   表2-4-2

考核内容		扣分点	扣分值	分值
场地布置	总图布局	（1）综合楼或住宅楼布置不合理（住宅非正南北向布置，办公、商业不靠近城市道路）	每处扣20分	45
		（2）建筑物外墙退道路及用地红线（西侧、南侧16m；东侧、北侧5m）距离不够	每处扣3分	
		（3）住宅日照间距不足1.6倍（南北距离分别小于38.32m、30.4m）	每处扣15分	
		（4）办公主入口位于内院、住宅出入口沿街布置以及其他布置不合理或无法判断	每处扣3分	
		（5）建筑日照间距、道路宽度、住宅宅前路与建筑的距离、场地机动车出入口与公交站站台的最近距离尺寸、办公楼出入口、住宅楼出入口，未标注或注错	每处扣2分	
		（6）未布置绿地，或绿地布置不合理，或无法判断	扣2分	
		（7）其他设计不合理	扣2~5分	
	交通	（1）场地内道路均未画，或无法判断	扣50分	50
		（2）道路绘制不完整，车库、办公、商业、住宅交通混杂、相互干扰，或者无法判断	扣5~10分	
		（3）场地对外车行出入口少于2个	扣10分	
		（4）场地对外车行出入口距离城市道路交叉口不足70m，或无法判断	每处扣2分	
		（5）场地出入口与公交站最近短边的距离不足15m，或无法判断	扣3分	
		（6）地下车库未设两处出入口，或两个出入口距离小于10m，或无法判断	扣2~5分	
		（7）地下车库坡道出口与城市道路或基地内道路未连接，或距离不足7.5m	每处扣1分	
		（8）住宅组团内主要道路宽度不足4m	扣2分	
		（9）住宅宅前路宽度小于2.5m、住宅（有出入口）宅前路距住宅小于2.5m	扣2分	
		（10）地面临时停车场未布置，停车位距离建筑不足6m，停车场位于内院、占用城市绿化带停放	扣3~6分	
		（11）其他设计不合理	扣3~8分	
	图面	图面粗糙或主要线条徒手绘制	扣3~5分	5

（四）某工厂生活区场地布置（2017年）

1. 题目

（1）设计条件

1）某工厂办公生活区场地布置，建设用地及周边环境如图2-4-17所示。

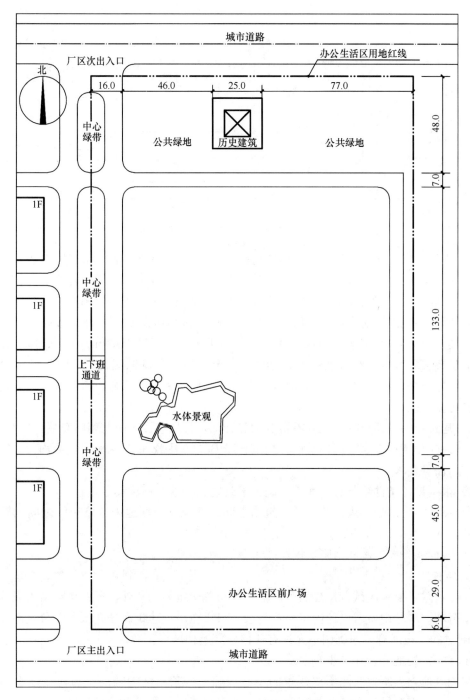

图 2-4-17 2017年某工厂生活区场地布置总图

2）建设内容如下：

① 建筑物：研发办公综合楼一栋；员工宿舍三栋；员工食堂一栋。各建筑物平面形状、尺寸及层数如图 2-4-18 所示。

② 场地：休闲广场（面积≥1000m²）。

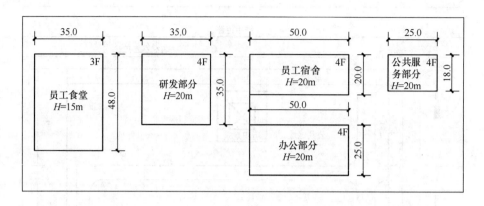

图 2-4-18 2017年真题图示

3)规划要求：建筑物后退厂区内的道路边线≥3m，保留用地内原有历史建筑、公共绿地、水体景观、树木和道路系统，不允许有任何更改、变动和占用。在历史建筑和公共服务部分之间设置一条25m宽的视线通廊，通廊内不允许有任何建筑遮挡。

4)紧邻用地南侧前广场布置研发办公综合楼（包括研发部分、公共服务部分与办公部分，共三部分）。员工宿舍应成组团布置（日照间距1.5H或30m）且应远离前广场。员工食堂布置应考虑同时方便研发、办公、生产区和宿舍员工就餐。休闲广场应紧贴食堂。研发办公综合体中的公共服务部分应直接联系研发和办公部分，三者之间设置连廊联系，连廊宽6m。

5)建筑物的平面形状、尺寸不得变动和转动，且均应按正南北朝向布置。

6)拟建建筑均按《民用建筑设计规范》ZBBZH/GJ 18布置，耐火等级均为二级。

(2)任务要求

1)根据设计条件绘制总平面图，画出建筑物、场地并标注其名称。

2)标注满足规划、规范要求的建筑物之间、建筑物与场地内道路边线之间的距离相关尺寸，标注视线通廊宽度尺寸、休闲广场面积。

3)画面线条应准确和清晰，用绘图工具绘制。

2. 解析

本题目除了要求应试者按规划和规范要求布置建筑和场地外，还首次将城市设计纳入了考核范畴。本题中城市设计内容并不复杂，只需在历史建筑和公共服务部分之间设置一条25m宽的视线通廊，通廊内不允许有任何建筑遮挡即可。

步骤一：场地分析并初步布置。

首先，应当由基地北侧历史建筑的中心点确立一条向南的轴线作为视线通廊的中心线，此轴线应贯穿题目中的北侧基地，并止于南侧基地的研发办公综合楼处。

其次，应由基地西侧的上下班通道确立一条上下班流线，休闲广场应靠近此流线布置。

再次，在布置建筑时应考虑将三栋职工宿舍布置于北侧基地中南北纵深较大的东侧，西侧则布置职工食堂和休闲广场；在南侧基地中将进深较小的办公部分置于东侧以最大限度保证与职工宿舍之间的日照间距，研发部分布置在西侧，公共服务部分与历史建筑形成视轴。

最后,结合题目的退线要求、防火间距、日照间距等可得图 2-4-19 中的布局。

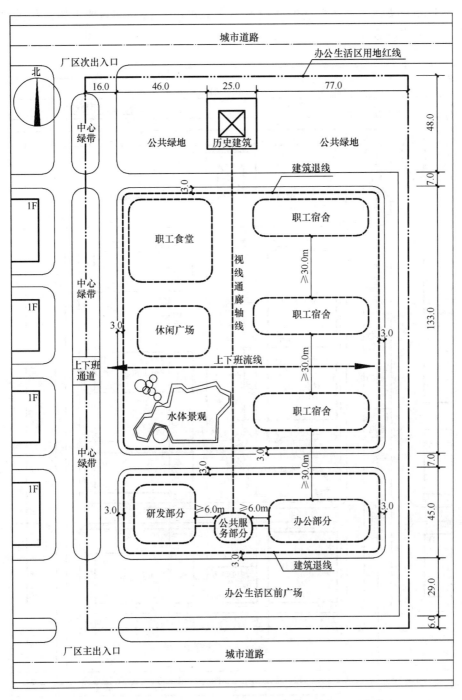

图 2-4-19 步骤一:场地分析并初步布置

步骤二：深化设计并标注尺寸。

在上一个步骤的基础上，将图示中的建筑摆放进基地的退线范围内，并保证视线通廊宽度满足25m的要求，休闲广场的面积不小于1000m²。按照题目要求标注相关尺寸后，可得图2-4-20中的答案。

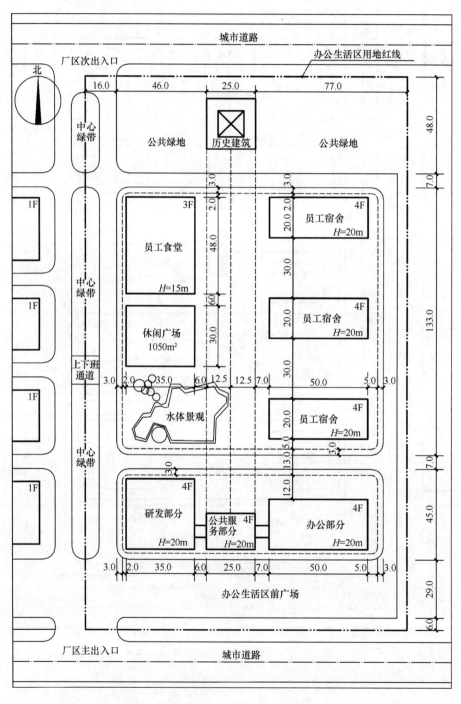

图2-4-20 步骤二：深化设计并标注尺寸

3. 评分标准（表 2-4-3）

2017 年场地设计评分标准 表 2-4-3

考核内容	扣分点	扣分值	分值
未画或无法判断		本题为 0 分	
设计要求	（1）研发办公综合楼一栋、员工宿舍三栋、员工食堂一栋，未布置、缺项或数量不符	少一栋扣 20 分	80
	（2）未紧邻用地南侧前广场布置研发办公综合体（包括三部分）	扣 30 分	
	（3）未按题目要求设置视线通廊，或视线通廊宽度小于 25m，或通廊内有建筑遮挡，或无法判断	扣 20 分	
	（4）占用公共绿地、水体景观，或改变道路系统	各扣 10 分	
	（5）宿舍未考虑成组团布置，或宿舍组团未远离前广场	扣 15 分	
	（6）食堂布置未考虑同时方便研发、办公生产区和宿舍员工就餐	扣 5~10 分	
	（7）休闲广场未紧贴食堂，或面积小于 1000m²	扣 10 分	
	（8）研发办公综合体公共服务部分位置不合理	扣 5~8 分	
	（9）研发办公综合体各部分未通过连廊连接	扣 5 分	
	（10）影响宿舍的建筑日照间距小于 1.5H（30m）	每处扣 10 分	
	（11）建筑物后退厂区内的道路边线小于 3m	每处扣 15 分	
	（12）其他设计不合理	扣 2~10 分	
作图要求	（1）未按已给图例的形状与尺寸绘制，或转动，或无法识别判断	每处扣 5 分	15
	（2）视线通廊、休闲广场的尺寸未标注或标注错误	扣 2~5 分	
	（3）建筑物之间、建筑物与场地内道路边线之间的距离未标注或标注错误	扣 2~5 分	
图面表达	图面粗糙，或主要线条徒手绘制	扣 2~5 分	5

（五）某文化中心总平面布置（2018 年）

1. 题目

某历史文化街区拟建文化中心一座，该中心由三栋建筑组成，即博物馆及公共门厅、图书馆、城市规划馆（耐火等级均为二级）。用地西侧隔古文化街为文物建筑古书院，北侧为现状住宅，东侧为城市绿地，南侧为城市次干道。用地位于古书院文物保护规划的建筑控制地带之外，其用地范围见总图 2-4-21。

（1）设计条件

1）拟建文化中心退西侧道路红线不小于 30m，退南侧道路红线、北侧和东侧用地界线均不小于 15m。

2）当地居住建筑日照间距系数为 1.6。

（2）设计要求

1）文化中心布局应充分考虑该街区城市整体形态的协调性，沿街空间应尽可能开阔。

2) 三栋建筑不允许贴邻建设，要求相互之间用 3m 宽连廊连接。建筑平面尺寸、高度见图示，其中 H 为建筑日照间距计算高度，其计算基准点相对应的绝对高程为 20.50m。

3) 要求场地设置主、次两个出入口，布置场地内环形道路并连接建筑主要出入口，设置 10 个 3m×6m 的机动车停车位，其中含一个无障碍停车位。

4) 要求布置场地内绿地并需沿城市道路设置不小于 2400m² 的矩形集中绿地，该集中绿地内不允许设置人流、车流出入口，且其长边应不小于 80m。

(3) 作图要求

1) 布置并绘制文化中心总平面。
2) 标注文化中心平面尺寸、三栋建筑之间间距、各建筑物名称、退道路红线及用地界线距离。
3) 标注文化中心与北侧现状住宅的建筑间距。
4) 绘制并标注场地出入口、道路、绿地、停车位，注明矩形集中绿地的长、宽尺寸。

(4) 图示（图 2-4-22）

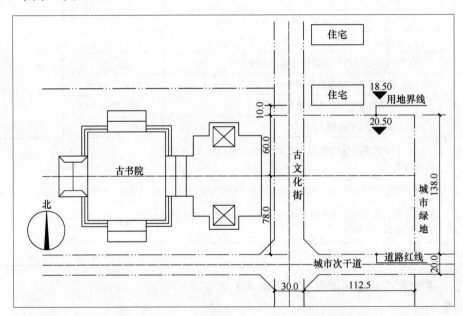

图 2-4-21 2018 年某文化中心总平面布置总图

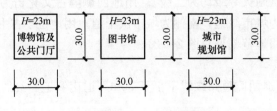

图 2-4-22 2018 年真题图示

2. 解析

本题目又是一道需要考虑城市设计的综合设计类题目。基地西侧的古书院历史建筑群的空间轴线显然对于文化中心的总平面布局有明显的提示作用；另外基地处于城市次干道交叉口附近，这对于基地车行出入口位置的选择也有一定影响；基地北侧为住宅区，所以基地内建筑应保持足够日照间距。

步骤一：按要求进行退线并确定建筑可建范围。

根据题目要求，拟建文化中心退西侧道路红线不小于30m，退南侧道路红线、北侧和东侧用地界线均不小于15m。另外，当地居住建筑日照间距系数为1.6，基地地面高程为20.50m，北侧住宅区地面高程为18.50m，两地块存在2m高差，文化中心的三栋建筑的建筑高度均为23m，则文化中心应退让北侧住宅的日照间距为（23+2）×1.6=40m；退让后可得图2-4-23中的建筑可建范围。

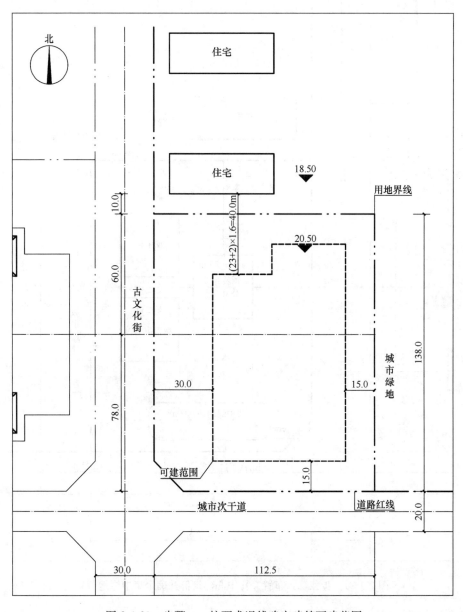

图2-4-23 步骤一：按要求退线确定建筑可建范围

103

步骤二：布置文化中心建筑群并确定集中绿地的位置。

综合考虑到基地西侧历史建筑群的轴线和基地内建筑可建范围，文化中心布局形式可参照图 2-4-24 所示。另外由于三栋建筑不得贴邻布置，且三栋建筑均为 23m 且耐火等级为二级的多层建筑，则拟建建筑两两之间的防火间距不得小于 6m。另外，由于集中绿地的长边不得小于 80m 且沿城市道路布置，则应布置于基地南侧。

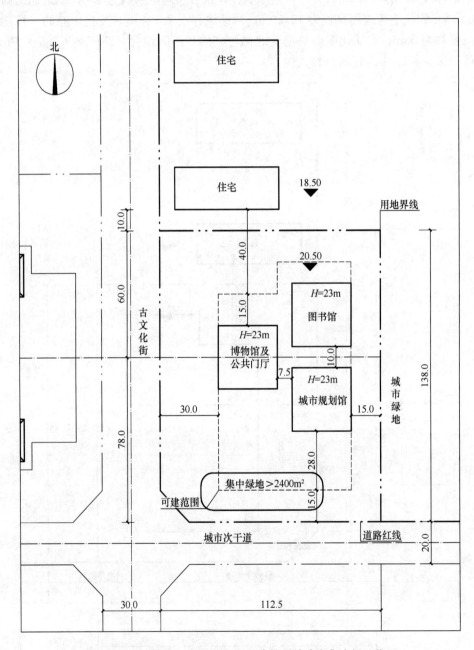

图 2-4-24 步骤二：布置文化中心建筑群并确定集中绿地位置

步骤三：组织基地内道路并标注相关尺寸。

题目要求基地设置主、次出入口，且基地靠近城市次干道交叉口，则主、次出入口距交叉口的道路红线交点距离不得小于70m。参照周边城市关系，基地主入口应布置在古文化街和古书院建筑群轴线的交点处；次入口则布置于基地南侧连接城市次干道；基地内车行道应按要求布置成环路，且10个停车位应布置在主入口附近，无障碍停车位应布置在离主入口及建筑物最近的位置；文化中心的三个建筑之间应用3m宽的连廊连接。

最后，按照题目要求标注相关尺寸可得图2-4-25中的答案。

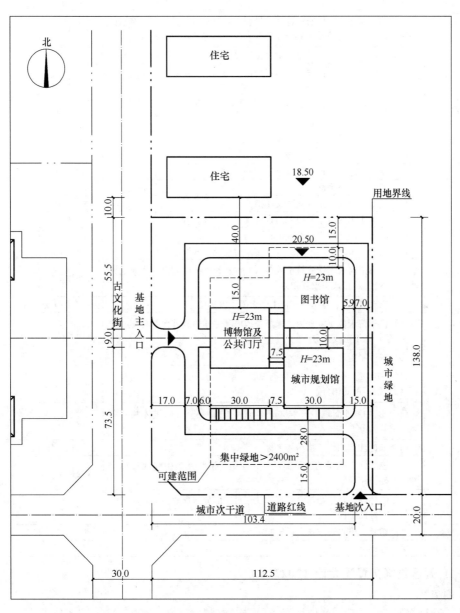

图2-4-25 步骤三：组织基地内道路并标注相关尺寸

3. 评分标准（表 2-4-4）

2018 年场地设计评分标准　　　　　　　　　　　表 2-4-4

考核内容	扣分点	扣分值	分值
	未画或无法判断	本题为 0 分	
文化中心布局	（1）情形一：文化中心三栋建筑未朝西向对称布置	扣 30 分	40
	（2）情形二：文化中心三栋建筑未朝西向对称布置，但博物馆及公共门厅建筑轴线与古书院东西轴线重合	扣 20 分	
	（3）情形三：文化中心三栋建筑虽朝西向对称布置但未与古书院东西轴线重合	扣 15 分	
	（4）情形四：文化中心三栋建筑虽朝西向对称布置且与古书院东西轴线重合，但博物馆及公共门厅建筑未位于三栋建筑物中心位置	扣 10 分	
	（5）三栋建筑之间未通过连廊直接连接	每处扣 2 分	
	（6）博物馆及公共门厅、城市规划馆、图书馆三栋建筑之间间距小于 6m	每处扣 5 分	
文化中心与周边关系	（1）建筑物与北侧住宅相对应部分南北向间距小于 40m	扣 20 分	20
	（2）建筑物退北侧用地界线小于 15m	扣 10 分	
	（3）建筑物退东侧用地界线小于 15m	扣 5 分	
	（4）建筑物退西侧道路红线小于 30m	扣 5 分	
	（5）建筑物退南侧道路红线小于 15m	扣 5 分	
道路及绿化布置	（1）未画或无法判断	扣 25 分	25
	（2）场地主出入口未开向古文化街	扣 10 分	
	（3）场地主出入口中心线未与古书院东西轴线重合	扣 10 分	
	（4）场地次出入口未设置或设置不当	扣 2~5 分	
	（5）场地内未设置环形道路或环路未与建筑之间留出安全距离	扣 2~5 分	
	（6）环形道路未连接建筑出入口（三栋建筑均设出入口）或无法判断［与本栏（5）条不重复扣分］	每处扣 1 分	
	（7）未布置 10 个停车位（含 1 个无障碍停车位）	少一个扣 1 分	
	（8）停车位未位于场地内、未与场地内环路连接或其他不合理［与本栏（7）条不重复扣分］	扣 2 分	
	（9）未绘制矩形集中绿地	扣 15 分	
	（10）集中绿地长边沿古文化街设置，或长边未临城市道路［与本栏（9）条不重复扣分］	扣 10 分	
	（11）集中绿地面积小于 2400m²，或其长边小于 80m［与本栏（9）条不重复扣分］	扣 5 分	
标注	（1）未标注三栋建筑物功能名称	每处扣 2 分	10
	（2）未标注三栋建筑物平面尺寸、间距、退距及集中绿地长边尺寸，或标注错误	每处扣 1 分	
	（3）未标注文化中心与北侧现状住宅对应部分与现状住宅南北向间距尺寸或标注错误	扣 5 分	
图面表达	图面粗糙，或主要线条徒手绘制	扣 2~5 分	5
第一题小计分	第一题得分：小计分×0.2=		

（六）园区建筑布置及设计（2022 年）

1. 题目

（1）设计条件

某园区拟建 C 座研发办公楼，总用地面积 11340m²，其与北侧住宅已平整场地无高差，其他场地条件见图 2-4-26，设计条件如下：

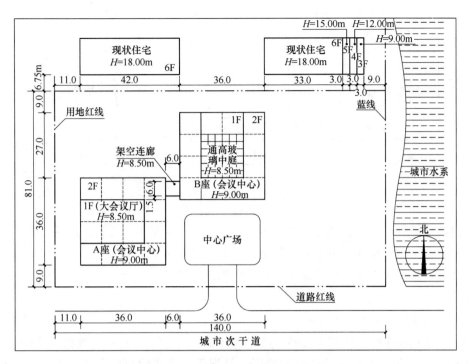

图 2-4-26　2022年园区建筑布置及设计总图

1) 建筑退道路红线、用地红线、蓝线均不小于9m。
2) 城市设计要求：临东侧蓝线建筑高度超9m时，应逐层退台，并满足建筑退蓝线距离与相对应的建筑高度之比不小于1∶1。
3) 住宅日照间距系数为1.5。
4) 园区内建筑除注明外，层高均为4.50m。

（2）设计要求
1) 满足园区建筑密度≤30%，建筑为多层的情况下，C座建筑面积最大。
2) 在满足日照间距条件下，退道路红线距离最大。
3) C座与B座通过6m宽、底层无柱、二层封闭的架空连廊相连。

（3）作图要求
选择图示中正确的C座平面类型，将其屋顶平面绘制于总平面图中。
1) 绘出屋顶平面及退台位置线，注明其对应的层数及建筑高度。
2) 标注退距尺寸、间距尺寸、退台尺寸等。
3) 绘制C座与B座之间的连廊并注明相关尺寸。
4) 完成填空：C座占地面积（　　　）m²，园区建筑密度（　　　）%。

（4）提示与图示
1) C座平面类型图示如图2-4-27所示。
2) 不得改变平面类型的方向及首层轮廓。
3) C座建筑高度及日照计算高度，均不考虑室内外高差、屋面做法厚度及女儿墙高度。

2. 解析
设计所给定的条件没有一条是无用的信息。设计要求"满足园区建筑密度≤30%"；

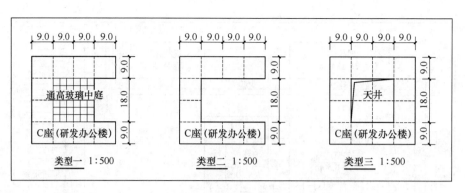

图 2-4-27 C座图例

图例中给出了三种C座平面类型，而三者最主要的区别就是占地面积；作图要求"C座占地面积(　　)m²"，可知"占地面积"是选择C座类型的突破口。

步骤一：根据已知条件计算建筑基底总面积：11340×30%=3402m²。其中：

A座基底面积：36×36=1296m²；

B座基底面积：36×36=1296m²；

则，C座基底面积：3402－1296－1296=810m²（10个块单元），故选择类型二。

步骤二：根据设计要求"建筑为多层的情况下，C座建筑面积最大"，"层高均为4.50m"，经计算24÷4.5=5.3层，可知C座为5层，且最高楼层层高为22.5m。此时，C座与西侧的B座之间防火间距不小于6m。由于住宅日照间距系数为1.5，C座与北侧现状住宅之间的日照间距不小于22.5×1.5=33.75m。综合设计条件中"建筑退道路红线、用地红线、蓝线均不小于9m"等要求可得图2-4-28中的C座可建范围。

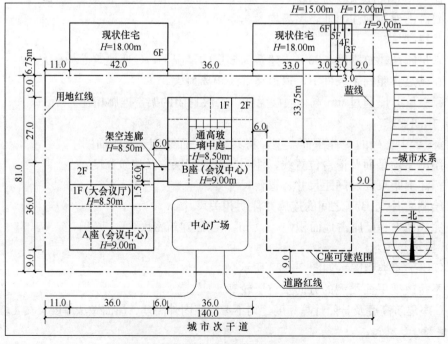

图 2-4-28 步骤二：确定C座可建范围

步骤三：根据设计要求中"临东侧蓝线建筑高度超9m时，应逐层退台，并满足建筑退蓝线距离与相对应的建筑高度之比不小于1∶1"可知C座东侧1、2层无须退台，3层应退台4.5m，4层在3层基础上再退4.5m，5层在4层基础上再退4.5m。

根据设计要求"在满足日照间距条件下，退道路红线距离最大"，设计条件"住宅日照间距系数为1.5"，可知，C座应尽可能靠北布置，但不应影响北侧住宅日照。C座与北侧住宅的日照间距为33.75m。

最后按照题目要求对称布置连廊，按要求作图并标注相关尺寸后可得图2-4-29。

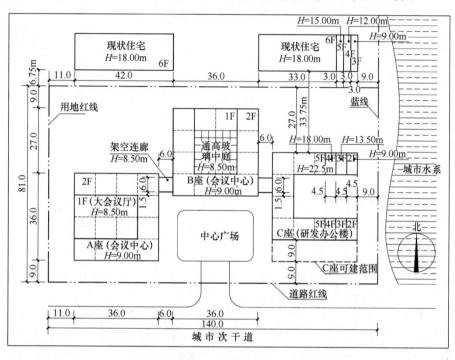

图2-4-29 步骤三：根据设计要求细化设计并得到最终答案

第二篇 建筑方案设计（作图题）

第三章 科目概述

建筑方案设计（作图题）在二级注册建筑师场地与建筑方案设计（作图题）考试中的分值权重高达80%，同时该测试也是对于建筑设计从业人员设计能力的综合考查。因此建筑方案设计作图不仅仅是单科考试的重中之重，也是整个二级注册建筑师考试中的重中之重。

建筑方案设计（作图题）比起前一篇的场地设计（作图题）来说出题的范围更加广泛，任务书要求更加复杂，答题思路也更加多样。正如"一千个读者眼中有一千个哈姆雷特"，对于同一设计任务书，一千名建筑师笔下也必定有一千种（甚至更多）实现方案。虽然同为实务操作类考试，场地设计或许能够根据题目要求得出标准答案，但是在建筑设计作图中就很难说哪种设计答案更为标准。也正因如此，本篇将着重讨论在设计过程中解决问题的方法和实现目标的手段，探讨从题目条件的分析解读到得出具体设计方案的推导过程。希望通过对本篇的学习，帮助应试者在考试中更加有效率地实现题目中的任务要求，并在规定时间内提交一份合格的、能够通过考试的设计图纸；同时，也希望本篇的内容对于应试者日常的设计工作有所帮助。

第一节 考试大纲分析及应试注意事项

一、考试大纲分析

二级注册建筑师资格考试大纲（2022年版）对建筑方案设计考试的表述是："理解建筑设计的基础理论，掌握中小型民用建筑的场地环境、道路交通、功能分区、流线组织、空间组合，以及建筑结构、防灾、安全、建筑物理性能等设计能力；掌握既有建筑的更新改造策略。能按设计条件完成中小型民用建筑的方案设计，并符合有关法规、规范要求。"

短短一段话，已经可以看出本门考试的目的在于考核应试者对于新建以及改扩建的中小型民用建筑的方案设计构思与实践能力。通过归纳大纲，还可以发现以下几点考核内容：

1. 总平面布局能力

主要包括：场地人行与车行出入口的位置选择；建筑主体在场地内的布置；场地内广场、道路以及停车场的布置；合理的绿化景观布置；总平面布局还应满足日照、消防等相关规范。

2. 方案构思能力

主要包括：建筑主次出入口位置安排的合理性；功能分区划分的合理性；人与货物、内业与外业流线组织的合理性；大厅、走廊等交通空间形态设计的合理性；卫生间、楼梯间、电梯等设施布局的合理性；空间的通风、采光、景观等室内环境的舒适性；建筑面积、房间面积的准确性；建筑结构布置的合理性；不同高度空间以及上下层不同大小房间的安排与组织；楼层间交通流线的合理组织。

3. 规范和法规运用能力

包括对现行规范：《建筑防火通用规范》GB 55037、《建筑设计防火规范》GB 50016、《民用建筑通用规范》GB 55031 以及《建筑与市政工程无障碍通用规范》GB 55019 中相关条文的理解与应用，特别是对强制性条文的掌握。

二、应试注意事项

应试者在备考和考试时应该摆正态度、明确目标，注册考试是执业资格考试而不是选拔性考试，注册建筑师资格跟成绩排名无关，只需应试者全科合格，即可获得证书。在场地与建筑方案设计作图考试中也是一样，只要场地作图（满分 20 分）与建筑方案作图（满分 80 分）两部分总分达到 60 分即可通过。换句话说，建筑方案设计（作图题）并非设计竞赛，不需要过度追求形式的美观和创新，用简洁明了的平面和结构解决任务书中给定的问题往往省时省力。因此建议应试者在参加考试时尽量用方形平面而不是圆形，尽量做正交的轴线布置而不是斜交。既然参加考试的目的是成绩合格，那么到底是选择省时省力的方式还是为了炫技而选择费时费力的方式呢？当然，每个人都有自己的答案，但本书将以前一种方式为基础进行讨论。

不过在解析真题和解题思路之前，本章会对历年真题、评分标准、考前准备等进行分析，以求读者对本科目有一个相对整体的认识。

第二节　历年真题总结与分析

通过表 3-2-1 可以看到，2003 年至今的一级、二级注册建筑师建筑设计作图的命题范围是非常广泛的，各个类型的建筑都有所涉及，不过通过对一、二级题目的对比，还是可以看出一些异同。

建筑方案设计历年真题一览表（包括一级、二级）　　　　表 3-2-1

年份	建筑类型（二级）	建筑类型（一级）
2003	老年公寓（1800m²）	小型航站楼（14140m²）
2004	校园食堂（2100m²）	医院病房楼（2168m²）
2005	汽车专卖店（2500m²）	法院审判楼（6340m²）
2006	陶瓷博物馆（1750m²）	城市住宅（14200m²）
2007	图书馆（2000m²）	旧厂房改扩建——体育俱乐部（6470m²）
2008	艺术家俱乐部（1700m²）	公共汽车客运站（8165m²）
2009	基层法院（1800m²）	中国驻某国大使馆（4700m²）
2010	帆船俱乐部（1900m²）	门急诊楼改扩建（6355m²）
2011	餐馆（1900m²）	图书馆（9000m²）
2012	单层工业厂房改建社区休闲中心（2050m²）	博物馆（10000m²）
2013	幼儿园（1900m²）	超级市场（12500m²）
2014	消防站（2000m²）	老年养护院（7000m²）
2017	社区服务综合楼（1950m²）	旅馆扩建（7900m²）
2018	旧建筑改扩建——婚庆餐厅设计（2600m²）	公交客运枢纽站（6200m²）

续表

年份	建筑类型（二级）	建筑类型（一级）
2019	某社区文体活动中心（2150m²）	多厅电影院（5900m²）
2020	游客中心（1900m²）	遗址博物馆（5000m²）
2021	古镇文化中心（1600m²）	学生文体活动中心（6700m²）
2022	社区老年养护院（1660m²）	考试测评综合楼（6900m²）

一、建筑规模

从规模上看，一级注册建筑师方案作图试题的建筑规模波动比较大，从 5000m² 左右到超过 10000m² 的题目都有出过。而二级题目的建筑规模则十分稳定，基本在 2000m² 上下波动，波动幅度较小（1600～2600m²）。这也从一个方面印证了考试大纲中的说法，即掌握中小型民用建筑的设计方法。同时，从防火分区、安全疏散、采光通风、功能分区的角度来看，2000m² 规模的民用建筑设计难度和复杂程度也比较低。

二、建筑类型

从建筑类型来看，一、二级的考试题目还是有较高重合度的，不少建筑类型在一、二级方案作图中基本都出现过，如图书馆、博物馆、养老类建筑、餐厅、俱乐部或社区中心、交通类建筑等；而一级中考过二级没考过的类型，如门急诊楼、电影院等，也有可能减小规模改成诊所、小剧院等在二级注册建筑师的方案作图题中出现。虽然看起来出题的范围过于广泛让应试者摸不着头脑，但实际上出题的模式也是有迹可循的。我们可以将历年真题的建筑类型按照功能和流线的特点浓缩成两个大类别并在下文分专题进行解析。如此一来，应试者就不必纠结于下一年到底出哪一种建筑类型，而只要掌握两个大类别的建筑如何组织即可。

三、改扩建类题目

在一级、二级方案作图的题目中都出现了改扩建类的题目，如一级 2007 年、2010 年、2017 年和二级 2012 年、2018 年。这种出题思路显然也体现了大纲中的要求"掌握既有建筑的更新改造策略"。而改扩建类题目在审题和解题时应当注意哪些方面，本书将在下文详细讨论。

第三节 评分标准的解析

从考试要求来看，二级注册建筑师建筑方案设计作图考试要求应试者在规定时间内完成两张图纸，分别为总平面及一层平面图、二层平面图。与设计工作中的情况不同，本科目的考试中将总平面图和一层平面合并成了一张图。如此设置一方面当然节省了应试者的作图时间，只需在一层平面图上按照要求标注相关数据和符号以及布置总平要求的内容即可，不必更换答题纸重新绘制总平面图；而另一方面，这使得建筑设计作图题目中第一张图的评分权重变得很大，应试者需要对此充分重视。

另外，注册建筑师绘图考试的评分机制是扣分制而不是得分制，即考核应试者提交的方案中错误是否超过总分值的 40%。通过对评分标准的分析可以看出不同考核内容的评分权重，应试者可以清晰地总结出考核重点，以某年建筑方案设计题目评分标准（表 3-3-1）为例，可以看到各个考核内容的扣分上限，总平面布置 15 分（往年为 10～20 分）、平面图 75 分（往年为 65～75 分）、图面表达 5 分（往年也是 5 分）、总建筑面积指标 5 分（往年也是 5 分）。通过各个考核部分的难度和绘图时间可以大概了解到各部分的"性价比"，并且得出以下结论。

一、避免或减少在平面方案之外丢分

1）一定不要忘记在第一张图纸上相应位置写上总建筑面积，只要方案总建筑面积在试题要求规模的合理范围内（±10%）即可少扣 5 分；

2）绘图时保持图面干净工整，保证主要线条都是尺规绘制，不要出现比例失当的问题，在保证绘图速度的前提下尽量工整地书写房间名称和标注，这样可以留给评卷老师比较好的整体印象，也可以在图面表达部分少扣 4～5 分；

3）总平面图一定要认真完成，通常题目中会对总平面的要求表述得很清楚，且往往只需要在第一张图纸上用单线表示即可。该退线的地方退线，广场道路绿化按题目要求合理布置，要求的停车位合理且足量进行安排，准确标注场地和建筑出入口标识、室内外标高等，如此一来总平布置部分基本可以不扣或少扣 10～20 分。

二、在时间允许的范围内尽可能完善平面方案

前面提到的几点如果做到，每位考生都可以得到相应的分数，但是平面图的扣分上限仍然高达 65～75 分，因此依然不能松懈，以免前功尽弃。正如勒·柯布西耶（Le Corbusiur）所说的"平面是体块和表面的生成元"，对于平面功能的组织和设计是建筑师的基本技能，平面也是联系建筑功能和外部形式的桥梁，要做出合理的设计没有捷径可言，应试者应当重点注意以下几个方面，这些方面也是平面部分的主要考核内容：

1）功能分区：分区明确一直是平面设计中十分重要的一部分，分区的主旨是将相同、相关、相近的房间放在一起，一是可以方便使用，二是可以避免不同性质房间之间的干扰，如 2007 年图书馆的题目中，要求内外分区即区分外来读者区域和内部工作人员区域，在内部工作人员区域中又要分行政区域和采编区域。2022 年社区老年养护院的题目中，则是分成养护区、医疗区和行政区，各个分区各司其职又相互联系。

2）建筑流线：建筑流线指的是不同人流或货流进入并使用建筑的流程、线路，或者各个分区、房间之间的联系方式。如在 2018 年婚庆餐厅设计的题目中，库区、加工区、备餐洗消、餐厅等多功能分区之间的关系就考核了应试者将多种流线和程序综合布置的能力，比如厨师的流线、客人的流线、食材经过层层加工最终被端上餐桌的流线。将这些综合起来的，往往是合理的房间布置和交通组织，这些将在之后章节的真题解析中具体讨论。

3）相关规范：建筑方案设计作图考试中对于规范的要求不太多，如果有专用规范也必然会在题目要求中提出。应试者应当牢记的规范条目主要涉及消防疏散和无障碍设计两个方面，具体条目和图示将在下一节中列出。

4）房间面积：除总建筑面积是扣分项以外，大房间、重要房间、重复较多的房间的面积如果没有控制在面积表给定面积的±10%范围内，也会每处扣 2～3 分（如 2011 年餐馆中的大餐厅、大厨房，2013 年幼儿园中的音体室、活动室、卧室，2017 年社区服务综合楼中的社区办事大厅、公共门厅、警务处等），其他房间只要面积大小差别不明显通常不扣分。

5）特别注意：不要缺房间缺功能，在总建筑面积合理的范围内，多做房间未必扣分，但少房间必定扣分。

某年建筑方案设计题目评分标准　　　　　　表 3-3-1

考核内容		扣分点	扣分值	分值
建筑指标	指标	不在 2340m²＜总建筑面积＜2860m² 范围内，或总建筑面积未标注，或标注与图纸明显不符	扣5分	5
总平面图	布置	（1）建筑物距道路红线小于 15m，退用地界线小于 6m	每处扣5分	15
		（2）建筑退道路红线及用地红线距离未标注	每处扣1分	
		（3）未绘制场地出入口或无法判断	每处扣5分	
		（4）未绘制消防环路，机动车停车位	各扣5分	
		（5）25 个机动车停车位（3m×6m）数量不足或车位尺寸不符［与本栏（4）条不重复扣分］	扣2分	
		（6）机动车停车位布置不合理［与本栏（4）条不重复扣分］	扣2分	
		（7）道路、绿化设计不合理	扣3~5分	
		（8）未布置婚庆迎宾广场	扣5分	
		（9）婚庆广场布置不合理或面积不足 400m²［与本栏（8）条不重复扣分］	扣2分	
		（10）未标注婚庆迎宾广场尺寸［与本栏（8）条不重复扣分］	扣2分	
		（11）其他不合理	扣1~3分	
平面设计	房间布置	（1）未按要求设置房间，缺项或数量不符	每处扣2分	10
		（2）婚庆大厅建筑面积不满足题目要求（558~682m²）	扣5分	
		（3）其他房间建筑面积不满足题目要求	扣2~5分	
		（4）房间名称未标注，注错或无法判断	每处扣1分	
	门厅及婚庆部分	（1）婚庆大厅内设置框架柱	扣10分	20
		（2）婚庆大厅长宽比≥2	扣5分	
		（3）婚庆大厅两个长边不具备自然采光条件，或任一采光面小于 1/2 墙身	扣10分	
		（4）婚礼准备间、贵宾间与婚庆大厅联系不便	每处扣5分	
		（5）迎宾厅位置不合理	扣5~10分	
		（6）迎宾厅与婚庆大厅、卫生间联系不便	扣5分	
		（7）迎宾厅与二层雅间联系不便	扣5分	
		（8）男、女卫生间未布置或其厕位数量均小于 8 个	扣2~5分	
		（9）扩建部分为二层或局部拆除现存建筑	各扣10分	
		（10）其他不合理	扣1~3分	
	厨房部分	（1）厨房功能区与婚庆功能区、二层雅间区流线混杂	扣5~10分	25
		（2）不满足题目给出的厨房流线示意图分区要求	扣10~15分	
		（3）管理办公室、男女更衣室未位于厨房功能区内	扣3~5分	

续表

考核内容		扣分点	扣分值	分值
平面设计	厨房部分	（4）酒水库、副食调料库、冷库、主食库等房间与厨房门厅、加工区联系不合理	扣2~4分	25
		（5）主食加工区、副食加工区、风味加工区与备餐间联系不合理	扣2~4分	
		（6）洗消间、备餐间、婚庆大厅相互联系不合理	扣2~4分	
		（7）主食加工区、副食加工区、风味加工区相互之间流线交叉	扣5分	
		（8）厨房出入口未设坡道或设置不合理	扣3分	
		（9）扩建部分为二层或局部拆除现存建筑	各扣10分	
		（10）其他不合理	扣1~3分	
	结构布置	（1）扩建部分结构布置不合理或结构形式与原有建筑结构体系不协调	扣5~10分	10
		（2）扩建部分结构与原有建筑结构衔接不合理	扣5~10分	
		（3）婚庆大厅层高不足6m或无法判断	扣2分	
	规范要求	（1）婚庆大厅安全出口数量少于2个	扣3分	5
		（2）厨房、餐厅上部设置卫生间	扣3分	
		（3）主要出入口未设置残疾人坡道或无障碍出入口	扣3分	
		（4）疏散楼梯距最近出入口距离大于15m	扣3分	
	其他	（1）除厨房加工区、备餐间、洗消间、库房外，其他功能房间不具备直接通风采光条件	每间扣2分	5
		（2）门、窗未绘制或无法判断	扣1~3分	
		（3）平面未标注柱网尺寸	扣3分	
		（4）其他设计不合理	扣1~3分	
图面表达		（1）图面粗糙，或主要线条徒手绘制	扣2~5分	5
		（2）建筑平面绘图比例不一致，或比例错误	扣5分	

一、全部拆除现存建筑者，一层或二层未绘出者，本题总分0分。
二、平面图用单线或部分单线表示，本题总分乘0.9。

第二题得分：小计分×0.8＝

第四节 必备规范知识汇编

如前一节所述，建筑方案设计作图考试对应试者规范知识的考核主要涉及消防疏散和无障碍设计的相关规范。本节中将摘录《建筑防火通用规范》GB 55037和《建筑与市政工程无障碍通用规范》GB 55019中的相关条文，以供应试者参考。

一、《建筑防火通用规范》GB 55037
（一）防火分区

第 4.3.16 条，除有特殊要求的建筑、木结构建筑和附建于民用建筑中的汽车库外，其他公共建筑中每个防火分区的最大允许建筑面积应符合下列规定：

1）对于高层建筑，不应大于 1500m^2。

2）对于一、二级耐火等级的单、多层建筑，不应大于 2500m^2；对于三级耐火等级的单、多层建筑，不应大于 1200m^2；对于四级耐火等级的单、多层建筑，不应大于 600m^2。

3）对于地下设备房，不应大于 1000m^2；对于地下其他区域，不应大于 500m^2。

4）当防火分区全部设置自动灭火系统时，上述面积可以增加 1.0 倍；当局部设置自动灭火系统时，可按该局部区域建筑面积的 1/2 计入所在防火分区的总建筑面积。

说明：对照《建筑防火通用规范》GB 55037 中的相关要求，二级建筑设计作图考试中的建筑规模通常为总建筑面积 2000m^2 上下的一、二级耐火等级的二层民用建筑，通常每层平面不会超过单个防火分区的最大允许建筑面积，因而不涉及单层平面中防火分区的问题。

（二）安全疏散

第 7.1.3 条，建筑中的最大疏散距离应根据建筑的耐火等级、火灾危险性、空间高度、疏散楼梯（间）的形式和使用人员的特点等因素确定，并应符合下列规定：

1）疏散距离应满足人员安全疏散的要求；

2）房间内任一点至房间疏散门的疏散距离，不应大于建筑中位于袋形走道两侧或尽端房间的疏散门至最近安全出口的最大允许疏散距离。

说明：由于《建筑防火通用规范》GB 55037 中并未对最大疏散距离的数值进行明确要求，因此在进行具体设计时设计者应严格按照相关设计要求进行设计，若考试试题中未对于疏散距离的数值进行明确要求，则可按照以往经验以及其他防火规范中的疏散距离数值作为参考，具体如下：

1. 通常只要记住单、多层一、二级耐火等级建筑中位于袋形走道两侧或尽端的房间疏散门到最近安全出口距离小于 20m（袋形走道长度不大于 20m），位于两安全出口之间的房间疏散门到最近的安全出口小于 35m（两安全出口或楼梯间之间距离不超过 70m），若出现托儿所、幼儿园、老年人建筑、医疗建筑中的病房部分等类型建筑疏散距离应当酌情降低。

2. 楼梯间应在首层直通室外，确认有困难时，可在首层采用扩大的封闭楼梯间前室。当层数不超过 4 层且未采用扩大的封闭楼梯间或防烟楼梯间前室时，可将直通室外的门设置在离楼梯间不大于 15m 处。

二、《建筑与市政工程无障碍通用规范》GB 55019

主要体现建筑设计中对于残障以及行动不便人士的人文关怀，建筑作图中无障碍设计主要体现在两方面：无障碍通行（能够逾越建筑内外的高差，能够到达上方或下方的楼层）；无障碍设施（考试中主要考核设置无障碍卫生间，无障碍卫生间的设置题目会明确要求）。

（一）无障碍通行

第2.3.1条，轮椅坡道的坡度和坡段提升高度应符合下列规定：

1）横向坡度不应大于1：50，纵向坡度不应大于1：12，当条件受限且坡段起止点的高差不大于150mm时，纵向坡度不应大于1：10；

2）每段坡道的提升高度不应大于750mm。

第2.3.2条，轮椅坡道的通行净宽不应小于1.20m。

第2.3.3条，轮椅坡道的起点、终点和休息平台的通行净宽不应小于坡道的通行净宽。水平长度不应小于1.50m，门扇开启和物体不应占用此范围空间。

第2.3.4条，轮椅坡道的高度大于300mm且纵向坡度大于1：20时，应在两侧设置扶手，坡道与休息平台的扶手应保持连贯。

第2.3.5条，设置扶手的轮椅坡道的临空侧应采取安全阻挡措施。

第2.4.1条，无障碍出入口应为下列3种出入口之一：

1）地面坡度不大于1：20的平坡出入口；

2）同时设置台阶和轮椅坡道的出入口；

3）同时设置台阶和升降平台的出入口。

第2.4.2条，除平坡出入口外，无障碍出入口的门前应设置平台；在门完全开启的状态下，平台的净深度不应小于1.50m；无障碍出入口的上方应设置雨篷。

第2.6.1条，无障碍电梯的候梯厅应符合下列规定：

电梯门前应设直径不小于1.50m的轮椅回转空间，公共建筑的候梯厅深度不应小于1.80m；

第2.6.2条，无障碍电梯的轿厢的规格应依据建筑类型和使用要求选用。满足乘轮椅者使用的最小轿厢规格，深度不应小于1.40m，宽度不应小于1.10m。同时满足乘轮椅者使用和容纳担架的轿厢，如采用宽轿厢，深度不应小于1.50m，宽度不应小于1.60m；如采用深轿厢，深度不应小于2.10m，宽度不应小于1.10m。轿厢内部设施应满足无障碍要求。

（二）公共卫生间（厕所）和无障碍厕所

第3.2.1条，满足无障碍要求的公共卫生间（厕所）内部应留有直径不小于1.50m的轮椅回转空间。

第3.2.2条，无障碍厕位应符合下列规定：

1）应方便乘轮椅者到达和进出，尺寸不应小于1.80m×1.50m；

2）如采用向内开启的平开门，应在开启后厕位内留有直径不小于1.50m的轮椅回转空间，并应采用门外可紧急开启的门闩；

3）应设置无障碍坐便器。

第3.2.3条，无障碍厕所应符合下列规定：

位置应靠近公共卫生间（厕所），面积不应小于$4.00m^2$，内部应留有直径不小于1.50m的轮椅回转空间。

第四章 应试技巧

建筑师的整个工作进程依赖于环环相扣的逻辑推导，从前期调研策划、确定任务书到展开设计工作、深化设计并绘制施工图等技术图纸，再进行项目施工、验收、后期运维等，每一个工作步骤都要在前一个步骤的基础上进行推进，因而做好前一个步骤的工作并为下一步打下基础，充分理解上一步骤的意图并推进本步骤的工作这两点是辩证统一的。

幸运的是，在考试中出题专家组已经拟定了完善且详尽的设计任务书，应试者需要做的就是对于任务书中的信息进行分类、归纳和解读，并以此为基础进行设计和绘图。

第一节 审 题 方 法

充分理解任务书的要求是应试者顺利通过考试的第一步，此处以 2022 年真题（图 4-1-1）为例讲解对试卷中的信息进行分析和归纳的方法。

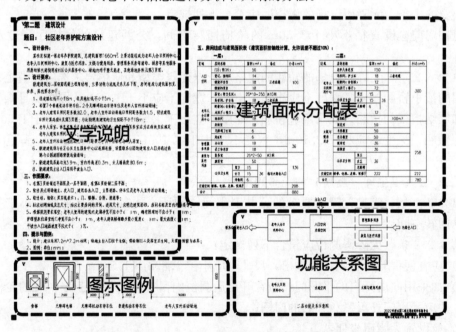

图 4-1-1 2022 年建筑设计作图试题纸

一、试题内容分析

从试题中信息的布局来看基本可以将信息分为四到五个部分，分别为文字说明、建筑面积分配表、功能关系图、图示图例（有时题目会提供）、总平面信息。这些部分所提供的信息主要为：

（一）文字说明

说明建筑类型、建筑规模、建筑高度、建筑结构类型、建筑用地情况（包括用地周边区域的功能、交通、景观等情况）、规划退线要求、房间及场地的采光和朝向要求、设计中的特殊要求（通常会设置专门的扣分点，包括建筑与周边场地的关系、改扩建题目中新建建筑与已有建筑的关系、特定场地或房间的具体设计要求等）以及作图要求。

（二）建筑面积分配表

说明各层平面的楼层面积、各功能分区的面积、各分区所包含的专属房间、各房间的面积和数量。除上述内容外还备注了对特定房间的补充信息，如2022年真题中入口空间分区的登记接待、健康评估、健康档案三个房间需连通布置不能分开。

（三）功能关系图

题目会给出两个功能关系图，分别对应一层及二层面积分配表中各个分区之间的相互关系，需要注意的是功能关系图中各分区之间的关系并非简单的空间关系，而是建筑使用者对建筑的使用程序和流程。有时题目给出的示意图表述不是很清晰，那就需要应试者对示意图进行调整和深化，并根据内外分区适当变形，具体方法将在后文详细讨论。

（四）图示图例

该类信息并不是每年题目都有的，一旦出现本类信息通常会对应试者有较大提示，如2022年题目中的图示图例不仅提示了特定设施、场地的尺寸，还提示了建筑的柱网尺寸。

（五）总平面信息

除试题中所提到的上述信息外，应试者还应重点关注试卷纸中的场地信息，以2022年真题为例（图4-1-2），结合试题中的文字描述，应当在审题时在总平面图中重点关注以下方面：

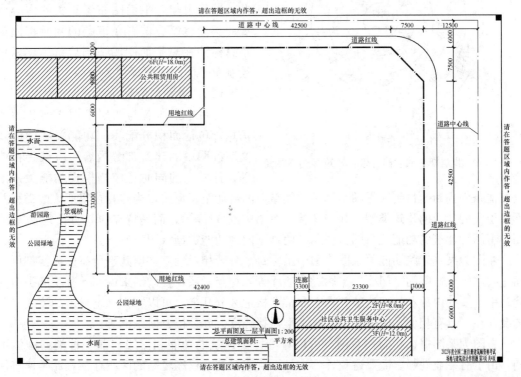

图4-1-2 2022年建筑设计作图试卷纸

1) 道路红线和用地红线的位置；
2) 用地周边城市道路等级与道路位置——影响场地出入口的位置；
3) 用地中是否有已存建筑和保留树木；
4) 用地周边建筑的位置和建筑高度——影响拟建建筑和活动场地的可建范围，如防火间距、日照间距以及特定要求（2022年题目中提到拟建建筑与北侧建筑的卫生视距）；
5) 用地中以及用地周边的绿地和景观位置——影响拟建建筑特定功能的位置和朝向；
6) 指北针，应试者须避免不看指北针而仅按习惯认为图纸中上方为北向的情况，一定要在审题时认真确认，以免将对朝向有要求的房间布置错，从而酿成大错；
7) 其他提示，如2022年题目中用地东侧景观桥的走向和用地南侧社区公共卫生服务中心与用地之间的连廊等。

二、试题信息分类

在经过初步审题后，还应对题目中繁杂的各类信息进行进一步分类和整合，本书建议使用肯尼斯·弗兰姆普敦（Kenneth Frampton）在《建构文化研究》中提到的决定建筑形式的三要素——"地形、类型、建构"（图4-1-3）——来对题目中的信息进行分类。

（一）地形类信息

如图所示该类信息不限于用地范围之内的地形地貌，还包括周边的建筑和景观环境、建筑退线、拟建建筑和场地与周边的联系等一切与场地布置相关的要求。因此，题目中与总平面图布置相关的内容皆属此类，建议应试者在审题的同时将此类信息标注在总平面图的适当位置上，以免绘制总平面图时漏掉相关条件。

（二）类型类信息

题目中指所有与两层平面方案相关的信息，包括面积分配表、功能关系图以及文字说明中的建筑部分内容。应试者在梳理设计要求的同时还应当根据功能关系图

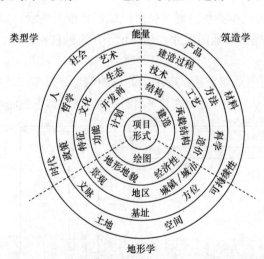

图4-1-3 肯尼斯·弗兰姆普敦，建筑形式三要素

及其他条件判断题目到底考的是哪种"类型"的功能组织形式，当然，这里所说的类型并不属于我们常说的建筑类型（如养老院、图书馆或餐厅等），而是特定的"功能类型"。下图中有两种建筑的功能关系图，展示了两种不同的功能类型（图4-1-4）。

左图为某养老院功能关系图，图中虽然每个分区相对独立，但几乎所有的分区都可以通过共用的交通空间（门厅、走廊、交通厅等）相互联系，换句话来说，此种功能类型的建筑中主要的内部和外部流线并没有非常严格地区分开来，可以容许一定程度的流线交叉情况存在。具有相似功能特征的建筑类型包括公寓、办公楼、俱乐部等。

右图为某图书馆功能关系图，可以看到该类建筑的功能和流线与前一种类型截然不同，由于有专业性强、需要避免外部人员干扰或对洁净程度较高的区域存在，此类建筑往往要求内部流线和外部流线尽可能地分开，避免流线交叉的情况，只有特定房间可以允许

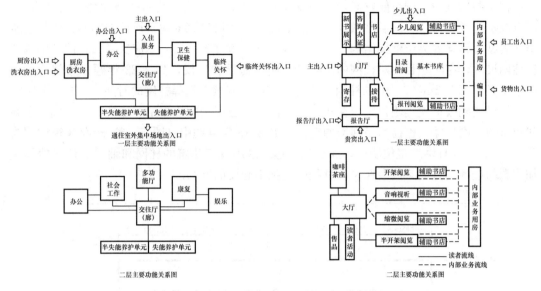

图 4-1-4 某养老院功能关系图（左），某图书馆功能关系图（右）

内部流线和外部流线同时抵达，如图书馆中的各类阅览室以及多功能厅。具有相似功能特征的建筑类型包括博物馆、艺术馆、法院、医院、餐饮类建筑等。

若将上述两种功能类型的功能关系图进行简化，便可得到下图（图 4-1-5）。同时可以根据这两种功能类型的特征对其进行定义和命名：

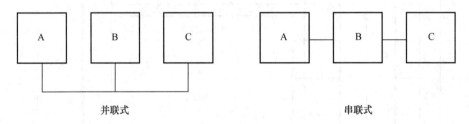

图 4-1-5 并联式与串联式功能组织类型

假设建筑中存在两个及以上功能分区 A、B、C 等，且这些功能非纯粹的交通空间。如果允许各种流线通过公用的交通空间（廊或厅）到达各个分区，那么这种功能组织类型为并联式功能组织类型；如果建筑中不允许不同流线交叉，仅允许通过专用通道到达共用的功能区，那么此类功能组织类型为串联式功能组织类型。

在设计并联式与串联式功能类型的建筑时处理方式会有所不同，具体的手法将在后文中进行解析。

（三）建构类信息

建构（tectonic）一词源于希腊文的 tekton，意为建造者，该词也被用来指称一般意义上的建造技艺。肯尼斯·弗兰姆普敦在《建构文化研究》中引用了爱德华·赛克勒（Eduard Sekler）对建构的定义，即"一种建筑表现性，它源自建造形式的受力特征，但最终的表现结果又不能仅仅从结构和构造的角度进行理解。"换句话来说，建构不仅仅涉及建筑中结构和构造的合理布置，也影响建筑的方案设计和最终表现形式。

在作图考试中，题目能够影响平面设计的建构类信息除了结构类型和柱网尺寸之外，还有改扩建类项目特有的条件限制。一般情况下，注册建筑师建筑设计作图题目中的建筑结构类型为钢筋混凝土框架结构，此种结构的合理跨度为6～9m，应试者须在此范围内选择柱网尺寸，有时题目会对柱网的尺寸进行明确提示和建议，如2022年题目中就明确建议应试者采用7.2m×7.2m的柱网，这无疑节约了应试者选择柱网的时间。

如果遇到改扩建类题目，现存建筑的平面特征也属于明确提示，通常其不仅提示了新建建筑的柱网尺寸，也提示了柱网的定位。如2018年真题中（图4-1-6）现存建筑柱网为7.5m×7.5m，且轴线定位明确，那么新建建筑沿用现存建筑的柱网和轴线定位显然是更加明智的选择，否则必然会在设计过程中遇到不必要的麻烦。

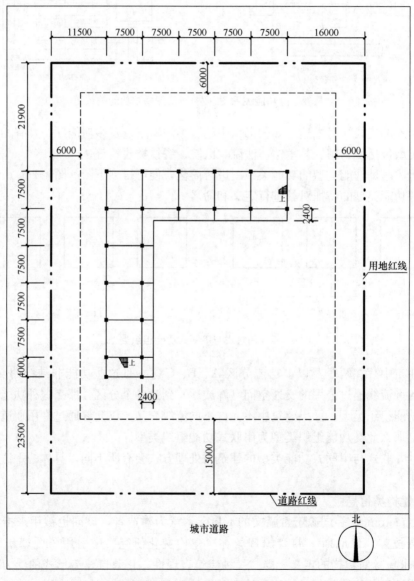

图4-1-6 2018年真题平面图

同理，在 2012 年单层厂房的改建题目中也有相同的提示（图 4-1-7），由于要将原有单层厂房改建为双层的社区休闲中心，需要在原有建筑内部增加一层以容纳新的功能，但原有排架柱不足以支撑二层楼板，那么一层增加的柱网尺寸应与排架柱的布置保持一致。同时由于增加的梁柱仅用于支撑二层楼板，屋面荷载由原有厂房的排架和排架柱承担，那么二层平面图中也就不需要新增的柱子了。

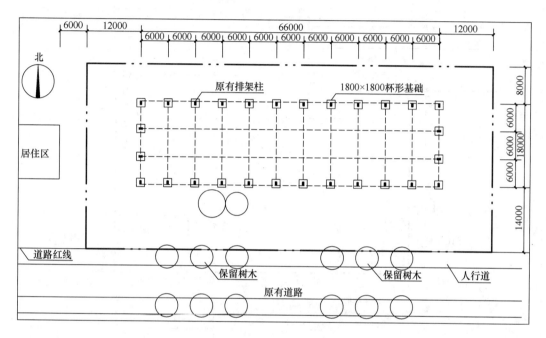

图 4-1-7　2012 年真题平面图

第二节　设　计　推　演

在认真审题并梳理好不同类型的信息后，便可以开始着手设计了。由于二级注册建筑师建筑设计试题中仅标出了道路红线和用地红线的位置，并没有明确建筑控制线的范围。因此应试者在开始画平面草图前仍然需要做一些准备工作。首先要对场地进行分析，确定场地中的建筑控制线，即建筑的可建范围；其次要对给定的功能分析图进行充分认识，明确类型是并联式还是串联式；最后要确定一套柱网，方便开展草图设计。

一、场地分析

以 2022 年真题为例，场地类信息包括：厨房等服务用房依托南侧社区服务中心；建筑退道路红线 8m，退用地红线 5m；老年人建筑日照间距系数为 2.0，老年人活动场地日照间距系数为 1.5；老年人居室、休息室为正南向且面向公园绿地；老年人室外活动场地有充分采光且不贴邻老年人居室；新建建筑高度为 $3.9 \times 2 + 0.3 + 0.6 = 8.7 \mathrm{m}$；其他场地条件见图例和总平面图。

125

通过将计算所得的建筑和场地所需的日照间距以及题目中提到的相关条件进行整合后,按照第一篇场地设计部分已讲到的场地分析和总平面布置的相关解题方法,可得到可建范围即建筑控制线(图4-2-1)。

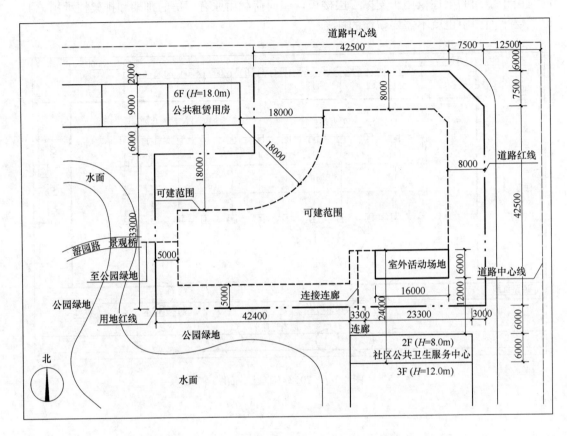

图4-2-1　综合各种场地信息后所得的建筑用地范围

二、功能关系图解读

前文中已经提到,不同类型的建筑可以归入串联式和并联式两大功能类型中,但是在实际操作的过程中,往往会遇到比较复杂的功能条件。在遇到这种情况时,应试者可将功能关系图适当简化,并抓住主要矛盾,以便于判断功能类型。如图4-2-2所示的功能关系图中,既包括并联式功能组织类型又包括串联式功能组织类型,在这种情况下,不妨将A、B、C功能想象成一个大分区,E、F是另一个大分区,那么这两个大分区与D区之间便又构成了串联式功能组织类型。

以2018年真题婚庆餐厅设计的功能关系图为例,初见该示意图似乎有些不太清晰,不容易区分其到底是哪一种功能类型,但是如果补充上餐厅区并将其余功能区进行简化和对齐后,便可以很容易地将其归类为串联式功能组织类型,示意图深化过程如图4-2-3所示。

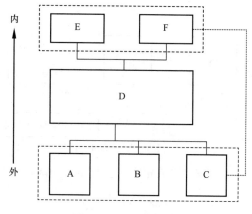

图 4-2-2 功能关系图

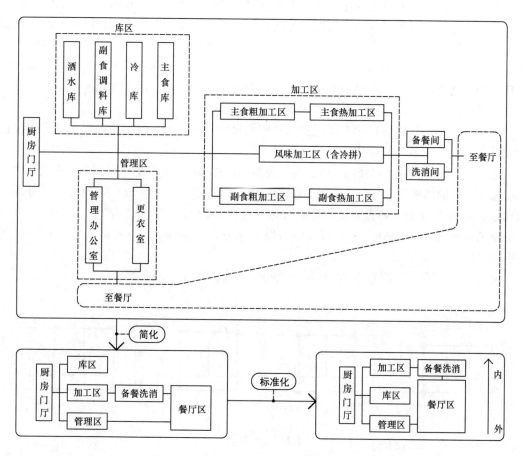

图 4-2-3 婚庆餐厅功能关系图再加工过程示意图

当然,有的时候题目给出的功能关系图也是有欺骗性的,如 2022 年真题社区老年养护院设计中所提供的功能关系图(图 4-2-4),看似是一个串联式功能类型,但如果仔细观察,会发现图中位于核心位置的区域实际上是所有功能区共用的交通区域(入口空间、交通空间)而非特定的功能区,此建筑并没有明确要求内外流线不能交叉。因而此题目的功能类型应该是并联式而非串联式。

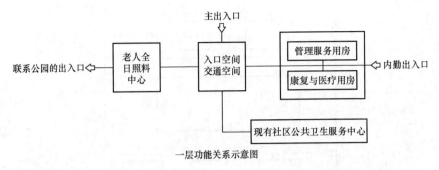

图 4-2-4　2022 年真题社区老年养护院功能关系图

三、柱网选择

在开始具体设计平面之前还有一个十分重要的准备工作是选定柱网。理论上讲，由于框架结构的建筑可以相对自由地用墙体分割空间，那么无论采用多大的柱网都可以完成设计。然而题目的面积分配表中会对各房间的面积又有比较明确的要求，而且有些特定的房间要求面积浮动范围不能超过规定面积的±10%。如果选的柱网尺寸不合适，时常会在安排房间和交通空间的过程中遇到麻烦。因此，选定一个合理的柱网往往能够为后面的设计起到非常积极的作用，达到事半功倍的效果。

如前文所述，有时题目中会明确提示柱网的尺寸，但在题目没有明确提示且并非改扩建类项目的情况下就只能靠应试者的设计经验了。

因而在选定具体柱网尺寸前，应试者需要对不同柱网所对应的面积做到心中有数。由于题目通常要求的结构类型为钢筋混凝土框架结构，其合理跨度为 6~9m，且柱距的尺寸通常取模数 300mm 的倍数，那么在设计时常用的柱网有 6m×6m、7.2m×7.2m、7.5m×7.5m、7.8m×7.8m、8.1m×8.1m（实际设计中习惯简化为 8m×8m）、8.4m×8.4m、9m×9m 等（表 4-2-1）。

如图 4-2-5 所示，不同尺寸的柱网内部可以包含的面积各不相同。

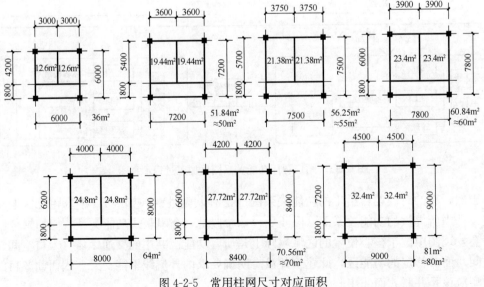

图 4-2-5　常用柱网尺寸对应面积

常用柱网尺寸对应面积 表 4-2-1

柱网尺寸	柱网面积	去掉1.8m宽走道后剩余面积
6m×6m	36m²	约25m²，可以拆成两个约13m²的小房间
7.2m×7.2m	约50m²（51.84m²）	约40m²，可以拆成两个约20m²的小房间
7.5m×7.5m	约55m²（56.25m²）	约40m²，可以拆成两个约20m²的小房间
7.8m×7.8m	约60m²（60.84m²）	约45m²，可以拆成两个约23m²的小房间
8m×8m	64m²	约50m²，可以拆成两个约25m²的小房间
8.4m×8.4m	约70m²（70.56m²）	约55m²，可以拆成两个约28m²的小房间
9m×9m	约80m²（81m²）	约65m²，可以拆成两个约33m²的小房间

注：图4-2-5前一段中的叙述"在设计时常用的柱网为6m×6m、7.2m×7.2m、7.5m×7.5m、7.8m×7.8m、8.1m×8.1m、8.4m×8.4m、9m×9m。"

调整为"在设计时常用的柱网为6m×6m、7.2m×7.2m、7.5m×7.5m、7.8m×7.8m、8.1m×8.1m（实际设计中习惯将其简化为8m×8m）、8.4m×8.4m、9m×9m。"

在熟知上述数据后，便可以根据题目提供的面积分配表选取柱网尺寸。以2022年真题社区老年养护院设计为例，假设题目并没有明确提示柱网的尺寸，应试者也完全可以自行确定柱网。2022年题目的一层面积分配表如下（表4-2-2）：

一层功能房间面积分配表 表 4-2-2

功能分区	房间及区域	面积（m²/间）	备注	小计（m²）
入口空间	门厅（带门斗）	50	三者连通	100
	登记、接待区	14		
	健康评估室	18		
	健康档案室	18		
老年人全日照料中心	居室（带卫生间）	25×10=250	共10间	400
	药存间、护士站	18	二者连通	
	配餐间（含食梯）	12		
	起居室（餐厅）	72		
	助浴间	18		
	亲情室	18		
	无障碍卫生间	6		
	清洁间	6		
管理服务用房	办公室	18		36
	员工休息室	18		
康复与医疗用房	医务室	25×2=50	共2间	136
	康复室	50		
	男卫	15	邻近内勤出入口	
	女卫	15		
	污物间	6		
交通空间	楼梯、电梯、走廊、候梯厅	208		208
合计				880

如表中所示，此建筑中的绝大多数房间面积数值为 50 和 18 的倍数，其中比较重要的房间一层老年人居室有 10 个，每个 25m²。那么根据前文提到的柱网数据选择 7.2m×7.2m 的柱网刚好可以满足要求（图 4-2-6）。

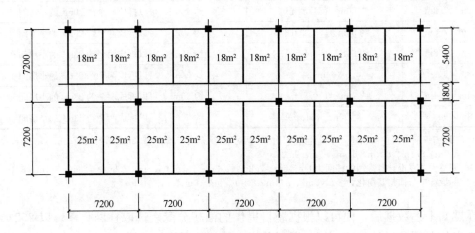

图 4-2-6　2022 年真题社区老年养护院平面布置示意

四、初步确定平面图

在确定柱网之后还需要根据之前分析场地所得到的建筑控制线范围（该范围应是在场地中已预留道路、停车场和广场的纯建筑区域）来确定平面形状。因为注册建筑师作图考试并不考核应试者的创新能力，所以具体答题和作图时推荐使用正交柱网和比较方正的建筑形状。

以图 4-2-7 为例，假如根据场地分析在用地范围中得到下图的建筑控制线范围。其中长边长度为 A，短边长度为 B，且通过面积分配表确定了使用的柱距尺寸为 N。那么推荐建筑平面尽量占满可建范围，并用控制线长边长度 A 除以柱距 N，得到的数据取整数（不可四舍五入，应去掉数值小数部分）a，那么建筑的长边长度为 $a×N$。同理，根据控制线短边长度 B 和柱距 N，得到建筑的短边长度为 $b×N$。则控制线内最多可容纳 $a×b$ 个柱网尺寸为 $N×N$ 的网格（在建筑控制线不是矩形的时候，也可以按照相同方法处理）。

用 $a×b$ 个网格的总面积与面积分配表中要求的一层平面的面积相比较，会出现两种情况：

（一）$a×b$ 个网格的总面积与一层平面图要求的面积几乎一致（在±10%之内）时

这种情况下，可以确定建筑一层平面图的形状及尺寸与网格相一致。

那么如果网格的进深方向尺寸为 1～3 个柱距时，通常可以保证平面中没有黑房间，可以处理成图 4-2-8 中的平面形式。

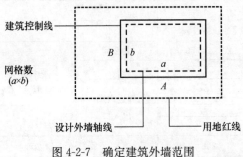

图 4-2-7　确定建筑外墙范围

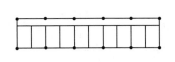 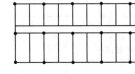 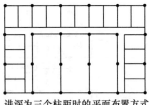

进深为一个柱距时的平面布置方式　　进深为两个柱距时的平面布置方式　　进深为三个柱距时的平面布置方式

图 4-2-8　建筑进深较小时的平面布置形式

如果网格总进深较大，且有不需采光的大房间时，通常的布置逻辑为：将平面中的走廊布置成"回"字形或"U"形，先将需要采光的房间布置在外围，将不需要采光的黑房间放在中央位置（图 4-2-9）。

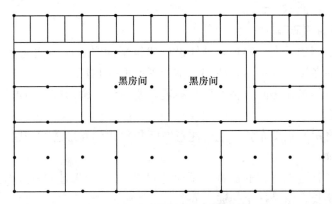

图 4-2-9　建筑进深较大时的平面布置形式

作图题目通常已经由出题专家组进行过试做，或题目是按照特定答案倒推出来的，所以在 $a×b$ 面积与一层面积吻合时，基本不会出现既是大进深又要求所有房间都采光的情况，如果出现该情况，考生应仔细检查之前的场地分析步骤有没有搞错。

（二）$a×b$ 个网格面积与一层面积相差较大时

1. 题目中存在不需要采光的大房间时

应试者可以相应减少网格的数量，使其总面积与一层面积吻合。如果网格的总进深较大，推荐首先考虑减小进深。确定最终的网格布置后，结合功能关系图和前述平面布置逻辑初步确定内部组织形式。

2. 题目中要求房间都采光时（不包括卫生间、小型库房等）

通常先确定需要减少几个格子，需要减少的格子的数量为：（$a×b$ -一层面积）/单个柱网格子的面积。减掉的格子可以在建筑平面中的适当位置充当可以采光的天井和内院，结合功能关系图和题目中的设计要求，也可以设置多个天井或内院，如图 4-2-10 所示。

五、建筑设计中的"量、形、质"

在设计具体房间和空间时，还应当重点考量空间的"量、形、质"。

（一）设计中的"量"

所谓建筑设计中的"量"，包括平面设计时涉及的所有可以被量化的内容。除了总建

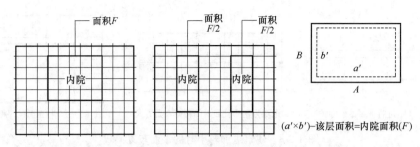

图 4-2-10　$a \times b$ 总面积大于一层面积且房间都有采光要求的处理方式

筑面积、房间的数量外，还包括单个空间的尺度和容量。通常来说，作图考试中对总建筑面积以及特定房间的面积都有明确的要求。关于考试中与"量"相关的定量内容，前文中已经充分讨论过，在此不再赘述。

（二）设计中的"形"

除了建筑和空间的尺度与容量，具体设计建筑平面时还应当注意空间的形式和形态。前文建议应试者在考试过程中尽量使用方整的平面形式和正交布置的柱网。在此基础上设计具体房间时也应尽量让房间方整且正交布置，避免使用圆形或三角形房间以免设计中出现矛盾。

另外，即便将房间正交布置，也要注意空间长宽比例和形态的问题。

1. 房间长宽比

在设计房间时，通常适宜的长宽比不应超过2：1。如果超过这个比例，往往会使得房间看起来比较狭长，像是一个交通空间。

如图4-2-11所示，同样是布置一个100m² 的房间，如果用7.2m见方的柱网，两个格子就可以作为一个约100m² 的房间；同样的面积，如果用8m见方的柱网，去掉1.8～2m的走道，两个格子也是100m²。但是从房间长宽比的角度衡量，前者长宽比为2：1，后者长宽比约为2.6：1，那么前者的"形"相对来说更好一些。

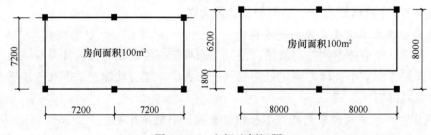

图 4-2-11　空间比例问题

2. 房间的形态

为了形态完整也要避免空间中的阳角和刀把形房间。如图4-2-12所示，假设题目需要建筑中有一个或数个面积为300m² 的大空间，那么实现方式有三种：

1）使用7.8m见方的柱网，因为一个格子面积约为60m²，需要5格，因此在2×3的网格中选取5个整格子实现300m² 的面积；

2）同样选取7.8m见方的柱网，但是不选取5个整格，而是4个整格和2个半格，则同样可以实现300m² 的面积，剩余区域可以做交通空间或辅助房间；

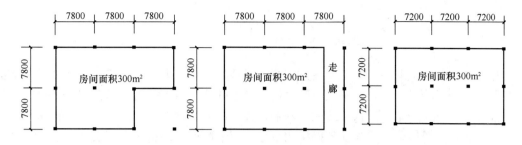

图 4-2-12 空间的形态问题

3）选取 7.2m 见方的柱网，由于一个格子面积约 50m²，则需要 6 个整格子就可以实现 300m² 的面积。

对比以上三种情况，后两者空间都是完整的矩形，空间比例也合理，空间实用性强；第一种空间则是包含了一个阳角的刀把形房间，使用时很明显会被分割为两个区域，空间形态不佳。

（三）设计中的"质"

建筑设计中的"质"，通常指建筑中的空间与房间应能满足采光、通风以及特定功能的需求。

采光和通风需求比较容易理解，前文"初步确定平面图"部分也有所涉及。主要要求为小且需要采光的房间应尽量靠外墙布置，如走道两侧都是需采光的小房间，则建筑进深不应过大；房间进深大且需要采光的情况，如果题目明确提示其采光通风要求高，那么应尽量长边靠外墙布置或有两个面可以采光通风（图 4-2-13）。

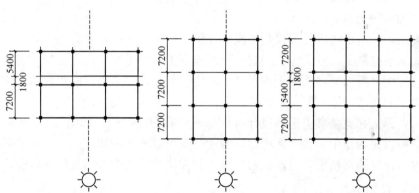

图 4-2-13 房间的采光要求

除采光通风条件外，有的房间会有特殊要求，如报告厅或观众厅通常要求是无柱且净空较高的空间，那么应试者在作图时一定不要顺手在该房间的平面中加上柱子；另外，如果报告厅或观众厅的层高高于建筑其他部分的层高，那么一般不建议在其上方布置其他房间，以免出现各种设计矛盾。

第三节 绘 图 过 程

　　作图考试的成绩取决于应试者在试题纸上呈现的最终成果。第一章第三节"评分标准分析"中已经讨论过，要在有限的时间内得到理想的分数通常需要应试者在考试中做到高效、准确、工整。为了达到这一目的，本书建议应试者将建筑设计作图考试中的设计作图环节细化为三个阶段：一、无比例网格图阶段（以下简称为网格图）；二、1∶200 比例定稿草图阶段（以下简称为定稿图）；三、针管笔正式图阶段（以下简称为正式图）。其中前两个阶段为设计环节在草图纸上作图，可以使用铅笔、彩笔进行绘制；第三阶段为最终绘制作图阶段，必须用针管笔或钢笔在试卷纸上指定的位置按题目要求进行作图。

一、无比例网格图

1. 什么是网格图？

　　这里所说的网格图，指的是不需要使用尺规也不需要按照比例绘制的草图，这种草图可以只有手掌大小，能将此阶段需要确定的内容表述清晰即可。

2. 为什么要先画网格图？

　　绘制网格图是为了让整个设计过程更高效。在初步确定建筑的柱网尺寸和网格形态后，就需要立刻在草图纸上开展设计，但此阶段不确定因素较多，难免出现调整功能区位置、房间朝向、楼梯间和卫生间位置等小问题，甚至有时出现需要大幅调整建筑形状和柱网尺寸的情况。如果没有先画网格图，直接按题目要求比例（通常为 1∶200）画定稿图，那么调整设计往往会浪费掉大量时间。网格图便于调整。

3. 怎样绘制网格图？

　　如前文所述，网格图不需要尺规也没有比例，应试者可以在草图纸上均匀地按照 1～2cm 的间隙徒手打格子，只要保证网格的形态与格子的数量与之前确定的相同即可。由于网格图没有比例，所以可以将格子的尺寸定义为任何数据，通常这时可以将网格的尺寸定义为之前确定的柱网尺寸；因为柱网的尺寸是确定的，其自身的面积和去掉走道后的面积也是确定的，那么在此基础上进行设计可以保证较高的准确性。如图 4-3-1 所示，走道的位置和走向可以在网格中画徒手线确定，房间范围可以徒手画圈表示，楼梯的部分可以打叉表示；这种深度的网格图，已经足够定稿，只需将其放大完善后最终用针管笔描图绘制即可。

二、1∶200 定稿草图

　　在完成网格图后，大部分基本的设计工作已经完成，定稿图的作用是对平面方案作最后的完善和调整，力求准确实现题目要求。定稿图阶段主要需要做的工作如下：

　　1）在草图纸上按照题目要求的比例（1∶200）用丁字尺和三角板画出柱网网格；

　　2）在柱网网格中按照网格图的平面布置画出建筑的内外墙、划分各个房间和走道、标记房间和区域名称。为了节约时间，此步骤建议徒手画线，而且由于题目只要求标注建筑总尺寸和轴网尺寸，走廊宽度和房间分割不必太精确能够定位即可；

　　3）根据题目要求画出内外门和窗的位置（2019 年后题目已不再要求画窗）。单扇平

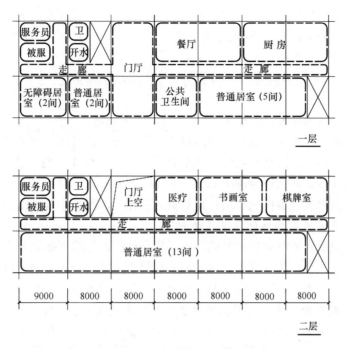

图 4-3-1 两层建筑网格图示例

开门宽度大概 700~900mm，因此在 1∶200 的图上门宽略小于 1cm 即可；

4）完善平面功能，由于网格图放大为定稿图后难免会发现一些前期容易忽视的设计错误，一旦发现此类错误可以在本阶段进行调整，如果涉及楼梯间、卫生间等与上下层相关的平面变动，要记得两层草图都进行调整。

三、针管笔正式图

因为建筑设计作图考试中对于图面的干净工整有专门的扣分项（5分左右），所以改动较多的步骤要放在网格图和定稿图阶段完成，正式图阶段只需将定稿图垫在试卷纸下方，按照题目要求用针管笔和尺规进行描图即可。

描图后的图面深度如图 4-3-2 所示，2019 年后题目不再要求画窗，因此图中未绘制；卫生洁具有时要求绘制，应试者应仔细审题。

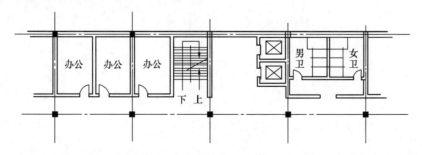

图 4-3-2 正式图深度

正式图阶段，除绘制平面外，还应按照题目要求标注建筑总尺寸以及柱网尺寸、室内外标高和二层标高、坡道和台阶的上下方向、各房间名称，并在试题纸相应位置填写建筑总面积（可按轴线面积计算），除此之外还应完成总平面图与一层平面图中的总平面部分。

第四节 时间安排和应试技巧

由于场地与建筑设计考试总时长为 6 小时，如果场地作图题能够在 1.5 小时之内完成，那么可以剩余 4.5 小时左右完成建筑设计作图部分，其时间分配建议为：审题和确定柱网的时间为 0.5 小时、网格图阶段 1.5 小时、定稿图阶段 1 小时、正式图阶段 1 小时，如果按照此时间安排，那么还会留出 0.5 小时用来查漏补缺。

如果应试者想要进一步优化及缩短建筑设计作图的时间，本书给出如下建议：

1. 尽量不要压缩审题和网格图设计时间

因为前者是应试者理解题目的基础，为了提高速度而粗略审题无异于囫囵吞枣。而后者即网格图设计时间也不建议缩短，这是因为设计部分的不确定性因素较大，每位应试者的设计水平与专长也不尽相同，所以要留出充分的时间确定平面布局后再定稿描图。

2. 可以对定稿图绘制和正式图描图的步骤进行优化进而节约时间

如先在图板上用纸胶带固定一张草图纸并画一层定稿图，再在一层定稿图上贴一层草图纸画二层定稿图；完成二层定稿图后直接在二层定稿图上贴上二层平面图试题纸进行描图，二层正式图描好后揭下二层平面图试题纸和二层定稿图，最后在一层定稿图上贴上一层平面的试题纸进行描图。如此一来，可以减少反复粘贴草图纸和试卷所浪费的时间。

3. 应试者应平常多动笔、多练习从而找到适合自己的时间分配方案和作图步骤

本书除了真题解析部分会提供历年真题的题目和参考答案，附录中还提供了历年真题的空白试卷，应试者在完成本书的阅读后可利用这些试卷进行练习，从而提高自身的设计能力和作图速度。

第五章 真 题 解 析

本篇的试题类型分析中,曾提到过可以将试题按照建筑功能组织类型分成"串联式"和"并联式",这两类功能组织类型的设计思路和处理手法有很大的差别。本章中将在真题解析中结合这两大类型的具体特点和设计手法,以便于应试者深入理解功能类型组织并应用于实际设计工作与注册考试之中。

第一节 专题一:串联式功能组织类型

一、类型特点与设计手法
(一)串联式功能组织类型的特点

串联式功能组织类型(简称串联式功能)是指因工作流程、生产工艺、卫生洁污等要求,在设计建筑平面图时,需要严格地按照"流线不得交叉"的原则组织建筑的功能和流线。此类型的特点可以通过以下几个建筑的功能流线组织情况进行讨论。

例1 如图 5-1-1 所示为某医院门(急)诊楼一层功能关系图。由图中可知,此门(急)诊楼的使用流线由两类人员的流线构成:包括普通门诊、急诊、儿科的患者流线以及各科医护人员流线。显然,此医院门(急)诊楼的设计需要做到严格的医患分离,也就是说患者不得进入医护人员的工作用房,医护人员也不需要进入门诊大厅,医生护士只需

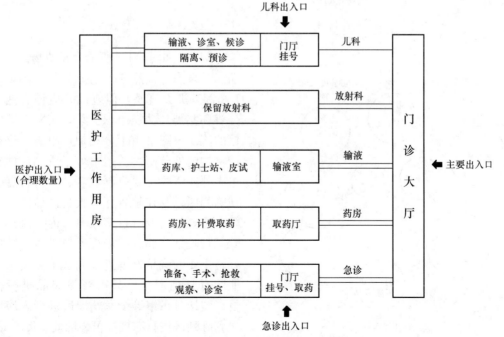

图 5-1-1 某医院门(急)诊楼一层功能关系图

要在各科的诊室、注射室、处置室等房间对患者进行诊察和治疗等工作即可。因此，该医院的门（急）诊楼的功能组织类型为串联式。

例2 如图5-1-2所示为某图书馆一层功能关系图。此图书馆的一层功能关系图与例1中的门（急）诊楼比较相似，此图书馆的流线特点是实现严格的内外分离，即外业流线与内业流线的分离。其中外业流线主要包括读者、少儿读者、报告厅听众、报告厅贵宾等进入图书馆相关区域进行借书、阅读、作报告、听报告等活动的流线，该流线人员除贵宾外不需要进入内部业务区域；内业流线则是图书馆内部的行政人员、技术人员、图书货物运输等在内部业务区域进行行政工作、采编修复工作、运送图书等的流线，此流线除了存在接待贵宾的特殊功能外，主要的作用是为读者提供图书或对图书进行管理。因此外业人员基本不需要进入内业区域，内业人员也基本不需要进入外业区域，此图书馆的功能类型也属于串联式类型。

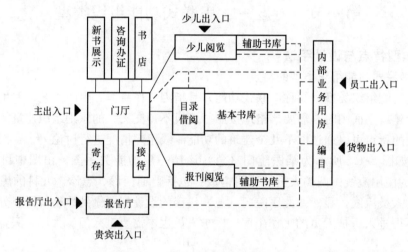

图5-1-2 某图书馆一层功能关系图

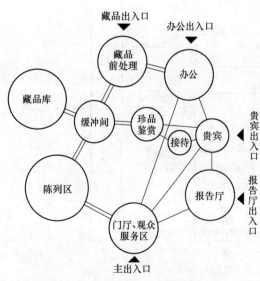

图5-1-3 某博物馆一层功能关系图

例3 如图5-1-3所示为某博物馆一层功能关系图。虽然这一功能分析图不像例1和例2那么规整，但应试者应该有能力分辨和鉴别其功能组织关系，实际上博物馆的流线与图书馆十分相似，也需要进行严格的内外分离。从图中可以看到该博物馆中外业流线主要是参观者、听报告者参观陈列区以及在报告厅听报告的流线，几乎不需要与内业有过多联系；内业流线中除了行政办公部分有接待外来人员的功能外，主要的藏品处理流线完全不需要与外业区有任何联系，只需要将展品进行修复、装裱、采编等技术处理后进行入库和送到陈列区进行布展即可。因此，图5-1-3中的博物馆也体现出了串联式功能组织类型的特点。

例4 如图 5-1-4 所示为某法院功能关系图。法院类建筑的功能流线组织也反映出串联式特点，如图所示的功能关系要求实现社会人员流线、法庭内部工作人员流线以及犯罪嫌疑人流线三大流线的分离。这三类流线的使用人员都有各自对应的功能分区，如供社会人员使用的审判区、法庭内部工作人员使用的行政办公区以及暂时关押犯罪嫌疑人的嫌犯羁押区等，在开庭时各类人员都会从各自的功能区进入法庭进行庭审流程，这种功能安排与前面三个例子有一定的相似性，因此法院的功能组织类型也属于串联式。

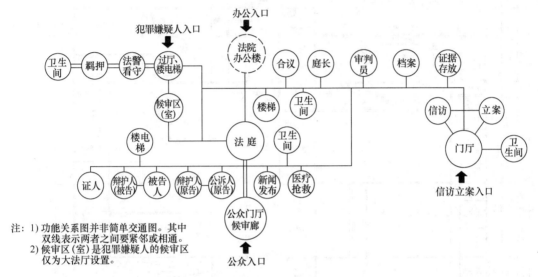

图 5-1-4 某法院功能关系图

除了门（急）诊楼、图书馆、博物馆以及法院外，还有不少类型建筑的功能可以归入串联式功能类型中，应试者没必要对这些功能类型进行机械地记忆，而应当充分理解串联式功能组织类型的特点。通过总结前面的四个例子，我们可以将串联式功能理解成一种"三段式"空间结构，如门急诊楼中的门诊大厅—各科诊室—医护工作用房、图书馆中的公共服务部分—基本书库及各类阅览室—内业用房、博物馆中的公共服务部分—陈列室—内业用房、法院中的社会人员使用区—法庭—法庭内部工作人员使用区及嫌犯羁押区等，由此可以总结串联式功能中的主要功能流线关系都体现了"三段式"结构，这种结构往往需要类似于各科诊室、阅览室、陈列室、法庭这样的重要空间将不同的流线联系起来。

（二）串联式功能的设计方法

如前所述，具有串联式功能类型特点的建筑空间布局通常都体现出"三段式"的结构，那么在实际设计此类建筑时也必然要按照"三段式"的方式布置各种空间。以下将提供出与前文例1至例4的功能关系图所对应的建筑平面供应试者对比，并理解串联式功能类型的设计手法。

例1中的某门（急）诊楼一层平面图（图 5-1-5）。前文提到该门（急）诊楼需要严格按照医患分离的原则设计，负责将医护流线和患者流线联系起来的空间是各科诊室、注射室、取药收费这样的空间，那么具体设计门（急）诊楼的时候就应该将医护工作用房与患者使用的公共区域分别布置于科室、药房、注射室等的两端，这也符合当下综合医院设计中常用的所谓"医疗街"的设计手法，即设计一条类似于"主街"的空间用以组织患者流线布置患者使用的设施，垂直于"主街"的"小巷"中布置各科诊室、药房、注射室等功能，"小巷"的另一侧通常是患者不得进入的医护人员专用房间。

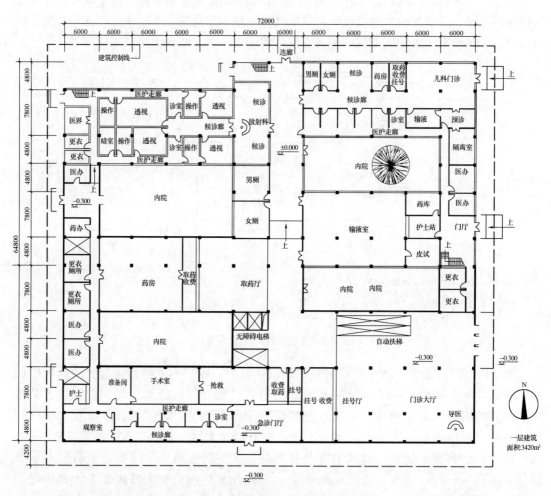

图 5-1-5　某门（急）诊楼一层平面图

例2中的某图书馆一层平面图（图 5-1-6）。图书馆类建筑具有典型的串联式功能特征，这种特征也体现在"三段式"布局上，通过将基本书库、各类阅览室等功能上与内业区域和外业区域都有联系的空间布置于平面的中间位置，从而清晰地划分出了工作人员和外来人员的活动区域，实现了明确的内外流线分离。

例3中的某博物馆一层平面图（图 5-1-7）。博物馆的布局与图书馆很相似，也是将陈列室等功能上与内业区域和外业区域都有联系的空间布置于平面的中间位置，从而实现内外流线的分离。另外，图中的图书馆还实现了更加细化的流线分离：建筑的对外区域中通过门厅分流，将观展流线和报告听众流线引导至不同的方向；内业区域则是通过在走廊中设置门禁的方式将技术处理用房和行政办公用房进行了分隔。

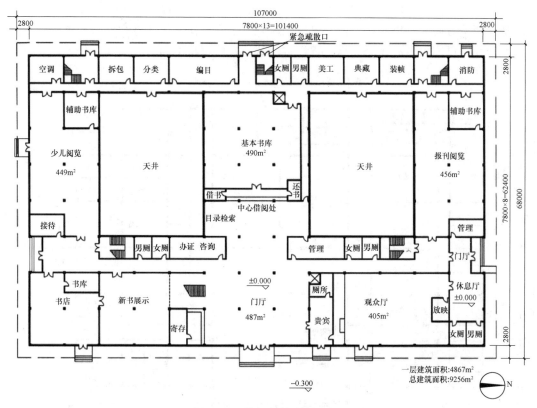

图 5-1-6 某图书馆一层平面图

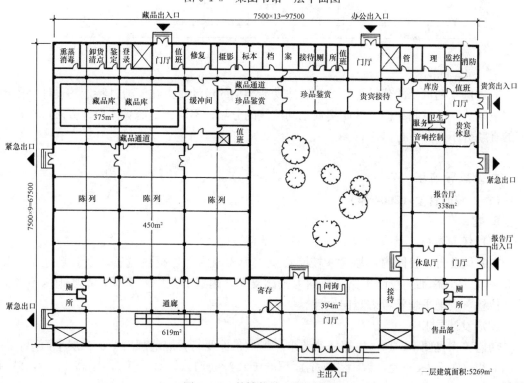

图 5-1-7 某博物馆一层平面图

例4中的某法院一层平面图（图5-1-8）。该法院将法庭布置于平面的核心位置，每个法庭都在两个方向安排出入口，使其可以同时联系法庭工作人员区域和外来人员区域；同时，在走廊中可能出现流线交叉的位置设置门禁，也可以将不同的流线加以分割。

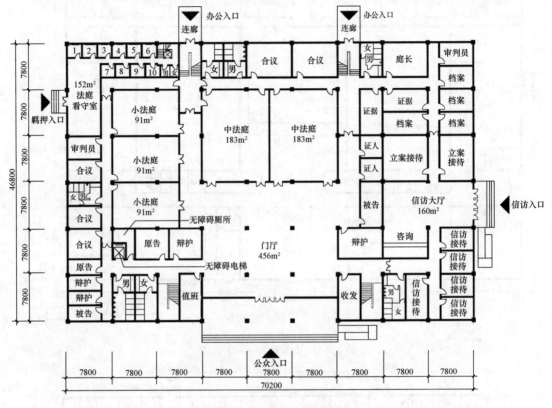

图 5-1-8 某法院一层平面图

通过例1到例4的分析可知，串联式功能类型的设计重点在于通过特定的设计手段形成"三段式"的空间结构，从而实现不同流线的分隔，不同建筑的具体设计方法可以在本节的真题分析部分进行讨论。

二、真题解析

（一）校园食堂（2004年）

1. 题目

（1）任务要求

在我国北方某校园内，拟建一校园食堂，为校园内学生提供就餐场所。场地平面见图5-1-9，场地南面为校园干路，西面为校园支路，附近有集中停车场，本场地内不考虑停车位置，场地平坦不考虑竖向设计。

（2）设计要求

功能关系见图5-1-10，根据任务要求、场地条件及有关规范画出一、二层平面图。各房间面积（表5-1-1）允许误差在规定面积的±10%（均以轴线计算），层高4.5m，采用框架结构，不考虑抗震。

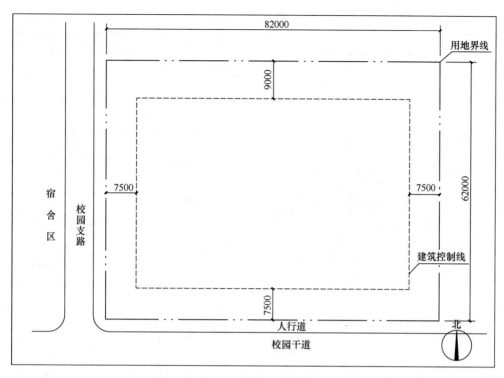

图 5-1-9 2004 年真题校园食堂设计总图

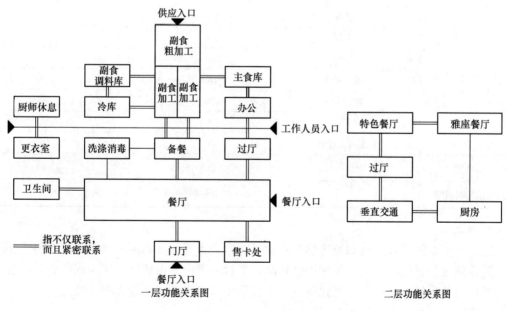

图 5-1-10 功能关系图

（3）图纸要求

用绘图工具画出一层与二层平面图，可用单线表示，画出门位置及门的开启方向；标出轴线尺寸、各房间名称，标出地面、楼面与室外地坪的标高（公众入口处考虑无障碍坡道）；画出场地道路与校园道路的关系并标明出入口。

各部分面积与要求 表 5-1-1

功能分区	房间名称	面积（m²）	备注
一层 （1487m²）	门厅	60	
	管理及售卡处	36	
	大众餐厅	640	
	男、女厕所	45	包括1个残疾人厕位
	楼梯	55	2部楼梯
	厨师休息室	18	
	更衣室	36	
	冷库	24	
	餐具洗涤消毒间	36	
	副食调料库	36	
	副食粗加工间	65	
	副食细加工间	120	
	主食加工间	120	
	主食库	36	
	备餐间	20	
	食梯	20	
	走廊	120	
二层 （613m²）	楼梯	50	
	食梯	20	
	厨房	130	
	雅座餐厅	75	
	特色餐厅	200	
	厨房休息间	18	
	走廊及过道	120	
总面积		2100	
总面积控制范围		1890～2310m²（±10%）	

2. 解析

通过分析功能关系图可知拟建学校食堂可大致分为餐厅区和厨房区，两区不得直接联系，需要通过备餐间由厨房向餐厅提供食品，通过洗涤消毒由餐厅向厨房回收餐具，餐厅区与厨房区的流线不得交叉。因此可判断学校食堂具备串联式功能类型的特点。

步骤一：场地分析与初步布局。

根据功能关系图的提示，按照"餐厅区—备餐洗消—厨房区"的三段式形式对食堂空间进行布置。由于基地南邻校园干道，西邻校园支路和宿舍区，可考虑将餐厅入口布置于基地南侧，工作人员入口则布置于背离餐厅入口的位置并通过基地内部道路连接。根据相关题目要求对场地进行初步布置可得图5-1-11。

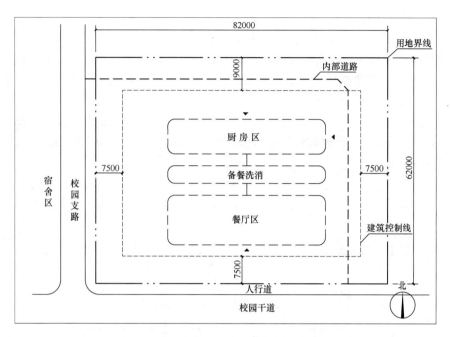

图 5-1-11　步骤一：场地分析与初步布局

步骤二：柱网选择及定位。

一、二层面积表中房间面积多为 $50m^2$ 的倍数，因此可考虑选择 $7.2m \times 7.2m$ 的柱网。题目要求一层建筑面积约为 $1500m^2$，需要大约 30 个格子，由于本题目中控制线内空间相对较大，可以初步将柱网格子的数目定的多一些，具体设计网格草图时进行减法消减面积即可。初步柱网见图 5-1-12。

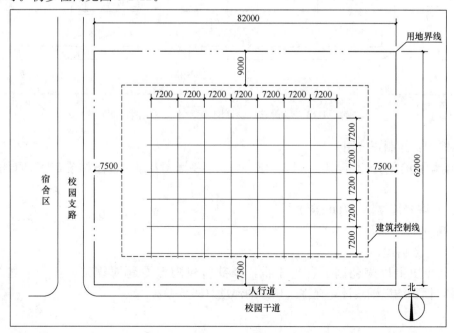

图 5-1-12　步骤二：柱网选择及定位

步骤三：设计网格草图。

根据已经确定的柱网以及功能区进一步设计网格图，由于一层建筑面积约为1500m²，须适量减少格子使建筑面积符合题目要求。并根据具体的房间面积调整平面布局。本设计示例中局部扩大了主食加工区、副食加工区的柱网跨度，使之满足面积要求；二层面积明显小于一层，则应当将楼梯间布置于二层平面的投影范围之内，且楼梯间布置应符合防火规范相关要求。根据面积表、功能关系图、设计要求可得一层网格图（图5-1-13）和二层网格图（图5-1-14），一层建筑面积为1582.7m²，二层建筑面积为725.8m²，校园食堂总建筑面积为2308.5m²。

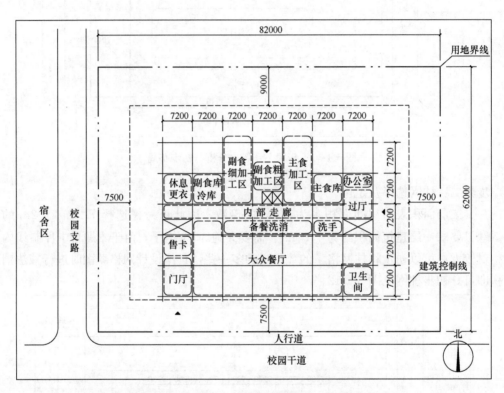

图5-1-13 步骤三：设计网格草图（一层网格图）

步骤四：绘制正式图。

结合题目的要求细化设计，校园食堂一、二层平面图及总平面图如图5-1-15和图5-1-16所示。

（二）陶瓷博物馆（2006年）

1. 题目

（1）任务描述

某县历史上以陶瓷制品称绝于世，今欲新建陶瓷专题博物馆一座。总建筑面积1750m²，面积均以轴线计，允许±10%的浮动（表5-1-2）。

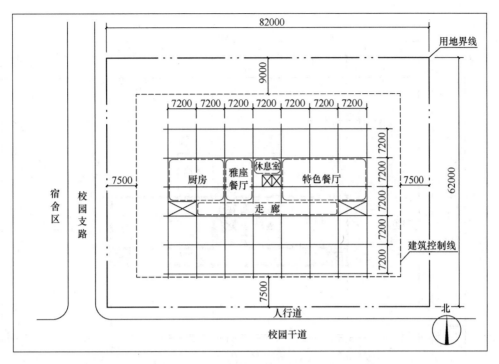

图 5-1-14 步骤三：设计网格草图（二层网格图）

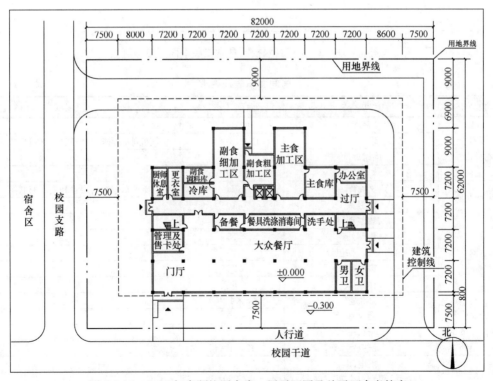

图 5-1-15 2004年真题校园食堂一层平面图及总平面参考答案

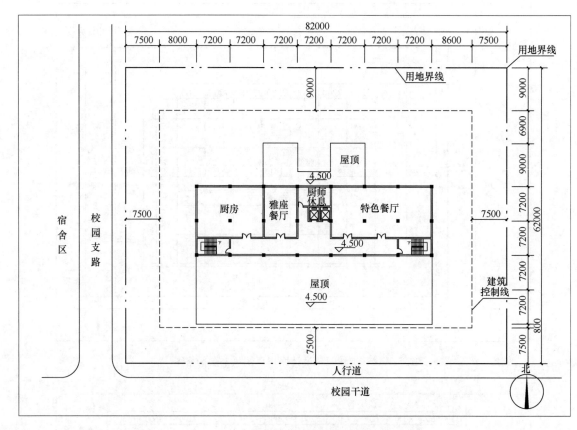

图 5-1-16 2004年真题校园食堂二层平面图参考答案

房间面积表及要求 表 5-1-2

功能分区	房间名称	面积（m²）	备注
陈列区 （750m²）	序厅	100	
	陈列室一、二、三	150×3＝450	每个陈列室要求单独开放，又可形成流线
	临时展厅	150	
	影视厅	50	
藏品专区 （180m²）	文物库	150	要求布置在一层且和展厅有联系
	保卫室	10	
	文物整理室	20	
观众服务区 （100m²）	售票处	15	
	问讯处、存包处	15	
	售品部	20	
	休息厅	50	兼茶室
办公及业务 用房（180m²）	办公室	15×4＝60	4 间
	会议室	30	
	资料室	45	
	研究室	15×3＝45	
其他	配电间	10	
	男女卫生间	按需设置	
	交通空间	按需设置	为便于展品的层间运输，可采用2.5m×2.4m的货梯

（2）场地描述

地块基本为一个 58m×55m 的矩形，用地位置见图 5-1-17。该地段地形平坦，场地南侧为城市主干道，场地西侧是城市广场，场地东侧为高层办公区，场地北侧为城市次干道。

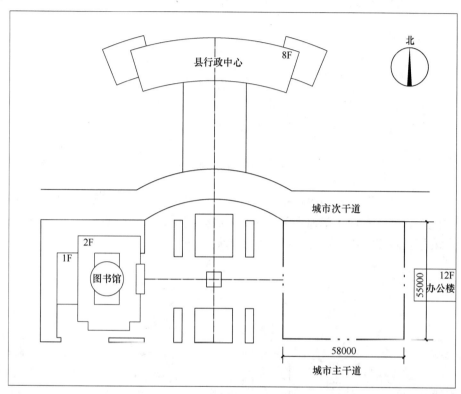

图 5-1-17　2006 年真题陶瓷博物馆用地位置图

（3）一般要求

建筑退道路红线和用地红线应不小于 5m。根据规划要求，设计应完善广场空间并与周边环境相协调。

（4）制图要求

用尺和工具画出一层与二层平面图，一层平面应包括场地布置；标注总尺寸、出入口、建筑开间、进深；画出场地道路与外部道路的关系；标出各房间名称与轴线尺寸。

（5）流线要求（图 5-1-18）

2. 解析

题目中周边现状对于方案设计有较明确的提示，拟建陶瓷博物馆的基地位于县行政中心以南景观轴线的两侧，且位于与图书馆对称的位置上，从而可以判断陶瓷博物馆的观众入口应位于基地西侧，宜布置在图书馆主入口轴线上，而办公出入口及藏品出入口则应布置于背离观众出入口的位置上。

步骤一：场地分析与初步布局。

根据功能关系图和房间面积表中的设计要求可知，序厅及观众服务区、陈列区、藏品及办公业务区之间的功能关系呈现出串联式功能类型的特点，因此可以考虑在基地内的可

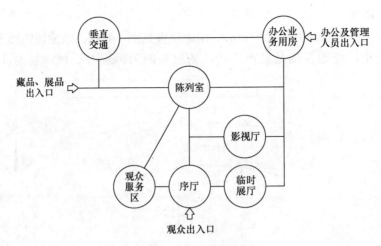

图 5-1-18 功能关系图

建范围内用"三段式"的布局逻辑布置上述三大功能区域,即序厅及观众服务部分布置于基地的西侧、陈列区布置于基地中部、藏品及办公用房布置于用地东侧,办公出入口应靠近东侧办公楼。陶瓷博物馆场地分析及初步布局见图 5-1-19。

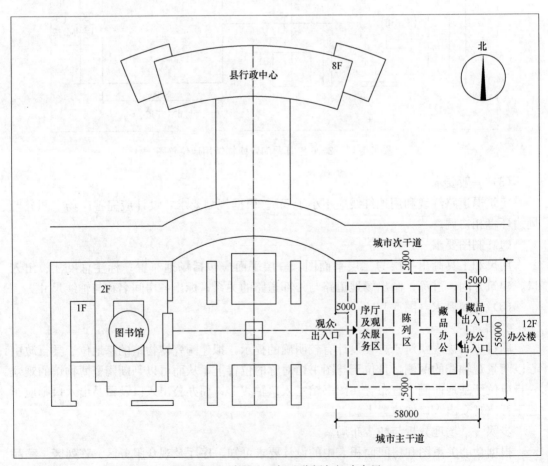

图 5-1-19 步骤一:场地分析与初步布局

150

步骤二：柱网选择及定位。

房间面积表中的大空间（如序厅、陈列室、临时展厅、文物库等）的面积均为 50m² 的倍数，因此可考虑选择 7.2m×7.2m 的柱网。陶瓷博物馆的总建筑面积为 1750m²，每层建筑面积约为 900m²，使用 7.2m×7.2m 柱网每层需要 18 个格子。由于图书馆与陶瓷博物馆在总平面上形成对称的关系，那么陶瓷博物馆的平面应当与图书馆的主体部分相仿，因此推荐将可建范围内南北方向的尺寸用满，柱网布置见图 5-1-20，选择了 4×6 的网格，由于单层面积超过题目要求，则可考虑使用在中间挖出内院的方式减去多余的面积。

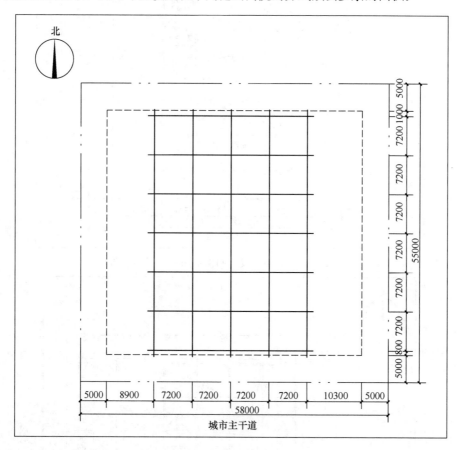

图 5-1-20　步骤二：柱网选择及定位

步骤三：设计网格草图。

根据已经确定的柱网以及功能区进一步设计网格图，由于观众服务区、序厅、文物库必须布置于一层，而三个陈列室需布置于同一楼层，那么应考虑将陈列室布置于二层。

在网格图设计中应注意将文物整理室和保卫室靠近文物库布置，且应在靠近藏品区的位置布置货梯从而便于文物库与展厅的联系，另外，在设计一、二层网格图时，应注意避免观众参观流线和内部业务流线出现交叉的情况，并应在流线可能交叉的位置设置门禁。

按照防火规范布置楼梯间，根据面积表、功能关系图、设计要求进行设计可得一层网格图（图 5-1-21）和二层网格图（图 5-1-22），一层建筑面积为 980m²，二层建筑面积为 936m²，陶瓷博物馆总建筑面积为 1916m²。

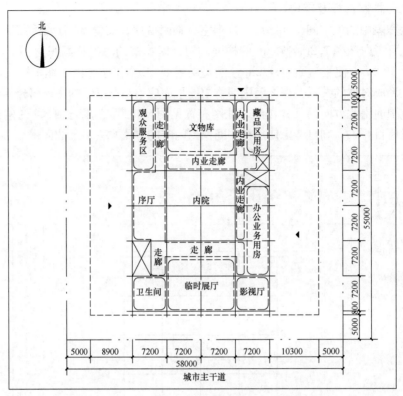

图 5-1-21 步骤三：设计网格草图（一层网格图）

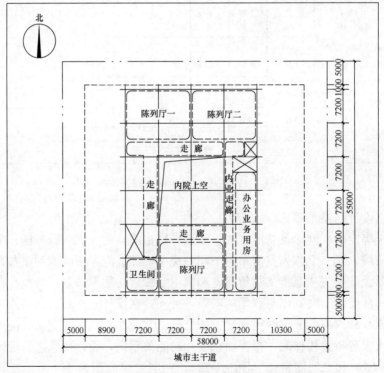

图 5-1-22 步骤三：设计网格草图（二层网格图）

步骤四：绘制正式图。
结合题目的要求细化设计，陶瓷博物馆一、二层平面图如图 5-1-23 和图 5-1-24 所示。

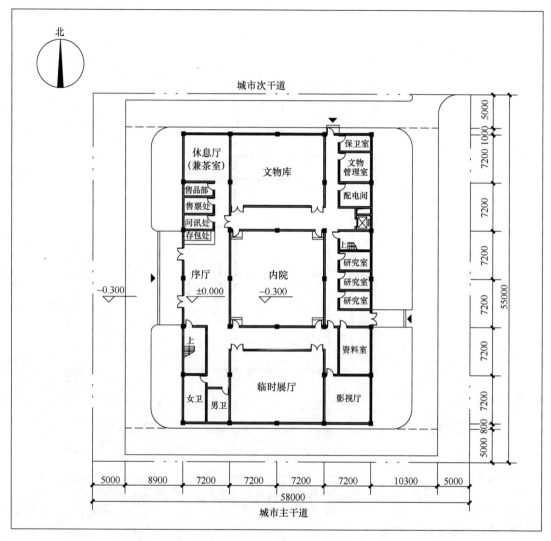

图 5-1-23　2006 年真题陶瓷博物馆一层平面图参考答案

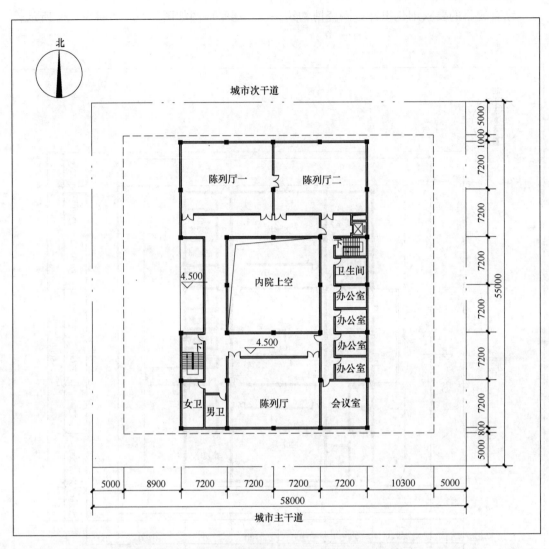

图 5-1-24 2006年真题陶瓷博物馆二层平面图参考答案

3. 评分标准 （表 5-1-3）

2006年题目评分标准　　　　表 5-1-3

考核内容	扣分点	扣分值	分值
设计任务要求	面积 （1）总建筑面积＜1575m² 或＞1925m² 或漏注	扣3分	5
	面积 （2）陈列室面积＜405m² 或＞495m²	扣3分	
	面积 （3）其他房间面积与题目要求面积出入较大	每间扣1分	
	房间内容房间数 （1）陈列室不足三个	缺1个扣5分	
	房间内容房间数 （2）缺少序厅、文物库、临时展厅	缺1个扣3分	
	房间内容房间数 （3）提列房间内容不齐全 ［上列（1）（2）除外］	缺1个扣1分	

续表

考核内容		扣分点	扣分值	分值
总平面设计	规划关系	(1) 观众出入口未布置在西向	扣10分	20
		(2) 观众出入口布置在西向但与广场轴线不对中	扣5分	
		(3) 建筑西侧外廊与广场空间关系不协调	扣8~10分	
	道路绿地铺装	(1) 道路、铺装未布置或布置不当	扣1~3分	5
		(2) 绿地未布置或布置不当	扣1~3分	
	出入口及退让	(1) 观众、藏品、管理三个出入口缺项或未标注	每一项扣2分	5
		(2) 观众出入口与藏品、管理出入口混杂	扣3分	
		(3) 藏品、管理出入口布置在主干道或广场一侧	各扣2分	
		(4) 东、西、南、北方向退用地界线<5m	每处扣2分	
建筑设计	功能分区	(1) 三个陈列室布置不同层	扣10分	30
		(2) 不符合流线一（人口—序厅—交通空间—陈列室）或无法判断	扣8分	
		(3) 不符合流线二（藏品入口—文物库—交通空间—陈列室）或无法判断	扣8分	
		(4) 观众人流穿过办公区或藏品库区	各扣8分	
		(5) 功能分区混杂或功能关系不合理	扣5~10分	
		(6) 影视厅未邻近序厅或与其他空间合并设置	扣5分	
		(7) 临时展厅未邻近序厅或与其他空间合并设置	扣5分	
		(8) 文物库保卫室不在库区出入口处	扣5分	
		(9) 售票、问讯、存包不在观众出入口处	扣5分	
		(10) 陈列室设在二层未设电梯或设置不当	扣3分	
	参观路线	(1) 未画	扣5分	5
		(2) 绘制不正确或逆时针方向行进	扣3分	
		(3) 路线不顺畅	扣3分	
	空间尺度	(1) 单跨的陈列室、临时展厅跨度<8m，或双跨<14m	每处扣2分	10
		(2) ≤50m² 的房间长度与宽度之比≥2	每处扣1分	
		(3) 展厅走廊<2.4m，办公走廊<1.8m，或楼梯梯段净宽<1.2m	每处扣3分	
		(4) 楼梯间设计不合理	扣3分	
	物理环境	(1) 房间无直接采光通风者（陈列室、展厅、影视厅、配电除外）	每个扣2分	
		(2) 卫生间不能自然采光通风或无前室	扣2分	
	结构	(1) 结构体系不合理或体系不明确	扣5分	

续表

考核内容		扣分点	扣分值	分值
建筑设计	结构	（2）上下两层结构不对位	扣5分	15
	规范要求	（1）东侧与办公楼之间间距<9m	扣8分	
		（2）疏散楼梯数量不符合防火规范要求	扣15分	
		（3）陈列室、临时展厅>50m² 的影视厅只设一个疏散门	每项扣2分	
		（4）陈列室、临时展厅>50m² 的影视厅外门未向疏散方向开启	每项扣2分	
		（5）疏散楼梯间底层至室外安全疏散距离>15m	扣10分	
		（6）主入口未设置轮椅通行坡道或设置不合理	扣1～3分	
		（7）其他不符合规范	每处扣5分	
图面表达		（1）门窗未画或未画全	扣2～5分	5
		（2）尺寸标注不全、错误	扣2～5分	
		（3）图面粗糙	扣2～5分	
第二题注		一、出现后列情况之一者，本题总分为0分 1. 方案设计为一层者或未画出二层者 2. 方案设计无楼梯者		
		二、平面图用单线或部分单线表示，本题总分乘0.9		
第二题小计分			第二题得分	小计分 ×0.8=

（三）图书馆（2007年）

1. 题目

（1）任务描述

在场地内建一个总建筑面积为 2000m² 的 2 层（层高 3.6m）图书馆，面积均以轴线计，允许±10%的浮动。

（2）场地描述

场地形状基本为一个不规则的矩形，用地位置见图 5-1-25。该地段地形平坦，场地南面临城市次干道，场地东面临城市支路，且在场地的东侧有一块城市绿地。

（3）一般要求

1）退场地南面城市次干道 15m，退场地西面城市支路 10m，北面退 10m。

2）场地主入口要面临城市次干道。

3）须设有一个儿童阅览室专用入口和一个图书专用入口。

4）画出场地道路与外部道路的关系。

（4）制图要求

在总平面图上画出一层平面图，另纸画出二层平面图。

（5）建筑面积要求

一、二层房间组成及面积及要求见表 5-1-4。

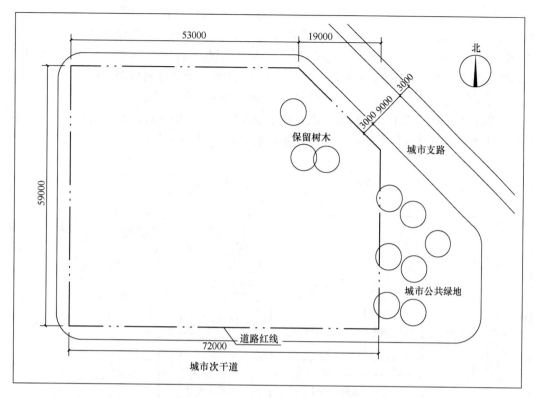

图 5-1-25　2007 年真题图书馆设计总图

房间面积表　　　　　　　　　　　　　表 5-1-4

功能分区	房间名称	面积（m²）	备注
一层平面	基本书库	200	要求书库有良好的通风
	图书编目	100	
	报刊阅览	150	
	大厅	150	
	少儿书库	20	要求书库有良好的通风
	少儿阅览室	100	专用入口
	电梯	6	
	馆长办公	100	
	卫生间	40	
	小卖部	20	
二层平面	普通阅览室 A	400	
	普通阅览室 B		
	电子书籍阅览室	150	
	卫生间	40	

2. 解析

由于图书馆的功能类型属于"串联式"功能，因此结合房间面积表可大致将一层空间分成公共区、阅览书库区、行政采编区，这三个区域可采取前、中、后的"三段式"布局。

步骤一：场地分析与初步布局。

按照题目要求退让西侧、南侧、北侧道路红线，东侧虽然未对退线做出要求，但建筑用地须避让基地内的保留树木,退线并避让保留树木后可得图5-1-26中的刀把形建筑可建范围;同时,由于题目要求,场地主入口要面临城市次干道,则图书馆的公共区域及大厅应布置于可建范围的南侧,报刊阅览、基本书库位于中间位置,行政采编区位于北侧,行政采编区的图书出入口也应向基地北侧开门;另外,少儿阅览室可布置于可建范围的东侧的凸出部分,靠近保留树木及城市公共绿地,便于少儿与绿色环境产生良好互动。

在基地内围绕图书馆布置环形车道,在基地南侧布置场地主入口、北侧布置次入口从而连接基地内部道路和外部道路。场地初步布局形式见图5-1-26。

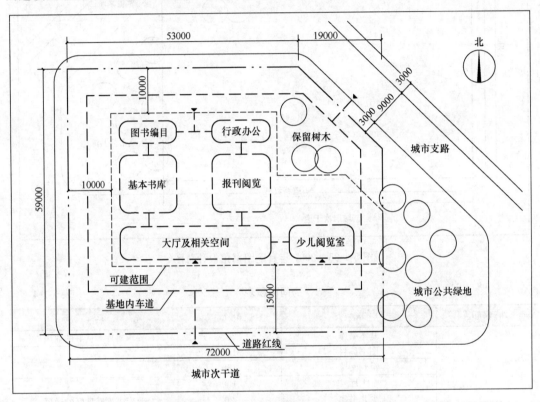

图5-1-26 步骤一:场地分析与初步布局

步骤二:柱网选择及定位。

一、二层面积表中房间面积多为50m²的倍数,因此可考虑选择7.2m×7.2m的柱网;值得注意的是在一层的房间中图书编目与馆长办公的面积均为100m²,且应置于可建范围的北侧,但该部分只能做出5个7.2m的开间,由于还要布置图书出入口门厅及楼梯间,并留出东西向的内业走廊,则应将最北侧一排柱网的进深调整为9m。柱网布置见图5-1-27。

步骤三:设计网格草图。

根据已经确定的柱网以及功能区进一步设计网格图,并按照防火规范布置楼梯间。为保证基本书库和报刊阅览室的采光通风,在建筑中部设置内院。根据房间面积表、设计要求进行设计可得一层网格图(图5-1-28)和二层网格图(图5-1-29),一层建筑面积为1153.4m²,二层建筑面积为1023.9m²,图书馆总建筑面积为2177.3m²。

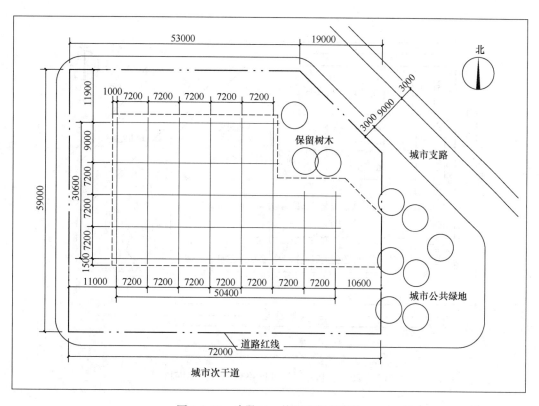

图 5-1-27 步骤二：柱网选择及定位

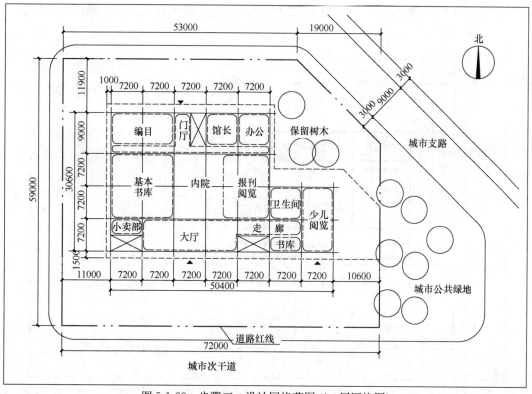

图 5-1-28 步骤三：设计网格草图（一层网格图）

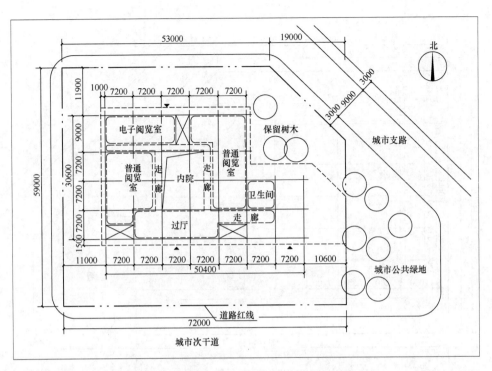

图 5-1-29 步骤三：设计网格草图（二层网格图）

步骤四：绘制正式图。

结合题目的要求细化设计，图书馆一、二层平面图及总平面图如图 5-1-30 和图 5-1-31 所示。

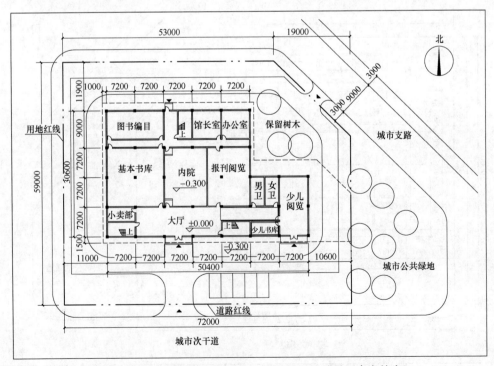

图 5-1-30　2007 年真题图书馆一层平面图及总平面参考答案

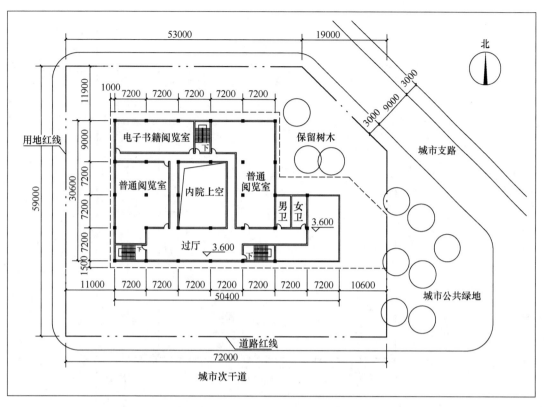

图 5-1-31 2007 年真题图书馆二层平面图参考答案

（四）基层法院（2009 年）

1. 题目

（1）任务描述

拟建 2 层的基层法院一座，总面积 1800m²（±10%），面积均以轴线计。

（2）场地描述

用地基本为 48m×58m 矩形的城市场地，地形平坦，用地见图 5-1-32。

（3）一般要求

1) 主入口设至少 3 个车位的停车场；
2) 工作人员入口设 2 个车位的停车场；
3) 羁押室入口设 1 个车位的停车场；
4) 设可停放 20 辆自行车的存车场；
5) 场地周边要有可环绕车道。

（4）功能关系（图 5-1-33）

（5）制图要求

1) 尺规作图。
2) 进行一、二层的方案平面设计，比例 1∶300。
3) 进行无障碍设计。
4) 布置卫生间。

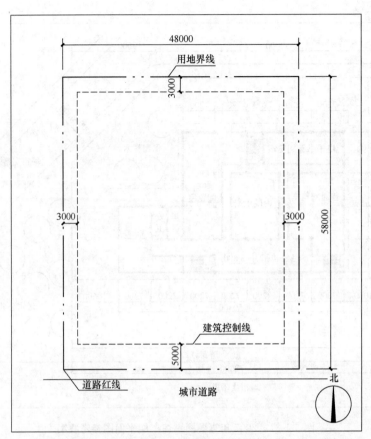

图 5-1-32 2009年真题基层法院设计总图

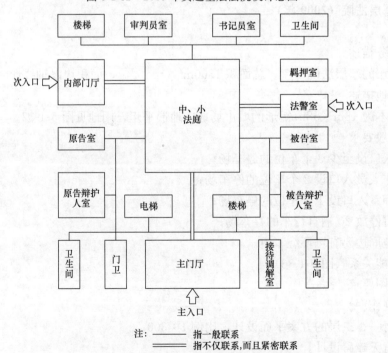

图 5-1-33 功能关系图（一）

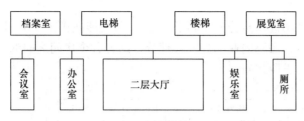

二层平面功能分析

图 5-1-33 功能关系图（二）

5）标出建筑总面积。
6）建筑功能及面积要求，见表 5-1-5、表 5-1-6。

一层各功能部分面积与要求 表 5-1-5

房间名称	面积（m²）	要求
门卫	20	
接待调解室	30	
原告室	25	
原告辩护人室	25	
被告室	25	
被告辩护人室	25	
小法庭	50	
中法庭	150	
书记员室	25	
审判员室	25	
羁押室	25	内含 4 间 2.5m² 犯罪嫌疑人间，1 间 4m² 公共卫生间及相应走道
法警室	20	
男女卫生间	40	包括对内与对外，并对卫生间进行布置
电梯	6	1 部
走廊面积	200	
楼梯间	50	2 部
一层建筑面积	1100	

二层各功能部分面积与要求 表 5-1-6

房间名称	面积（m²）	要求
办公室	200	可灵活划分
档案室	25	
资料室	25	
会议室	40	
男女卫生间	40	同一层布置
娱乐室	45	
电梯	6	1 部
走廊面积	200	
楼梯间	50	2 部
二层建筑面积	700	

2. 解析

通过对功能关系图进一步分析可以将法院一层功能按图5-1-34中的方式划分成法院对外部分、法庭部分、法院内业部分三大部分，结合各个房间之间的关系可以发现这三大部分是"串联式"的三段式布局。

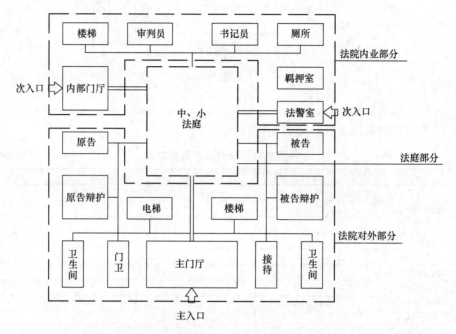

图5-1-34 功能分析

步骤一：场地分析与初步布局。

由于题目已经明确划定了建筑控制线范围且城市道路位于基地南侧，则建筑及基地主入口应位于南侧。在建筑控制线范围内按前、中、后三段式布局布置法院对外部分、法庭部分、法院内业部分，并按照功能关系图要求大致布置相关建筑出入口、基地内环形道路及停车位可得图5-1-35中的初步布局。

步骤二：柱网选择及定位。

一、二层面积表中房间面积多为$25m^2$、$50m^2$、$100m^2$的倍数，因此可考虑选择$7.2m×7.2m$的柱网；一层建筑面积为$1100m^2$，大约需要20个格子，根据建筑控制线形状可以如图5-1-36中的形式布置柱网。

步骤三：设计网格草图。

根据已经确定的柱网以及功能区进一步设计网格图，并按照防火规范布置楼梯间，根据面积表、功能关系图、设计要求进行设计可得一层网格图（图5-1-37）和二层网格图（图5-1-38），一层建筑面积为$999.4m^2$，二层建筑面积为$679.7m^2$，基层法院总建筑面积为$1679.1m^2$。

步骤四：绘制正式图。

结合题目的要求细化设计，基层法院一、二层平面图及总平面图如图5-1-39和图5-1-40所示。

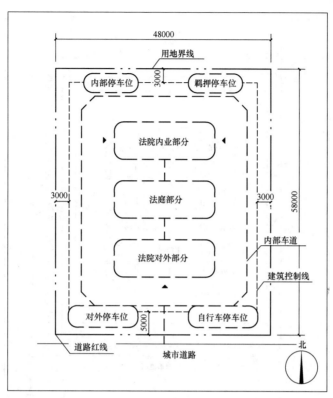

图 5-1-35 步骤一：场地分析与初步布局

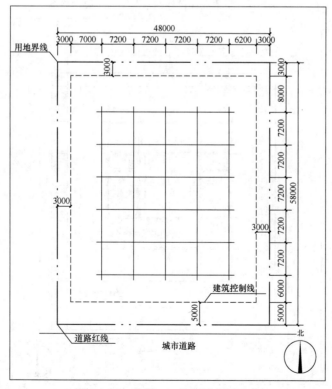

图 5-1-36 步骤二：柱网选择及定位

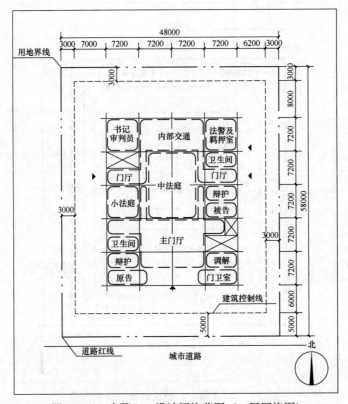

图 5-1-37 步骤三：设计网格草图（一层网格图）

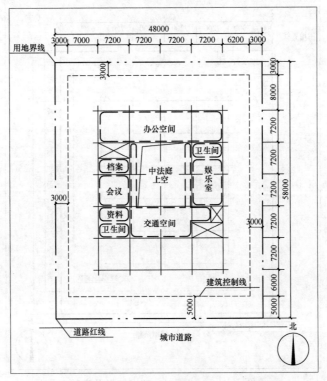

图 5-1-38 步骤三：设计网格草图（二层网格图）

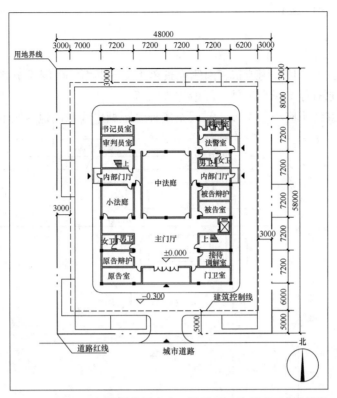

图 5-1-39 2009 年真题基层法院一层平面图及总平面参考答案

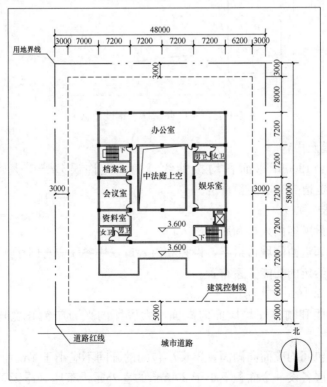

图 5-1-40 2009 年真题基层法院二层平面图参考答案

(五）餐馆（2011年）

1. 题目

(1) 设计条件

餐馆用地见图5-1-41，用地东、南侧为景色优美的湖面，西侧为城市道路，北侧为城市支路，用地内原有停车场和树林、绿地均应保留。

建筑退道路红线不应小于15m，露天茶座外缘距湖岸线和用地界线不应小于3m。

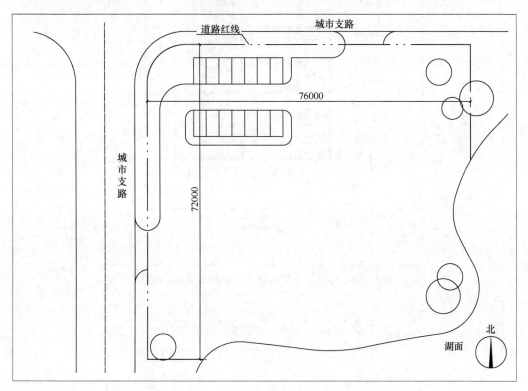

图5-1-41 2011年真题餐馆设计总图

(2) 建筑规模及内容

总建筑面积：1900m² （面积均按轴线计算，允许误差±10%)，详见表5-1-7、表5-1-8，楼梯、走道等交通面积自定。

(3) 设计要求

1) 场地应分设顾客出入口和后勤出入口。

2) 快餐厅应邻近西侧城市道路，设独立出入口，快餐厅应与门厅连通。

3) 建筑应按给定的功能关系布置。

4) 一层层高5.1m，二层层高4.2m。

5) 一层大餐厅和咖啡厅均应面向湖面，大餐厅的平面应为长宽比不大于2：1的矩形。

6) 二层所有包间均应面向湖面，单桌小包间的开间不应小于4m。

7) 一层和二层各设一个面积不小于200m²的室外露天茶座（露天茶座不计入总建筑面积），要求面向湖面，并应与室内顾客使用部分有较密切的联系。

8) 一、二层厨房之间应设一部货梯，一、二层备餐间之间应设一部食梯。

(4) 作图要求

1) 合并绘制总平面图及一层平面图，另行绘制二层平面图。

2) 总平面图要求绘出道路、广场、各出入口、绿地，露天茶座内可简单示意一两组桌椅。

3) 一、二层平面图按设计条件和设计要求绘制，并注明开间、进深尺寸和建筑总尺寸及标高。

4) 平面要求绘出墙体（双实线表示）、柱、门、窗、台阶、坡道等，结账柜台、吧台、销售台需绘制，厕所应详细布置，餐厅内可简单示意一两组桌椅家具，厨房内部不必分隔和详细设计。

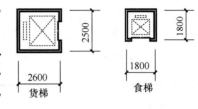

图 5-1-42 电梯图示

(5) 提示（图 5-1-42、图 5-1-43）

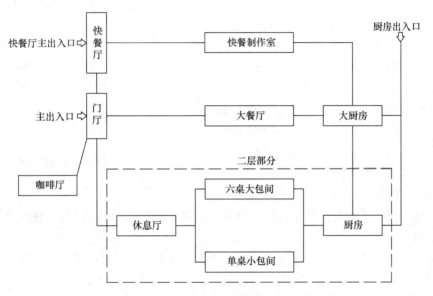

图 5-1-43 功能关系图

一层各部分面积及要求 表 5-1-7

房间名称	每间面积（m²）	其他要求
门厅	90	内设结账柜台
咖啡厅	100	内设吧台
快餐厅	90	内设销售台
大餐厅	330	
顾客卫生间	50	
快餐制作间	20	
大厨房	240	
备餐间	20	
后勤门厅	20	
厨师休息室	15	
男女厨师更衣、淋浴、厕所	20	
一层建筑面积合计	995	

二层各部分面积及要求　　　　　　　　　　表 5-1-8

房间名称	每间面积（m²）	其他要求
休息厅	90	
六桌大包间（1间）	100	
单桌小包间（10间）	20×10＝200	
顾客卫生间	50	
厨房	90	
备餐间	20	
二层建筑面积合计	550	

2. 解析

通过解读餐馆的功能关系图可以发现一层空间中的"门厅—大餐厅—大厨房""快餐厅—快餐制作间—大厨房"两条线路都具有明显的"串联式"功能特点，因此可以将一层功能关系图调整为图 5-1-44 中的形式。

步骤一：场地分析与初步布局。

基地南邻湖面，且题目要求大餐厅、咖啡厅应面向湖面景观；快餐厅按照题目要求面向西侧城市道路，则快餐厅及快餐厅出入口应布置于基地西侧；同时联系快餐厅、大餐厅和咖啡厅的主门厅及建筑主入口自然应

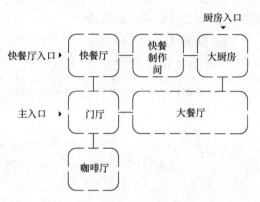

图 5-1-44　餐厅一层功能关系图

当布置于基地西侧；依此类推建筑的厨房出入口应当避开建筑主入口及快餐厅出入口布置于基地北侧。

根据题目要求进行退让道路红线、用地界线及湖岸线可得建筑控制线，将上述推导过程所得的功能分区大致布置于建筑控制线内可得图 5-1-45 中的初步布局。

步骤二：柱网选择及定位。

一、二层面积表中的大房间（如大餐厅、快餐厅、咖啡厅、厨房、休息厅等）的面积多为 30m²、60m² 的倍数，因此可考虑选择 7.8m×7.8m 或 8m×8m 的柱网，由于单桌小包间的开间不应小于 4m，所以选用 8m×8m 的柱网；大致将建筑控制线内布满柱网，同时考虑到建筑应退让现存停车位不小于 6m 的防火间距，则应去掉西北角的三个格子，可得柱网的布局（图 5-1-46）；由于此时剩余 22 个格子，面积超过 1300m²，明显超过题目要求的一层建筑面积，因此须在后续步骤进行精简。

步骤三：设计网格草图。

根据已经确定的柱网以及功能区进一步设计网格图，通过设置内院保证所有房间都能够采光，二层交通可围绕内院布置；如果遇到走廊上流线可能交叉的区域，则在合适位置设置门禁，从而区分厨房交通区域和就餐交通区域；按照防火规范布置楼梯间，根据面积表、功能关系图、设计要求进行设计可得一层网格图（图 5-1-47）和二层网格图（图 5-1-48），一层建筑面积为 1165m²，二层建筑面积为 832m²，餐馆总建筑面积为 1997m²。

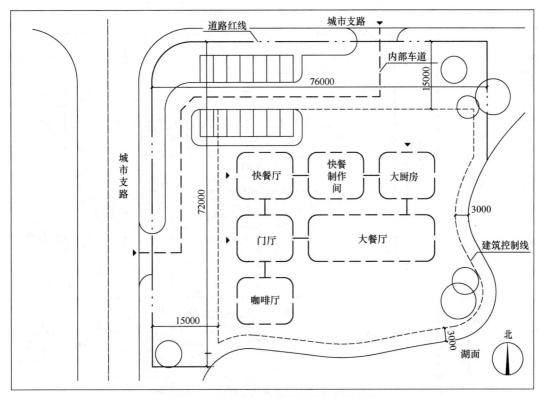

图 5-1-45 步骤一：场地分析与初步布局

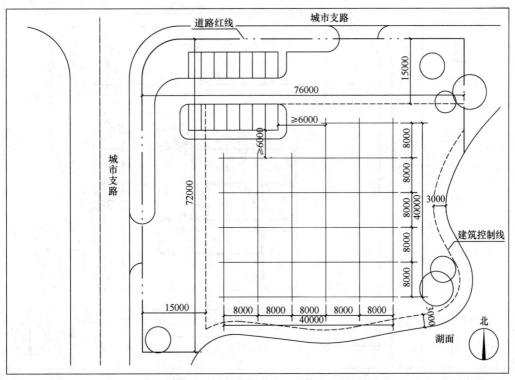

图 5-1-46 步骤二：柱网选择及定位

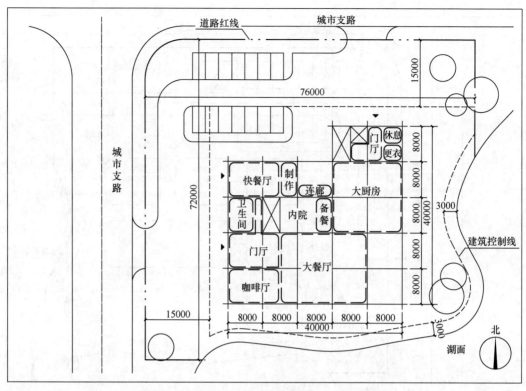

图 5-1-47 步骤三：设计网格草图（一层网格图）

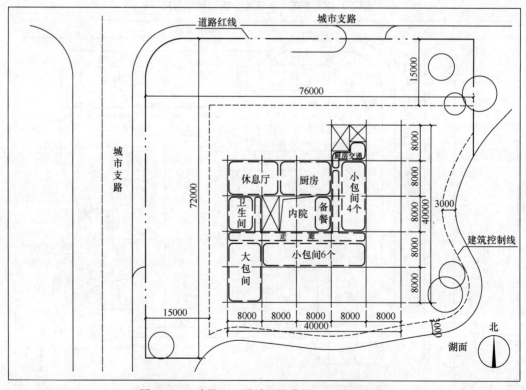

图 5-1-48 步骤三：设计网格草图（二层网格图）

步骤四：绘制正式图。

结合题目的要求细化设计，餐馆一、二层平面图及总平面图如图 5-1-49 和图 5-1-50 所示。

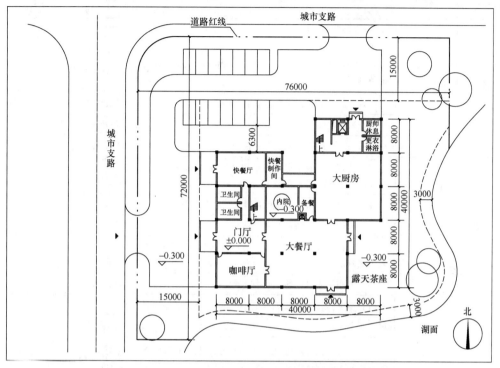

图 5-1-49　2011 年真题餐馆一层平面图及总平面参考答案

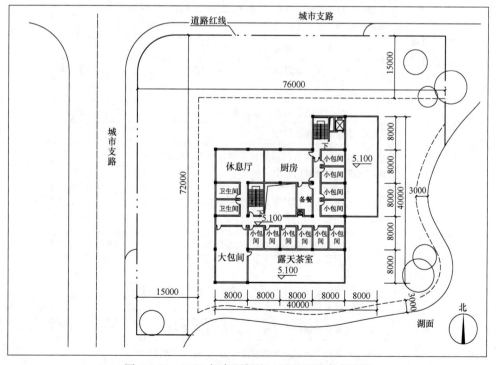

图 5-1-50　2011 年真题餐馆二层平面图参考答案

173

3. 评分标准 （表 5-1-9）

2011 年题目评分标准 表 5-1-9

考核内容		扣分点	扣分值	分值
设计要求	面积	（1）总建筑面积大于 2090m², 或小于 1710m², 或未注	扣 5 分	15
		（2）大餐厅（330m²）、大厨房（240m²）面积不满足题目要求（误差±10%）	每处扣 2 分	
		（3）一、二层露天茶座各小于 200m²	每处扣 2 分	
	房间数	（1）缺少房间或多布置房间	每处扣 5 分	
		（2）一、二层露天茶座未设置	每处扣 3 分	
总平面设计	总图布置	（1）建筑物外墙未退城市道路和支路 15m, 或距停车场最近停车位小于 6m	每处扣 3 分	10
		（2）建筑物、露天茶座距湖岸、用地界线小于 3m	每处扣 3 分	
		（3）未保留停车场和湖旁的树木	每处扣 3 分	
		（4）未在两条道路上分别设置顾客入口与后勤入口或无法判断	扣 5 分	
		（5）未布置入口广场、道路或绿化	扣 6 分	
建筑设计	功能流线关系	（1）顾客流线（主入口→门厅→大餐厅、咖啡厅、快餐厅）不合理	扣 10～15 分	35
		（2）一层（食品流线）（后勤入口→大厨房→备餐间→大餐厅）不合理	扣 10～15 分	
		（3）二层（食品流线）（货梯→二层厨房→备餐间→走道→包间）不合理	扣 10～15 分	
		（4）货梯未画，未设在一、二层备餐间内	扣 5～8 分	
		（5）食梯未画，未设在一、二层备餐间内	扣 5 分	
		（6）快餐厅未临西侧城市道路，或未设独立出入口	扣 5 分	
		（7）快餐厅与快餐制作间未连通	扣 5 分	
		（8）主楼梯不邻近门厅	扣 5 分	
		（9）顾客男女厕所门直接开向餐饮空间，或厨师用淋浴厕所门直接开向厨房	各扣 5 分	
	房间尺寸布置	（1）大餐厅未按题目要求设计成矩形，或长宽比大于 2:1	扣 5 分	
		（2）单桌包间开间小于 4m, 或不合理	每间扣 1 分	
		（3）大包间房间长宽比大于 2:1, 或不合理	扣 3 分	
		（4）厨师休息室、男女更衣、淋浴、厕所未独立成区布置，或未靠近后勤出入口	扣 2～5 分	
		（5）顾客男女厕所未详细布置，或设计不合理	扣 2～5 分	
		（6）楼梯尺寸错误（梯间进深小于 4.6m, 梯段净宽小于 1.2m），或其他设计不合理，无法使用	扣 5 分	

续表

考核内容		扣分点	扣分值	分值
建筑设计	朝向采光	（1）一层大餐厅、咖啡厅未朝向湖面	每处扣5分	10
		（2）二层10个单间小包间未朝向湖面	每处扣2分	
		（3）六桌包间未朝向湖面	扣5分	
		（4）一、二层露天茶座未朝向湖面，或无法与室内顾客使用部分联系	每项扣5分	
		（5）餐厅、咖啡厅、厕所、厨房无采光	每间扣2分	
		（6）疏散楼梯间无采光	扣3分	
	结构布置	（1）结构布置混乱或体系不合理	扣2～5分	5
		（2）一、二层局部结构未对齐	扣2分	
	规范要求	（1）只设一部疏散楼梯间（开敞楼梯不视为疏散楼梯间），或二层的两部楼梯未用走道相连通	每处扣15分	20
		（2）楼梯间在一层未直接通向室外（或到安全出口距离大于15m）	每处扣10分	
		（3）袋形走道两侧或尽端房间到最近安全出口距离大于22m（到非封闭楼梯大于20m）	每处扣5分	
		（4）大餐厅、大厨房未设两个或两个以上疏散出口	每处扣3分	
		（5）卫生间位于餐厅、咖啡厅、快餐厅和厨房上方	每处扣3分	
		（6）主人口未设轮椅坡道、入口平台宽度不足2m。未设无障碍卫生设施或设置不合理（共3处）	每处扣3分	
		（7）厨房与其他房间之间未设防火门	每处扣3分	
		（8）其他不符合规范者	扣3～5分	
图面表达		（1）门窗未画全，或尺寸标注不全	扣2～5分	5
		（2）图面粗糙（未布置一两组餐桌）	扣2～5分	

（六）旧建筑改扩建——婚庆餐厅设计（2018年）

1. 题目

某城市道路北侧用地内，现存一栋2层未完工建筑，层高均为4.5m，平面图及用地条件见图5-1-51，拟利用此建筑改扩建为婚庆餐厅，要求改扩建后的建筑物退道路红线不小于15m，退用地界线不小于6m。

（1）设计要求

充分利用现存未完工建筑的主体结构，结合周边场地环境，按照房间面积分配表（表5-1-10、表5-1-11）的要求，进行改扩建设计。

1）要求改扩建后总建筑面积为2600m²，其中含有现存建筑面积1368m²。
2）扩建部分只允许为一层建筑，其建筑结构体系应与现存建筑结构体系相协调。
3）婚庆大厅要求为层高6m的矩形平面且为无柱空间，其两个长边应具有自然通风采光条件，于其内选择恰当位置设婚庆礼仪舞台。
4）厨房布置应满足厨房流线示意图（图5-1-52）的要求。

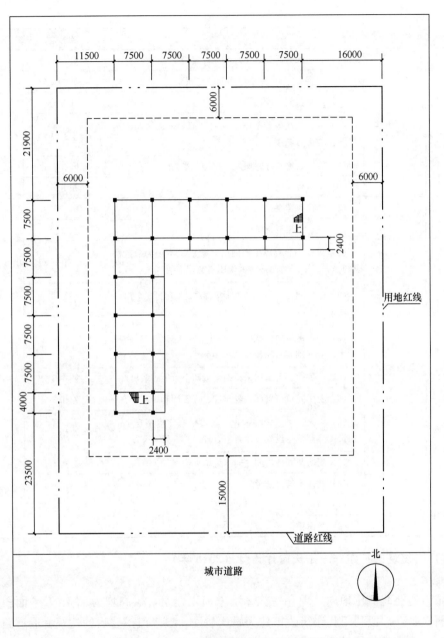

图 5-1-51 2018年真题婚庆餐厅设计总图

5）合理布置迎宾广场、绿化、道路、停车位等，迎宾广场面积不小于400m²，场地内道路应形成环路，布置25个机动车停车位（3m×6m）。

（2）作图要求

1）绘制总平面图及一层平面图，并注明总建筑面积。绘制二层平面图。

2）平面图中要求绘制墙体（双线绘制）、门窗、楼梯、台阶、坡道、婚庆礼仪舞台等，注明房间名称及相关尺寸。

3）总平面图中注明建筑出入口名称、绿化、停车位及其数量、迎宾广场范围及尺寸。

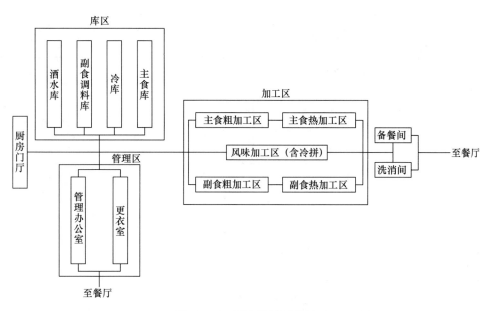

图 5-1-52 厨房流线示意图

一层功能房间面积分配表　　　　　　表 5-1-10

功能分区	房间及区域	面积（m²）	小计（m²）	备注
门厅及婚庆部分	迎宾厅	170	902	
	婚礼准备间	56		含独立卫生间
	贵宾厅	56		
	婚庆大厅	620		
厨房部分	厨房门厅	50	578	
	管理办公室	20		
	男更衣室	20		含独立卫生间
	女更衣室	20		含独立卫生间
	酒水库	28		
	副食调料库	28		
	冷库	28		
	主食库	28		
	副食粗加工区	28		
	副食热加工区	84		
	主食粗加工区	56		

续表

功能分区	房间及区域	面积（m²）	小计（m²）	备注
厨房部分	主食热加工区	56	578	
	风味加工区（含冷拼）	56		
	备餐间	56		含一部食梯
	洗消间	20		
卫生间		56	56	含男女卫生间（各不少于8个蹲位）及无障碍卫生间
交通及其他面积		380	380	
一层建筑面积			1916	

二层功能房间面积分配表　　　　　　　　　表 5-1-11

功能分区	房间及区域	面积（m²）	小计（m²）	备注
厨房部分	备餐间	28	28	含一部食梯
餐厅部分	大雅间（共3间）	56×3	364	
	普通雅间（共7间）	28×7		
卫生间		56	56	含男女卫生间（各不少于8个蹲位）及无障碍卫生间
交通及其他面积		236	236	
二层建筑面积			684	

2. 解析

婚庆餐厅与往年的学校食堂和餐馆属于相同的类型，也具有"加工区—备餐洗消—餐厅区"这样的串联式功能特征。

步骤一：场地分析与初步布局。

基地位于城市道路北侧，应将基地出入口及迎宾广场布置于南侧。又由于本题目为旧建筑改扩建题目，结合现存建筑的位置和形式，应考虑在能够衔接基地出入口及迎宾广场的位置布置餐厅区，而旧建筑范围内则布置厨房的库区、加工区、备餐洗消以及餐厅管理区，根据功能关系图对一层平面进行初步布置，并按照设计要求在基地内布置环形车道与停车位，见图5-1-53。

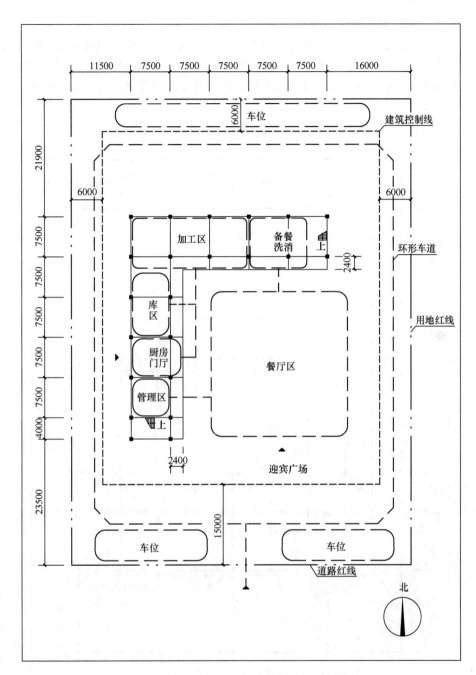

图 5-1-53 步骤一：场地分析与初步布局

步骤二：柱网选择及定位。

为了使婚庆餐厅新建部分与现存建筑在结构上形成统一，应沿用现存建筑的柱网尺寸即 7.5m×7.5m。由于该柱网每个格子的面积约为 56m²，这也能满足一、二层房间面积表中较多面积为 28m²、56m² 的房间的面积要求，将柱网在现存建筑东南的建筑控制线范围布满可得图 5-1-54 中的柱网布置。

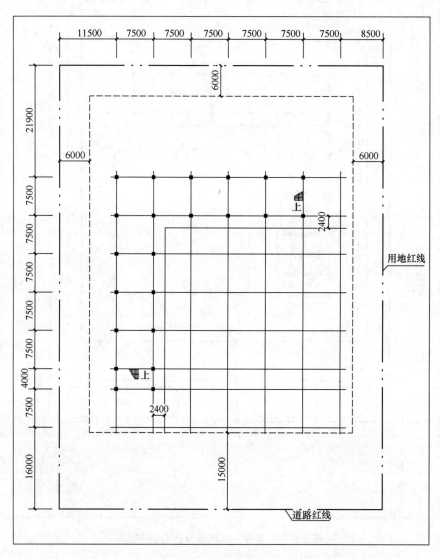

图 5-1-54　步骤二：柱网选择及定位

步骤三：设计网格草图。

根据已经确定的柱网以及功能区进一步设计网格图，通过设置内院保证所有房间都能够采光；如果遇到走廊上可能流线交叉的区域则在合适位置设置门禁从而区分厨房内部交通区域和就餐区交通区域；按照防火规范布置楼梯间，根据房间面积表、厨房流线示意图、设计要求进行设计可得一层网格图（图5-1-55）和二层网格图（图5-1-56），一层建筑面积为1829.3m²，二层建筑面积为726.1m²，对旧建筑改扩建之后婚庆餐厅建筑面积为2555.4m²。

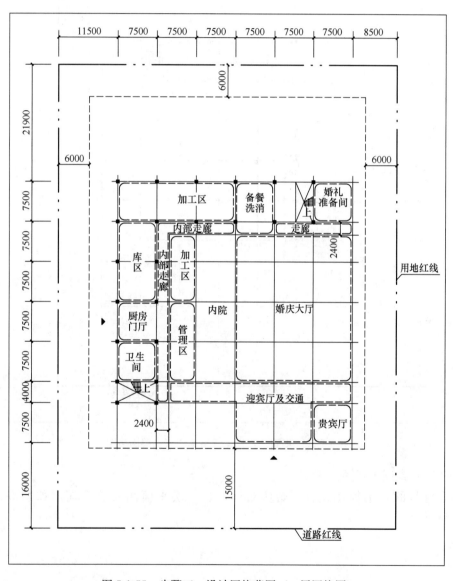

图 5-1-55 步骤三：设计网格草图（一层网格图）

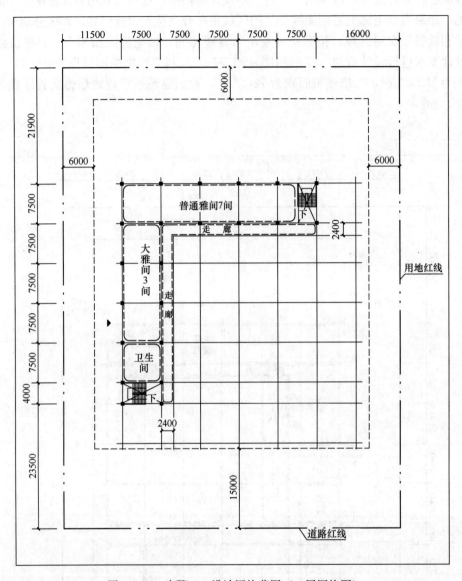

图 5-1-56 步骤三：设计网格草图（二层网格图）

步骤四：绘制正式图。

结合题目的要求细化设计，婚庆餐厅一、二层平面图及总平面图如图 5-1-57 和图 5-1-58所示。

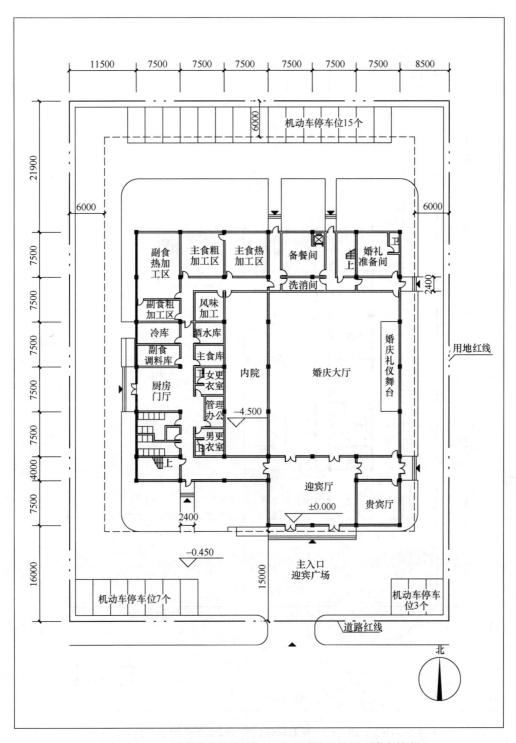

图 5-1-57 2018年真题婚庆餐厅一层平面图及总平面参考答案

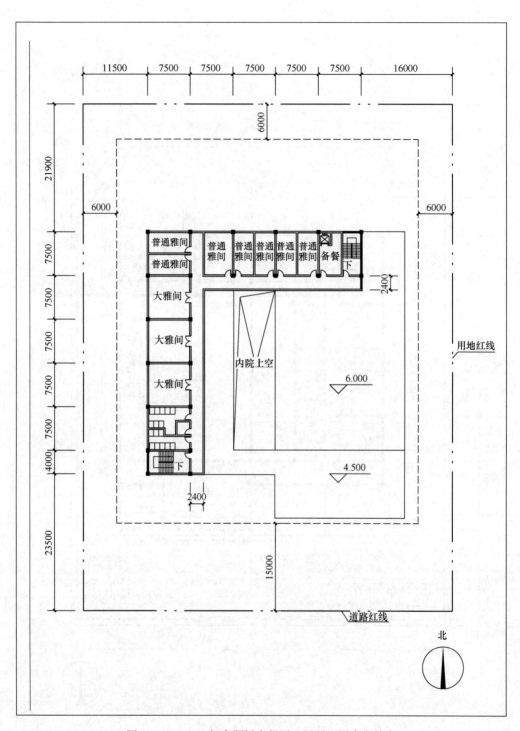

图 5-1-58 2018年真题婚庆餐厅二层平面图参考答案

3. 评分标准 （表 5-1-12）

2018 年建筑设计评分标准　　　　　　　　　　表 5-1-12

考核内容		扣分点	扣分值	分值
建筑指标	指标	不在 2340m²＜总建筑面积＜2860m² 范围内，或总建筑面积未标注，或标注与图纸明显不符	扣 5 分	5
总平面图	布置	（1）建筑物距道路红线小于 15m，退用地界线小于 6m	每处扣 5 分	15
		（2）建筑退道路红线及用地红线距离未标注	每处扣 1 分	
		（3）未绘制场地出入口或无法判断	每处扣 5 分	
		（4）未绘制消防环路，机动车停车位	各扣 5 分	
		（5）25 个机动车停车位（3m×6m）数量不足或车位尺寸不符［与本栏（4）条不重复扣分］	扣 2 分	
		（6）机动车停车位布置不合理［与本栏（4）条不重复扣分］	扣 2 分	
		（7）道路、绿化设计不合理	扣 3～5 分	
		（8）未布置婚庆迎宾广场	扣 5 分	
		（9）婚庆广场布置不合理或面积不足 400m²［与本栏（8）条不重复扣分］	扣 2 分	
		（10）未标注婚庆迎宾广场尺寸［与本栏（8）条不重复扣分］	扣 2 分	
		（11）其他不合理	扣 1～3 分	
平面设计	房间布置	（1）未按要求设置房间，缺项或数量不符	每处扣 2 分	10
		（2）婚庆大厅建筑面积不满足题目要求（558～682m²）	扣 5 分	
		（3）其他房间建筑面积不满足题目要求	扣 2～5 分	
		（4）房间名称未标注，注错或无法判断	每处扣 1 分	
	门厅及婚庆部分	（1）婚庆大厅内设置框架柱	扣 10 分	20
		（2）婚庆大厅长宽比≥2	扣 5 分	
		（3）婚庆大厅两个长边不具备自然采光条件，或任一采光面小于 1/2 墙身	扣 10 分	
		（4）婚礼准备间、贵宾间与婚庆大厅联系不便	每处扣 5 分	
		（5）迎宾厅位置不合理	扣 5～10 分	
		（6）迎宾厅与婚庆大厅、卫生间联系不便	扣 5 分	
		（7）迎宾厅与二层雅间联系不便	扣 5 分	
		（8）男、女卫生间未布置或其厕位数量均小于 8 个	扣 2～5 分	
		（9）扩建部分为二层或局部拆除现存建筑	各扣 10 分	
		（10）其他不合理	扣 1～3 分	
	厨房部分	（1）厨房功能区与婚庆功能区、二层雅间区流线混杂	扣 5～10 分	25
		（2）不满足题目给出的厨房流线示意图分区要求	扣 10～15 分	
		（3）管理办公室、男女更衣室未位于厨房功能区内	扣 3～5 分	

续表

考核内容		扣分点	扣分值	分值
平面设计	厨房部分	(4) 酒水库、副食调料库、冷库、主食库等房间与厨房门厅、加工区联系不合理	扣2~4分	25
		(5) 主食加工区、副食加工区、风味加工区与备餐间联系不合理	扣2~4分	
		(6) 洗消间、备餐间、婚庆大厅相互联系不合理	扣2~4分	
		(7) 主食加工区、副食加工区、风味加工区相互之间流线交叉	扣5分	
		(8) 厨房出入口未设坡道或设置不合理	扣3分	
		(9) 扩建部分为二层或局部拆除现存建筑	各扣10分	
		(10) 其他不合理	扣1~3分	
	结构布置	(1) 扩建部分结构布置不合理或结构形式与原有建筑结构体系不协调	扣5~10分	10
		(2) 扩建部分结构与原有建筑结构衔接不合理	扣5~10分	
		(3) 婚庆大厅层高不足6m或无法判断	扣2分	
	规范要求	(1) 婚庆大厅安全出口数量少于2个	扣3分	5
		(2) 厨房、餐厅上部设置卫生间	扣3分	
		(3) 主要出入口未设置残疾人坡道或无障碍出入口	扣3分	
		(4) 疏散楼梯距最近出入口距离大于15m	扣3分	
	其他	(1) 除厨房加工区、备餐间、洗消间、库房外,其他功能房间不具备直接通风采光条件	每间扣2分	5
		(2) 门、窗未绘制或无法判断	扣1~3分	
		(3) 平面未标注柱网尺寸	扣3分	
		(4) 其他设计不合理	扣1~3分	
图面表达		(1) 图面粗糙,或主要线条徒手绘制	扣2~5分	5
		(2) 建筑平面绘图比例不一致,或比例错误	扣5分	

一、全部拆除现存建筑者,一层或二层未绘出者,本题总分0分

二、平面图用单线或部分单线表示,本题总分乘0.9

第二题得分：小计分×0.8＝

(七) 游客中心 (2020年)

1. 题目

某旅游景区拟建二层游客中心,其用地范围和景区入口规划见图5-1-59；游客须经游客中心,换乘景区摆渡车进入和离开景区。

游客中心一层为游客提供售(取)门票、检票、候乘车、导游以及购买商品、就餐等服务,二层为内部办公和员工宿舍。

(1) 设计要求

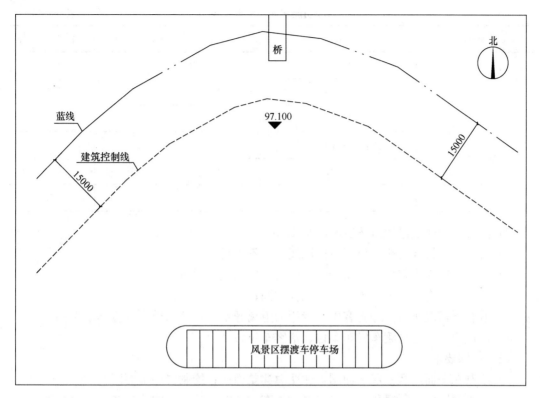

图 5-1-59　2020年真题游客中心设计总图

1）游客中心建筑面积 1900m² （以轴线计算，允许±10%），功能房间面积要求见表 5-1-13、表 5-1-14；

一层功能房间面积分配表　　　　　　　　表 5-1-13

功能分区	房间及区域	数量	面积（m²/间）	小计（m²）
售（取）票	售票厅	1	150	222
	问询、售票	1	36	
	导游室	1	18	
	票务室	1	18	
候车	候车厅	1	350	408
	公共卫生间		40	
	检票员室	1	18	
旅游服务	快餐厅	1	55	146
	土特产商店	1	55	
	纪念品商店	1	36	
游客离开景区部分	专用通道	1	110	150
	公共卫生间		40	
管理、办公	内部门厅	1	18	54
	安保、监控室	1	18	
	设备间	1	18	
合计				980

187

二层功能房间面积分配表　　　　　　表 5-1-14

功能分区	房间及区域	数量	面积（m²/间）	小计（m²）
办公	办公室	3	18	97
	会议室	1	18	
	公共卫生间	1	25	
员工宿舍	标准间（含卫生间）	14	25	375
	学习室	1	25	
合计				472

2）游客中心建筑退河道蓝线不小于 15m；

3）游客进入景区流线与离开景区流线应互不干扰；

4）建筑采用集中布局，各功能房间应有自然采光、通风；

5）候车厅、售票厅为二层通高的无柱空间；

6）游客下摆渡车后，经游客中心专用通道离开景区，该通道净宽应不小于 6m；

7）场地中需布置摆渡车发车车位、落客车位各 2 个。

(2) 作图要求

1）绘制总平面图及一层平面图，注明总建筑面积；绘制二层平面图；

2）总平面图中绘制绿化、入口广场和发车、落客车位，注明建筑各出入口名称；

3）在平面图中绘出墙体（双线绘制）、门、楼梯、台阶、坡道、变形缝、公共卫生间洁具等，标注标高、相关尺寸，注明房间名称；

4）在二层平面中绘出雨篷，并标注尺寸标高。

(3) 提示（图 5-1-60、图 5-1-61）

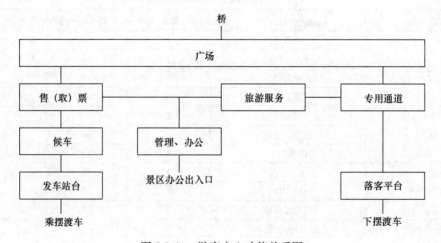

图 5-1-60　游客中心功能关系图

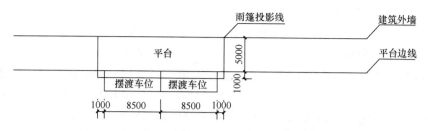

图 5-1-61 景区摆渡车发车、落客平台及雨篷示意

2. 解析

题目中的游客中心存在两条重要流线，即游客从广场经售票厅、候车厅到发车站台并进入景区的进入景区流线，以及从景区回到落客平台经专用通道回到广场的离开景区流线；这两条线路均为单向贯通式线路且两条线路不得交叉，其类似于火车站、汽车站、飞机航站楼等交通建筑中的进站（港）和离站（港）流线。

步骤一：场地分析与初步布局。

在初步布置功能时，应考虑将两条流线布置于游客中心的两端，且考虑到摆渡车右侧上下客，应将售票厅、候车厅发车站台布置于西侧，专用通道和落客平台布置于东侧；并在进入、离开景区流线之间布置旅游服务区和管理办公区，其中旅游服务区应靠近广场布置于北侧，管理办公区则靠近景区和站台布置于南侧，场地初步布置如图 5-1-62。

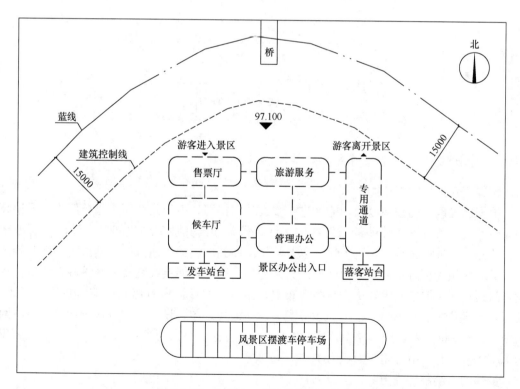

图 5-1-62 步骤一：场地分析与初步布局

步骤二：柱网选择及定位。

一、二层面积表中房间面积多为 50m²、18m²、36m² 的倍数，可考虑选择 7.2m×7.2m 的柱网，因为 7.2m 柱网面积约为 50m²，去掉走廊宽度后剩余约 36m²。二层房间面积表中要求布置 14 间面积为 25m² 的宿舍，可考虑布置于建筑南侧，为保证其面积需要在两跨 7.2m 柱网之间留出走廊宽度。另外，题目作图要求绘制出变形缝，建筑东西向长度超过 50m，为避免因建筑过长在温度变化时产生伸缩破坏，需要在适当位置设置一处伸缩缝，具体位置在后文分析，结合基地内可建范围可得建筑轴网及定位，如图 5-1-63 所示。

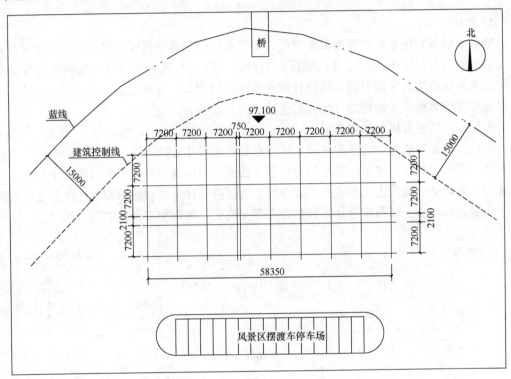

图 5-1-63　步骤二：柱网选择及定位

步骤三：设计网格草图。

根据已经确定的柱网以及功能区进一步设计网格图，由于候车厅、售票厅为二层通高的无柱空间，可考虑将伸缩缝布置在候车厅、售票厅与其他部分之间。在设计一层方案时，首先要保证游客从广场进入景区以及从景区回到广场的贯通流线；其次需要区分管理办公交通区域和旅游服务区交通区域，如果遇到走廊上可能流线交叉的区域则在合适位置设置门禁；在二层空间中，优先将宿舍布置于南向，并保证所有房间能够自然采光通风。按照防火规范布置楼梯间，根据面积分配表、功能关系图、设计要求进行设计可得一层网格图（图 5-1-64）和二层网格图（图 5-1-65），一层建筑面积为 1243.3m²，二层建筑面积为 731.4m²，游客中心建筑面积为 1974.7m²。

步骤四：绘制正式图。

结合题目的要求细化设计，游客中心一、二层平面图及总平面图如图 5-1-66 和图 5-1-67 所示。

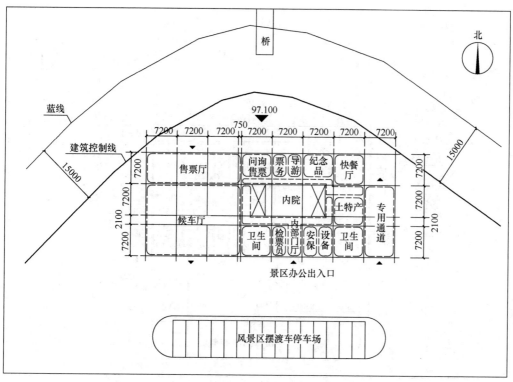

图 5-1-64 步骤三：设计网格草图（一层网格图）

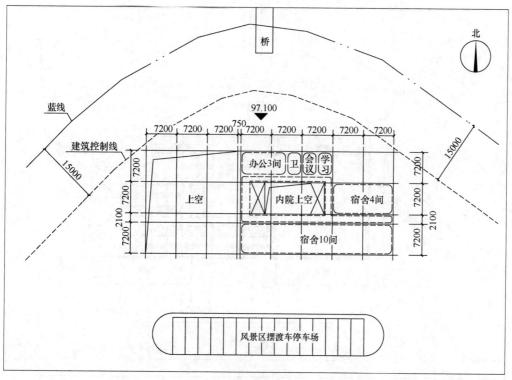

图 5-1-65 步骤三：设计网格草图（二层网格图）

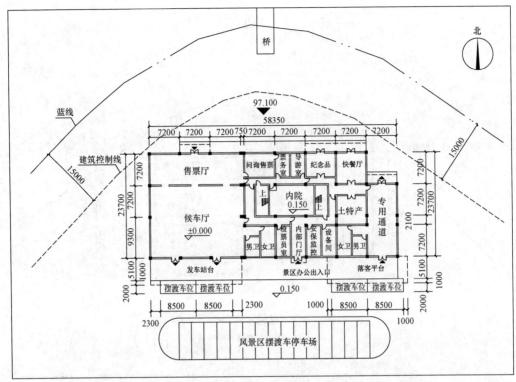

图 5-1-66 2020年真题游客中心一层平面图及总平面参考答案

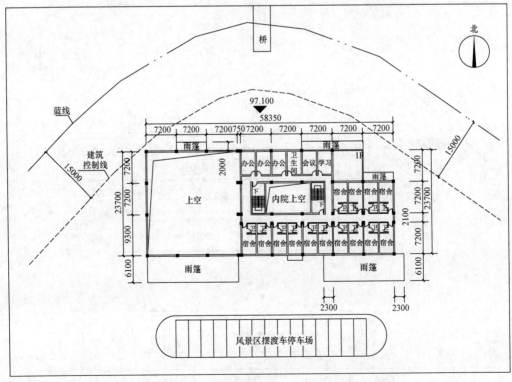

图 5-1-67 2020年真题游客中心二层平面图参考答案

第二节　专题二：并联式功能组织类型

一、类型特点与设计手法

具有并联式功能组织类型（简称并联式功能）特征的建筑往往内部有若干分区，但这些分区之间需要相互联系，且各个分区的工作流程等方面并不要求严格的流线分离，通常只要将功能相关的空间布置在同一个分区之内，用公共走廊连通各个分区，并通过空间上的远近体现出功能上的亲疏关系即可。

这里可以通过一个养老建筑来说明并联式功能类型的特点和设计手法。从下图 5-2-1 中的某养老院一层功能关系图中可以看出，入住服务、卫生保健区、半失能及失能养护单元可以两两联系或可通过交往厅（廊）相互联系，这几个分区体现出明显的并联式特点；而厨房、洗衣房仅联系办公区和养护单元，临终关怀区则仅联系卫生保健区和失能养护单元，从整体上来看除了厨房、洗衣房以及临终关怀区略为特殊外，整个建筑一层的功能关系可以判断为并联式功能类型。

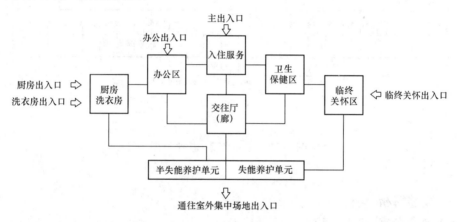

图 5-2-1　某养老院一层功能关系图

此建筑的具体设计手法为：将建筑平面设计成横置的"日"字型（图 5-2-2），将半失能和失能养护单元布置于南侧以满足老年人居室的日照需求；将包括门厅的入住服务区、办公区、卫生保健区布置于平面的北侧，南北两侧通过正中的交往厅（廊）进行连接，便可实现相关功能两两联系的要求；而比较特殊的厨房、洗衣房、临终关怀区则分别布置于平面图的东西两翼，从而满足厨房、洗衣房仅联系办公区和养护单元，临终关怀区则仅联系卫生保健区和失能养护单元的要求。

通过该养老院的例子可看出，对于并联式功能类型的建筑设计重点在于按照实际情况布置功能分区，并设计联系各功能分区的交通空间，不同建筑的具体设计方法可以在本节的真题分析部分进行讨论。

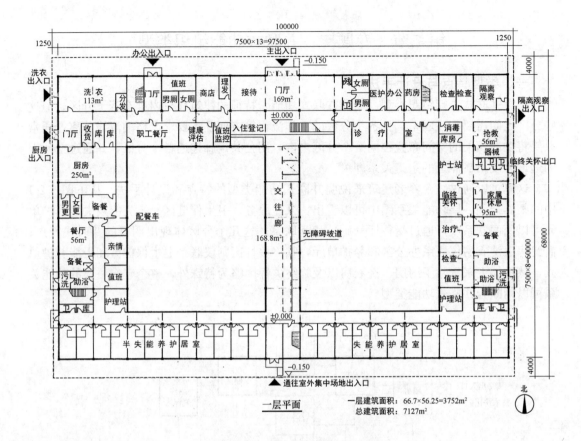

图 5-2-2 某养老院一层平面图

二、真题解析

(一) 老年公寓 (2003 年)

1. 题目

(1) 设计条件

某居住区内拟建一座 22 间居室的老人院，建筑为 2 层，允许局部 1 层，基地内湖面应保留。建筑退道路红线大于等于 5m，退用地界线大于等于 3m，主入口和次入口分设在两条道路上，入口中心距道路红线交叉点要求不小于 30m。用地现状见图 5-2-3。

(2) 建筑规模

总建筑面积 1800m² (面积均按轴线计算，允许±10%) (表 5-2-1)。

(3) 设计要求

1) 所有老人居室均为带有独立卫生间和阳台的双床间，要求全部朝南，其中两间为可供乘轮椅者使用的无障碍居室 (图 5-2-4)，普通居室开间宜为 4m。

2) 无障碍居室布置在底层，其余居室分为两个服务单元布置，每个单元均设服务员室、被服室、服务员卫生间、开水间。

3) 通行二层的楼梯应采用缓坡楼梯，踏步尺寸宽不小于 320mm，高度不大于 130mm，层高统一按 3.0m 考虑。

4）公共厕所要求分设男女厕所，内设残疾人厕位。
5）建筑主入口应设轮椅通行坡道。
（4）作图要求
总平面（与一层平面图合并绘制）：

1）主入口处布置5辆小客车停车位，其中一辆残疾人车位（应注明）。车位尺寸3m×6m，残疾人车位5m×6m。
2）布置主、次入口及道路。
3）布置庭院供老人活动。

（5）一、二层平面图
1）老人居室和无障碍居室要求留出卫生间位置，家具不必布置，但应分别注明无障碍居室和普通居室。
2）厨房不绘制内部分隔。
3）公厕应布置卫生洁具及残疾人厕位。
4）应绘制墙、柱、门、窗、台阶、坡道等，并注明供轮椅通行坡度的长度、宽度、坡度。
5）注明开间、进深尺寸和建筑总尺寸。
6）计算出总建筑面积____m²。

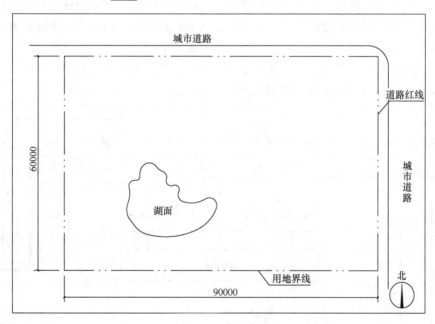

图5-2-3 2003年真题老年公寓设计总图

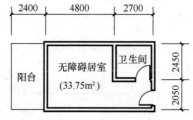

图5-2-4 无障碍居室图示

公共部分建筑面积　　　　　　　　　　　　　表 5-2-1

房间名称		房间数量（间）	面积
门厅（含总服务台、休息室）		1	120m²
餐厅		1	120m²
厨房		1	120m²
棋牌室、书画室各一间		2	80m²×2=160m²
医疗室、保健室各一间		2	20m²×2=40m²
公共厕所		1	40m²
老人居室 （有独立卫生间）	阳台		阳台不计面积
	普通居室	20	30m²×20=600m²
	无障碍居室	2	33.75m²×2=67.5m²
服务员室		2	20m²×2=40m²
被服室		2	20m²×2=40m²
服务员卫生间		2	10m²×2=20m²
开水间		2	10m²×2=20m²

2. 解析

步骤一：场地分析与初步布局。

按照题目设计要求退线后可得建筑可建范围，由于基地中有一处湖面，对于拟建建筑的进深有一定影响，应在后续设计中有所避让。可将房间面积表中的房间分为门厅、居住部分、服务部分、餐厨部分四大类，其中所有居室必须南向，门厅则应考虑布置于北侧面向城市道路，其余的服务部分、餐厨等部分则布置于北侧。

再按照设计要求布置内部道路和停车位，须注意基地入口中心距道路红线交叉点要求不小于30m。场地分析后初步布置图如图5-2-5所示。

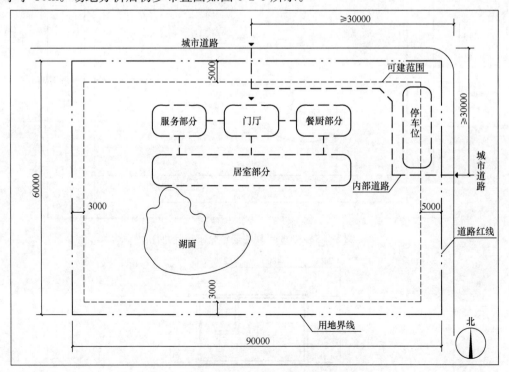

图 5-2-5　步骤一：场地分析与初步布局

步骤二：柱网选择及定位。

根据题目给定的无障碍居室图示，可将两间无障碍居室所在的柱网尺寸定为 9m× 7.5m，由于普通居室有 20 间，每间居室面积为 30m²，且题目提示普通居室开间宜为 4m，由于房间面积表中较多房间面积为 30m² 的倍数，则可考虑将老年公寓其余部分柱网选择为 8m×7.5m。由于拟建建筑面积不大，考虑到基地内湖面的空间限制及居室朝向要求，可将建筑平面布置成"一"字形，柱网布置如图 5-2-6 所示。

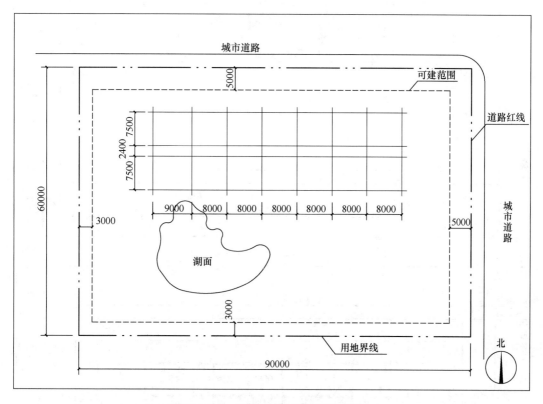

图 5-2-6 步骤二：柱网选择及定位

步骤三：设计网格草图。

根据已经确定的柱网以及功能区进一步设计网格图，根据具体的房间面积调整平面布局，并按照防火规范布置楼梯间。在设计时应注意，按照题目设计要求将无障碍居室布置于底层，餐厅及厨房应成组布置于一层，公共卫生间可考虑布置于靠近门厅及餐厅的位置，其余书画、棋牌、医疗可考虑布置于二层，总图中无障碍停车位应布置于靠近建筑主入口的位置。根据面积表、设计要求可得一层网格图（图 5-2-7）和二层网格图（图 5-2-8），一层建筑面积为 991.8m²，二层建筑面积为 931.8m²，老年公寓总建筑面积为 1923.6m²。

步骤四：绘制正式图。

结合题目的要求细化设计，老年公寓一、二层平面图及总平面图如图 5-2-9 和图 5-2-10 所示。

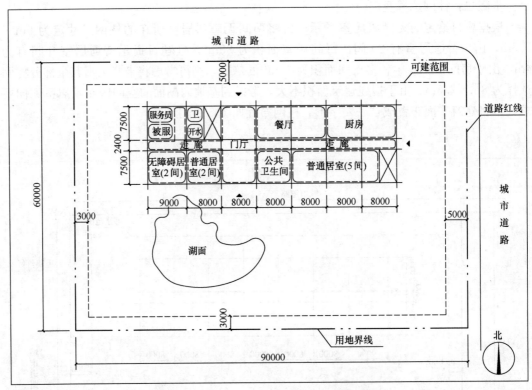

图 5-2-7　步骤三：设计网格草图（一层网格图）

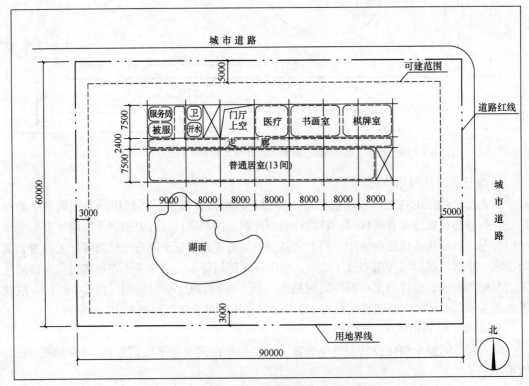

图 5-2-8　步骤三：设计网格草图（二层网格图）

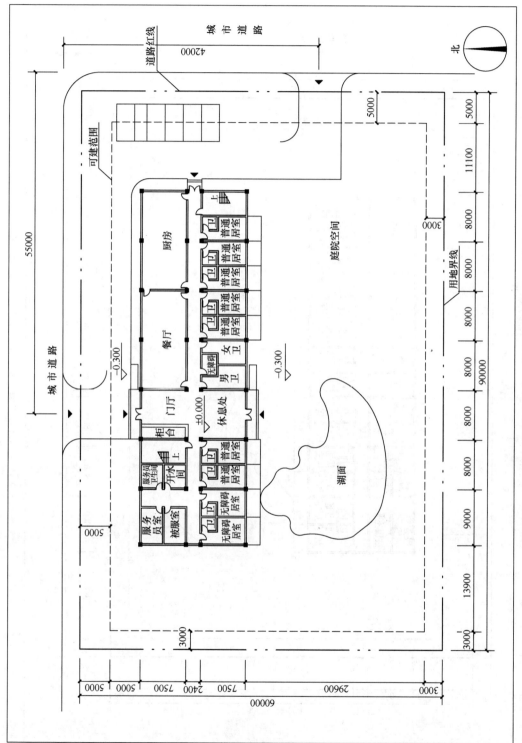

图 5-2-9 2003年真题老年公寓一层平面图及总平面图参考答案

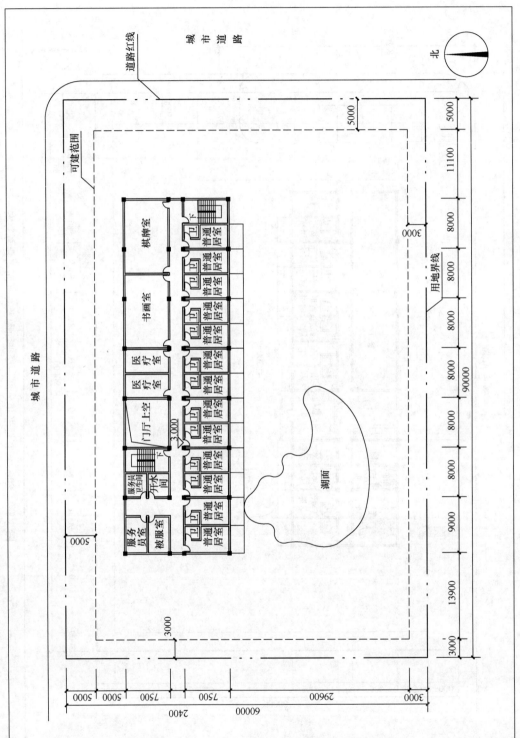

图 5-2-10 2003年真题老年公寓二层平面图参考答案

(二) 汽车专卖店（2005 年）

1. 题目

(1) 任务描述

某城市拟建一个汽车专卖店，面积 2500m²（±10%）。由主体建筑、新车库、维修车间三大部分组成（表 5-2-2）。

(2) 场地描述

地块基本为一个 90m×60m 的矩形（图 5-2-11），场地南侧为城市主干道，场地西侧为城市次干道，场地东侧为一般道路（可以用作回车道），场地北侧为一般道路（可以用作回车道）。

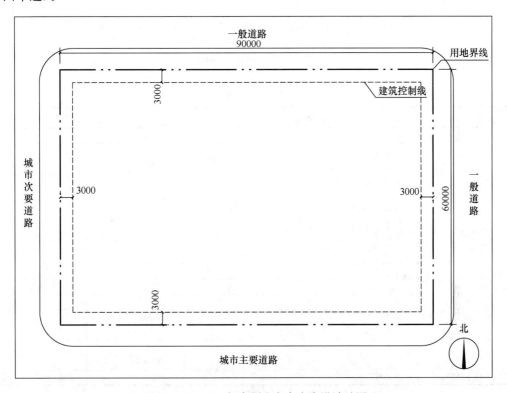

图 5-2-11　2005 年真题汽车专卖店设计总图

(3) 一般要求

1) 四面退用地界线 3m，布置环形试车道；合理安排人行出入口；室外 10 个 3m×6m 的停车位。

2) 汽车展厅朝向南侧主干道，三部分可连接也可以分开。

(4) 制图要求

1) 用工具画出一层与二层平面图，一层平面应包括场地布置。

2) 标注总尺寸、出入口、建筑开间、进深及试车路线。

3) 画出场地道路与外部道路的关系。

4) 标出各房间名称与轴线尺寸。

(5) 流线要求（图 5-2-12）

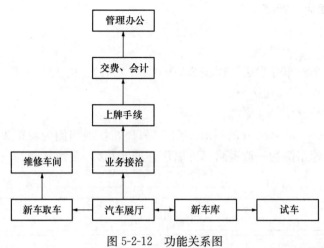

图 5-2-12 功能关系图

房间面积表 表 5-2-2

功能分区	房间名称	面积（m²）	备注
主体建筑	汽车展览厅	480	
	儿童游戏厅	60	
	接待、顾客休息	80	
	业务洽谈	40+20+40+20	
	上牌	30+30	
	会计、交费、保险	20+20+20	
	男女卫生间	20+20	
	总经理办公、休息	30+30	
	陈列室	60	
	俱乐部	60	
	办公室	180	4间
	档案	30	
	新车取车	50	
	交款手续	40	
维修车间	车间	300	
	库房	50+50	
新车库	新车库	300	要求停放10辆车

2. 解析

步骤一：场地分析与初步布局。

根据功能关系图的提示可以判断汽车展示厅是拟建汽车专卖店中购车、取车、试车三大流线的起点，因此需将其布置在建筑的核心位置，且设计要求中提到汽车展示厅需要面向南侧，主体建筑、维修车间、新车库三部分可分开布置，这里可以考虑将新车库独立布置，将主体建筑与维修车间组成"L"形建筑空间，并按照功能关系图中的要求布置相关功能的初步位置，同时按照防火规范要求使"L"形建筑与新车库保持不小于10m的防火间距，再结合外部道路设置环形试车道和基地内部道路。初步布置图如图5-2-13所示。

步骤二：柱网选择及定位。

一、二层面积表中房间的面积多为60m²的倍数，因此可考虑选择7.8m×7.8m的柱网，该柱网单个格子去掉走廊宽度后剩余约48m²可用于布置面积表中面积为50m²的房间，新车库独立设置柱网内可以布置 10 个车位及车道。柱网布置如图 5-2-14 所示。

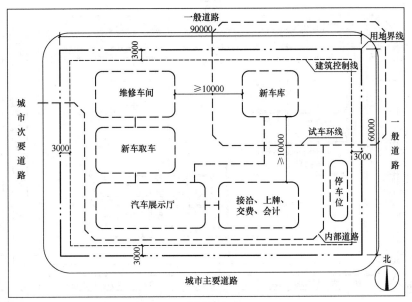

图 5-2-13 步骤一：场地分析与初步布局

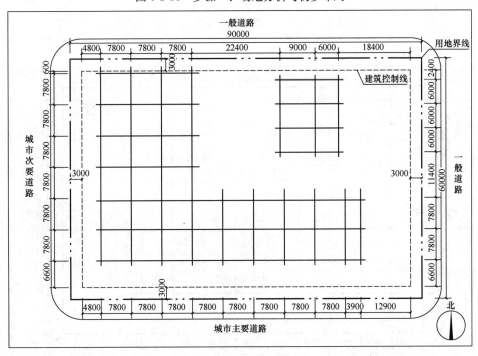

图 5-2-14 步骤二：柱网选择及定位

步骤三：设计网格草图。

根据已经确定的柱网以及功能区进一步设计网格图，可考虑将与购车、试车流线关系不太密切的房间布置于二层；按照防火规范布置楼梯间，根据面积表、功能关系图、设计要求进行设计可得一层网格图（图 5-2-15）和二层网格图（图 5-2-16），一层建筑面积为 1722.2m²，二层建筑面积为 699.2m²，汽车专卖店总建筑面积为 2421.4m²。

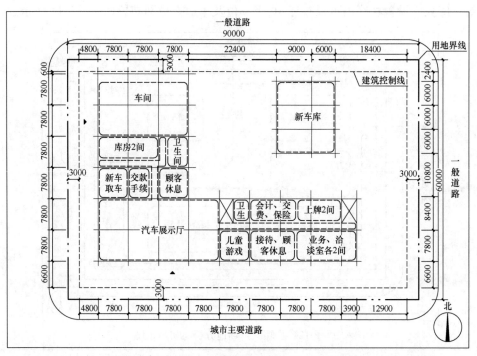

图 5-2-15 步骤三：设计网格草图（一层网格图）

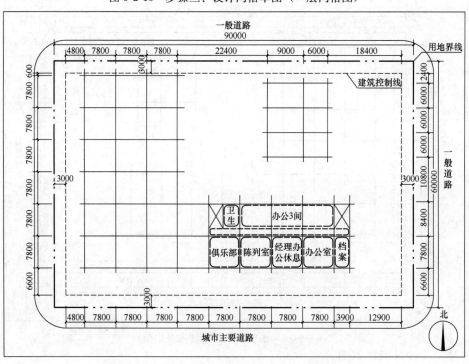

图 5-2-16 步骤三：设计网格草图（二层网格图）

步骤四：绘制正式图。

结合题目的要求细化设计，汽车专卖店一、二层平面图及总平面图如图 5-2-17 和图 5-2-18 所示。

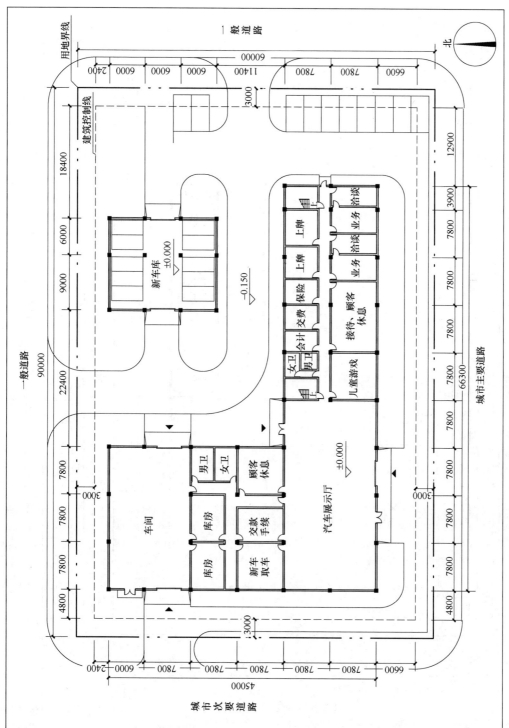

图 5-2-17 2005年真题汽车专卖店一层平面图及总平面参考答案

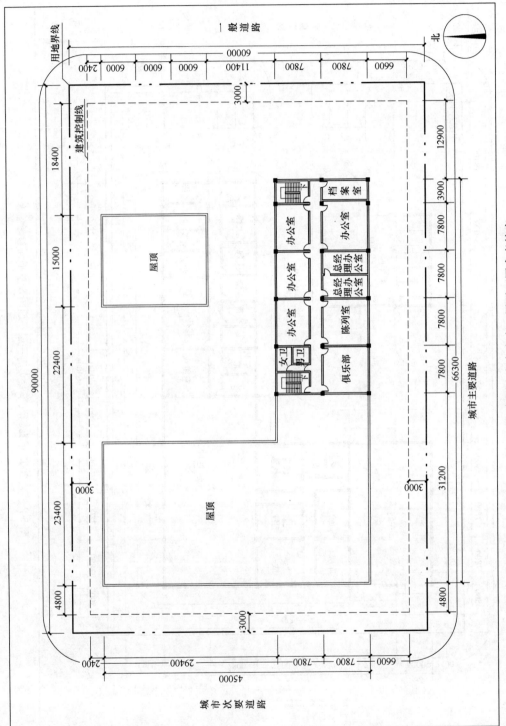

图 5-2-18 2005年真题汽车专卖店二层平面图参考答案

3. 评分标准 （表 5-2-3）

2005 年题目评分标准　　　　　　　　　　　　　　　　　　　　　　表 5-2-3

项目	要求	扣分范围	分值
功能分区	（1）不符合流线 1（主入口—汽车展厅—业务洽谈—交款手续）要求或无法判断	扣 10 分	30
	（2）不符合流线 2（入口—接车取车—修理车间）要求或无法判断	扣 8 分	
	（3）不符合流线 3 ［业务洽谈—新车车库—交款手续（试车）］要求或无法判断	扣 5 分	
	（4）一层财务办公区被其他流线穿越	扣 3 分	
	（5）房间位置不按任务规定的楼层布置	扣 3 分	
	（6）展厅内有柱或展示厅、新车库、维修车间、油漆车间不能进出车辆	扣 3 分	
	（7）会计、收款、保险未成组布置	扣 3 分	
	（8）贷款、手续、保险和上牌未成组布置	扣 3 分	
	（9）新车库未布置车位或不能布置 10 个车位	扣 5 分	
	（10）维修服务部、结算处未与接车取车相邻	扣 2 分	
空间比例	（1）70m² 以下的房间长宽比大于 2	扣 1 分	6
	（2）内部走道净宽＜1.8m，疏散楼梯净宽＜1.2m	扣 5 分	
物理环境	（1）主要功能房间无直接或间接采光者（展厅、儿童活动室、油漆车间）	扣 3 分	6
	（2）厕所不能自然采光、通风或无前室	扣 3 分	
结构	（1）展示厅结构不合理或整体体系不明	扣 5 分	8
	（2）上下两层结构不对位	扣 3 分	
防火疏散	（1）疏散楼梯个数少于 2 个	扣 10 分	35
	（2）主体建筑、维修车间、新车库三部分间距小于 12m（贴邻除外）	扣 10 分	
	（3）疏散楼梯间底层至室外安全出口距离＞15m 及疏散门未向疏散方向开启	扣 10 分	
	（4）其他不符合防火规范处	每处扣 5 分	
图面表达	（1）未画门或窗或门窗未画全	扣 2~5 分	5
	（2）尺寸标注不全、错误	扣 2~5 分	
	（3）图面粗糙	扣 2~5 分	
其他	（1）主体建筑、维修车间、新车库三部分分区不明确或无新车库	扣 10 分	10
	（2）提列 21 个房间内容不全者，缺一间	扣 1 分	
	（3）建筑面积＞2750m² 或＜2250m² 或漏注	扣 3 分	
	（4）汽车展厅＜450m²，二层面积＜500m²	扣 10 分	
	（5）其他房间面积与题目要求相差过大	扣 1~3 分	

（三）艺术家俱乐部（2008 年）

1. 题目

（1）任务描述

在某生态园区内拟建艺术家俱乐部一座，总面积 1700m²（±10%），房间面积构成详见表5-2-4，面积均以轴线计。

（2）场地描述

地块基本为73m×45m平行四边形，地形平坦，场地中间有棵名贵树木，场地东面是园外道路，西南面为湖面，北边与支路相隔是生态园区，用地位置见图5-2-19。

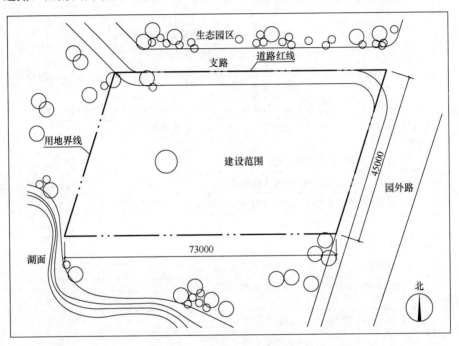

图5-2-19　2008年真题艺术家俱乐部设计总图

（3）一般要求

建筑退用地红线应不小于5m，退北侧支路红线不小于5m，退东侧园外路红线不小于12m，根据规划要求，设计应完善入口空间，并与周边环境相协调。

1）报告厅为一层，要有单独对外出入口，层高4.5m。

2）其余主体建筑均为2层，层高3.9m。

3）布置有公共卫生间。客房内卫生间只要布置一套示意即可。

4）场地布置5个3m×6m小轿车位。

5）注意动静分区，客房要朝南。

6）结构形式自选，但要明晰。

（4）制图要求

1）画出场地道路与外部道路的关系。

2）标出各房间名称与轴线尺寸以及总尺寸。

3）画出墙、柱、台阶、广场、绿化、道路。

4）不得用铅笔、非黑色绘图笔作图，主要线条不得手绘。

5）标出建筑总面积。

房间面积构成表　　　　　　　　　　　表 5-2-4

功能分区	名称	面积（m²）	备注
活动用房部分 （415m²）	报告厅	100	
	声控室	15	
	台球室	50	
	乒乓球室	50	
	摄影工作室	50	
	书法室	50	
	阅览室	50	
	棋牌室	50	
住宿部分 （270m²）	客房	250	25m²×10 间（均带卫生间）
	服务间	20	
餐饮部分 （200m²）	厨房	50	
	餐厅	100	
	茶吧	50	
公共配套部分 （240m²）	门厅	60	
	卫生间	100	25m²×4 个
	办公室	30	
	接待室	50	
其他	交通面积	根据需要	

2. 解析

步骤一：场地分析与初步布局。

基地以及退线后所得可建范围的形状均为平行四边形，且基地中存在一棵保留树木，可以考虑在树木南北两侧布置两个条形体块并在中间位置设置联系空间。

根据设计要求，应将客房部分安排在南侧条形体块的二层；由于卫生要求客房下方不应布置厨房及餐厅，且考虑到厨房通常应当设置进货出入口，那么餐厅厨房部分应布置在北侧条形体块的一层；其他除报告厅之外的活动用房则安排在南侧体块的一层和北侧体块的二层，由于报告厅为单层的净空较高的空间，可以在后续网格图阶段安排在适当的位置即可；南北体块之间的联系部分则布置建筑门厅及其他配套用房。

按照题目要求在基地内布置环形车道及停车位，可得图 5-2-20 中的初步布局。

步骤二：柱网选择及定位。

一、二层面积表中的房间的面积多为 50m²、100m² 的倍数，因此可考虑选择 7.2m×7.2m 的柱网并在适当位置搭配 2m 宽的走廊，柱网布置如图 5-2-21 所示。

步骤三：设计网格草图。

根据已经确定的柱网以及功能区进一步设计网格图。由于报告厅层高高于其他部分层高，因此将其布置于建筑东北角，避免内部空间产生混乱。按照防火规范布置楼梯间，根据面积表、功能关系图、设计要求进行设计可得一层网格图（图 5-2-22）和二层网格图（图 5-2-23），一层建筑面积为 950.1m²，二层建筑面积为 817.6m²，艺术家俱乐部总建筑面积为 1767.7m²。

步骤四：绘制正式图。

结合题目的要求细化设计，艺术家俱乐部一、二层平面图及总平面图如图 5-2-24 和图 5-2-25 所示。

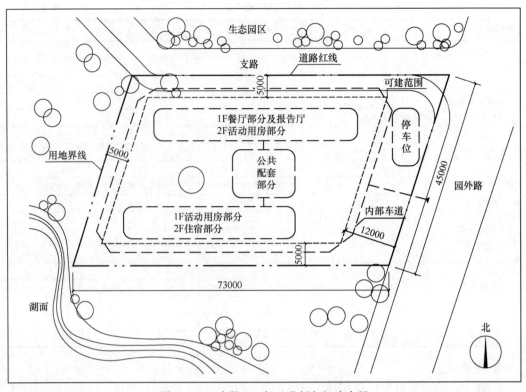

图 5-2-20 步骤一：场地分析与初步布局

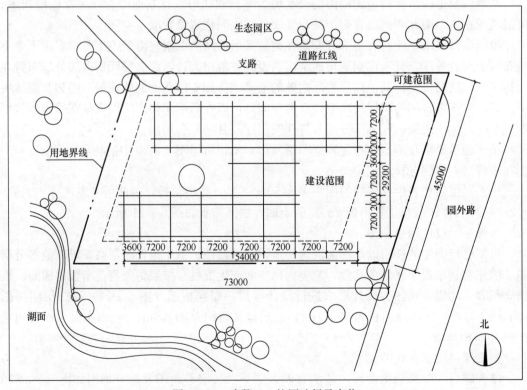

图 5-2-21 步骤二：柱网选择及定位

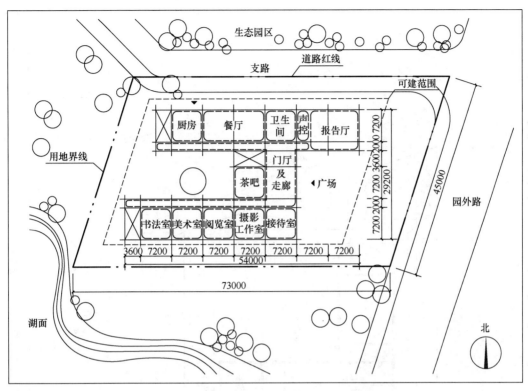

图 5-2-22 步骤三：设计网格草图（一层网格图）

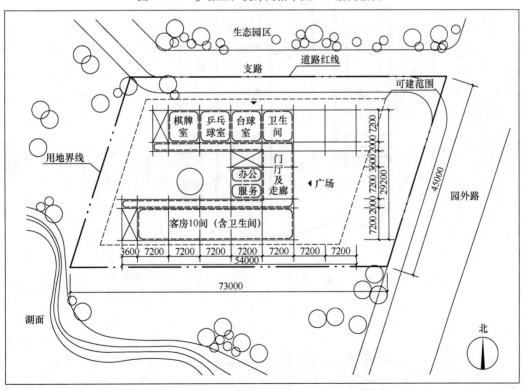

图 5-2-23 步骤三：设计网格草图（二层网格图）

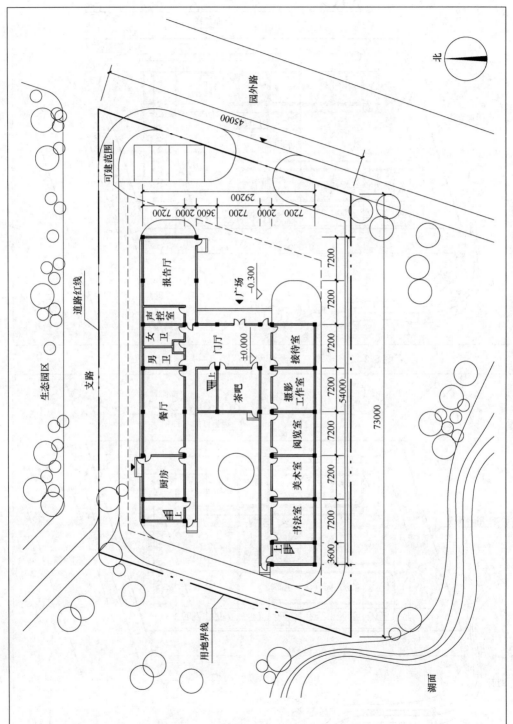

图 5-2-24 2008年真题艺术家俱乐部一层平面图及总平面参考答案

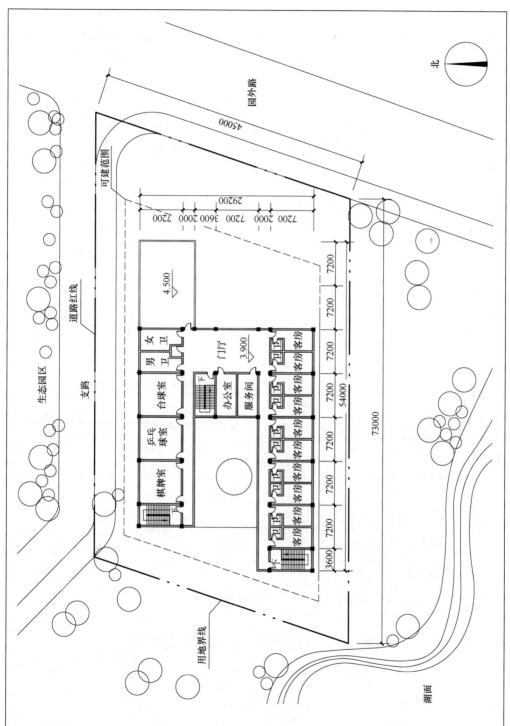

图 5-2-25 2008年真题艺术家俱乐部二层平面图参考答案

(四) 帆船俱乐部 (2010年)

1. 题目

(1) 设计条件

某湖滨拟建一帆船俱乐部，其用地平整，总建筑面积 1900m²，建筑层数 2 层，用地情况见图 5-2-26，一层主要功能关系见图 5-2-27，各部分建筑面积按轴线计算，允许误差 ±10%，见表 5-2-5、表 5-2-6。

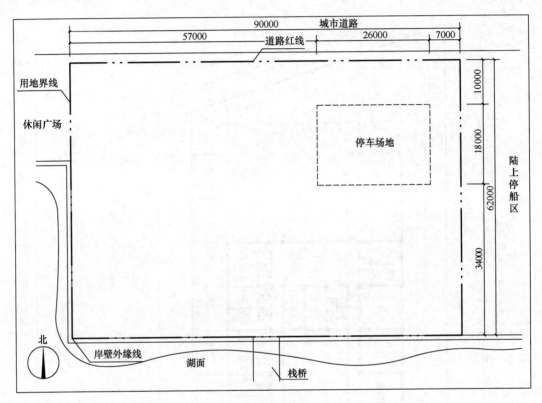

图 5-2-26　2010 年真题帆船俱乐部设计总图

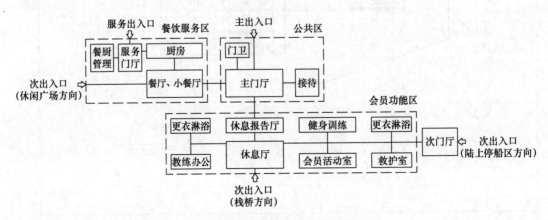

图 5-2-27　一层主要功能关系图

（2）设计要求

1）建筑退南侧岸壁外缘线不少于8m，退西侧岸壁外缘线及该侧建筑用地界线不少于8m，退北侧道路红线不少于5m，退东侧建筑用地界线不少于5m。

2）保留既有停车场及树木。

3）场地允许向北侧道路开设一处出入口。

4）餐厅、小餐厅、教练办公室（5间）、会员活动室（4间）、救护室及全部客房均朝向湖面。

5）客房开间均不小于3.6m。

6）邻近救护室布置室外救护车停车位1个。

（3）作图要求

1）绘制总平面图及一层平面图。

2）绘制二层平面图。

3）总平面图要求绘制出入口、道路、绿地、救护车停车位。

4）一、二层平面图中的墙体双线表示，绘出门、窗、台阶等，标注开间、进深尺寸和总尺寸，注明各房间名称。

5）男、女卫生间须布置洁具，更衣、淋浴间及客房卫生间不须布置洁具。

6）在第三页填写总建筑面积。

一层面积表　　　　　　　　　　　　　　　　　　　　表5-2-5

功能分区	房间名称		房间个数（个）	每间面积（m²）	其他要求
公共区 （80m²）	主门厅		1	40	
	门卫室		1	20	
	接待室		1	20	
餐饮服务区 （340m²）	餐厅		1	120	
	小餐厅		1	30	
	厨房		1	100	
	餐厨管理		1	20	
	服务门厅		1	10	
	男女卫生间各一间		2	30	顾客使用
会员功能区 （565m²）	公共活动区	信息报告厅	1	40	
		休息厅	1	30	
	会员活动区	会员活动室	4	40	
		健身训练室	1	90	
		男更衣淋浴室	1	20	
		女更衣淋浴室	1	15	
		男、女卫生间各一间	2	30	
		救护室	1	15	
		次门厅	1	10	通往停泊区
	办公区	教练办公室	5	20	
		男更衣淋浴及卫生间	1	15	
		女更衣淋浴及卫生间	1	10	

二层面积表　　　　　　　　表 5-2-6

功能分区	房间名称	房间个数（个）	每间面积（m²）	其他要求
会员功能区 （490m²）	双人客房	13	30	带卫生间
	单人客房	2	25	带卫生间
	服务员室	1	25	
	备用库房	1	25	

注：其他交通面积自行确定。

2. 解析

步骤一：场地分析与初步布局。

根据设计要求退让道路红线、用地界线、岸壁外缘线，并同时退让停车场地不小于6m从而确定基地内的"L"形建筑可建范围。

由于城市道路位于基地北侧，则基地及拟建建筑的主入口、拟建建筑的公共区都应布置在北侧；餐饮服务区应布置于可建范围的西北侧，便于餐厅与城市休闲广场形成联系；会员活动区应布置于可建范围的东南侧，从而实现休息厅与栈桥方向的联系以及次门厅与陆上停船区的联系。在基地内布置环形内部道路并联系城市道路，初步布局见图5-2-28。

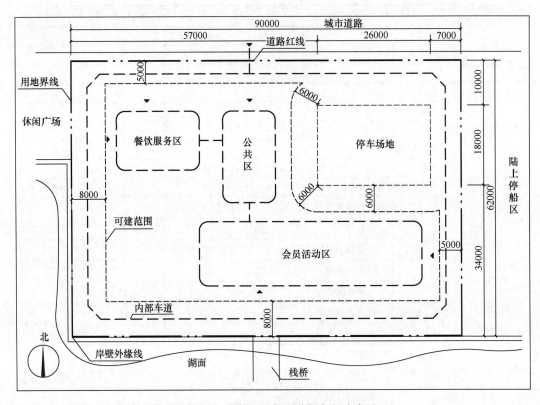

图 5-2-28　步骤一：场地分析与初步布局

步骤二：柱网选择及定位。

一、二层面积表中的房间的面积多为 $30m^2$、$60m^2$ 的倍数，因此可考虑选择 $7.8m \times 7.8m$ 的柱网，在二层平面中一个格子可以布置两间双人客房且客房开间均不小于 3.6m，柱网布置如图 5-2-29 所示。

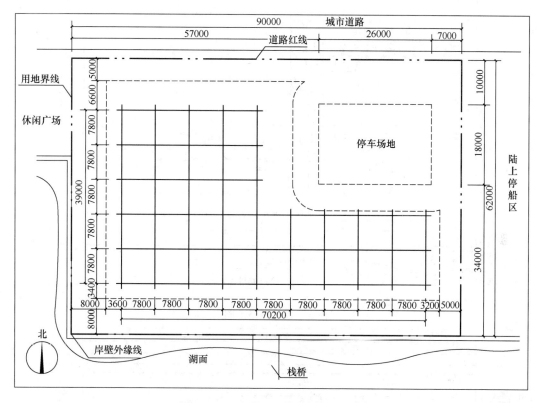

图 5-2-29　步骤二：柱网选择及定位

步骤三：设计网格草图。

根据已经确定的柱网以及功能区进一步设计网格图。在一层空间中，将餐厅和小餐厅布置于餐饮服务区的南侧面向湖面；办公区布置于会员活动区的西侧，会员功能区布置于会员活动区的东侧，从而能实现次门厅联系陆上停船区的要求，将休息厅布置于南侧栈桥附近；按照设计要求将教练办公室、会员活动室、救护室朝向湖面；在二层空间中将所有客房朝向湖面。按照防火规范布置楼梯间，根据面积表、功能关系图、设计要求进行设计可得一层网格图（图 5-2-30）和二层网格图（图 5-2-31），一层建筑面积为 $1384.3m^2$，二层建筑面积为 $697.3m^2$，帆船俱乐部总建筑面积为 $2081.6m^2$。

步骤四：绘制正式图。

结合题目的要求细化设计，帆船俱乐部一层平面图及总平面图、二层平面图如图 5-2-32 和图 5-2-33 所示。

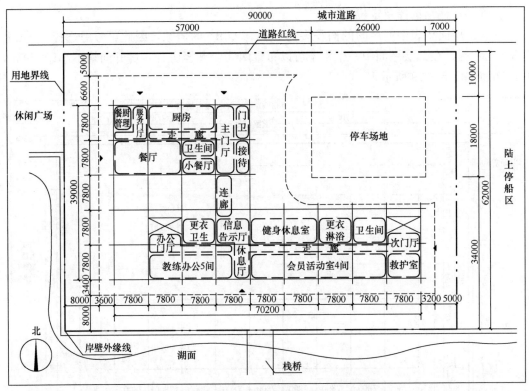

图 5-2-30 步骤三：设计网格草图（一层网格图）

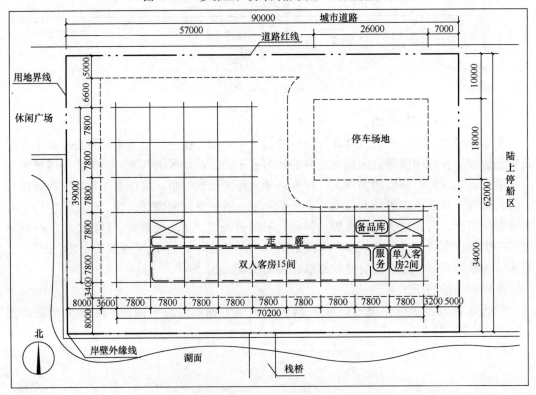

图 5-2-31 步骤三：设计网格草图（二层网格图）

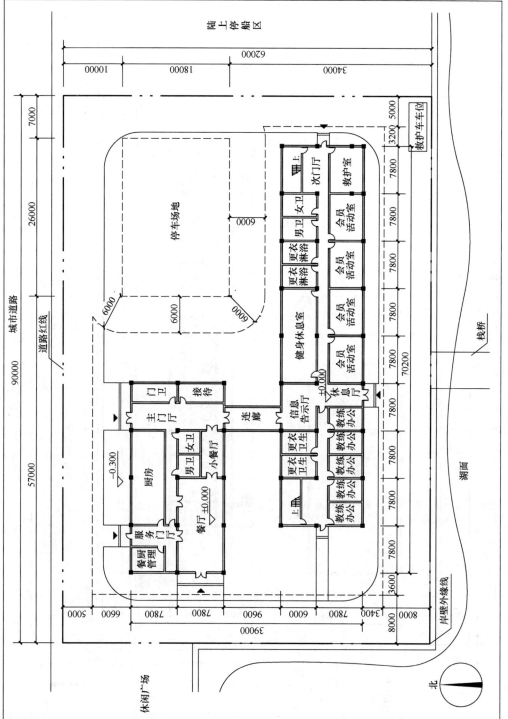

图 5-2-32 2010年真题帆船俱乐部一层平面图及总平面参考答案

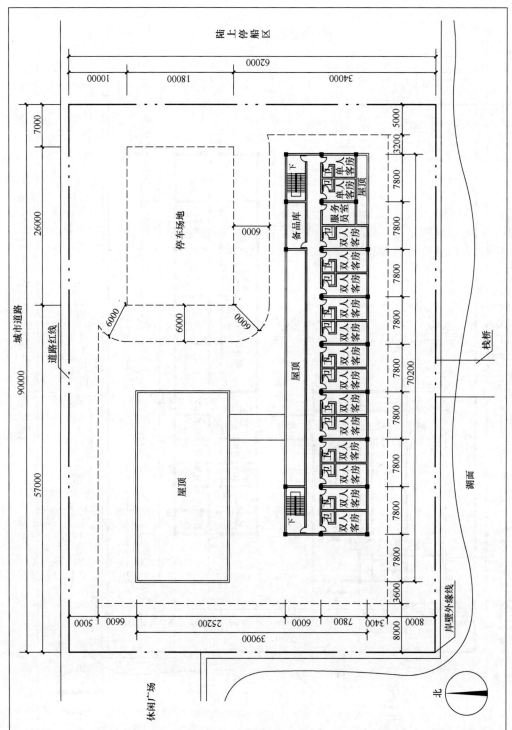

图 5-2-33 2010年真题帆船俱乐部二层平面图参考答案

（五）单层工业厂房改建社区休闲中心（2012年）

1. 题目

（1）任务要求

1）原有单层工业厂房为预制钢筋混凝土排架结构，屋面为薄腹梁大型屋面板体系，梁下净高10.5m，室内外高差0.15m。首层平面及场地总图见图5-2-34。

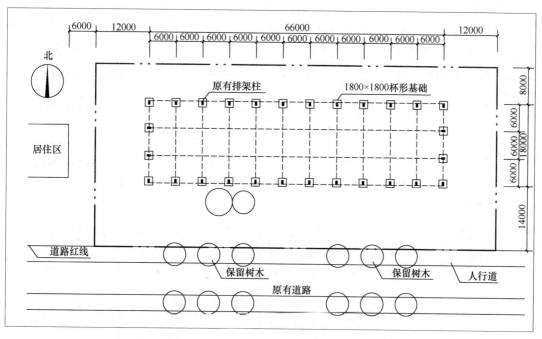

图5-2-34 2012年真题单层工业厂房改建社区休闲中心设计总图

2）原厂房南北外墙体拆除，仅保留东西山墙及外窗。

3）原厂房西侧为居住区，拟利用原厂房内部空间改建为2层社区休闲中心。

4）二层楼面标高为4.5m。

（2）改建规模和内容

改建后面积总计2050m²，一层平面面积约1100m²，二层平面面积约950m²（房间面积均按轴线计算，允许误差±10%）见表5-2-7。

（3）设计要求

1）总平面要求：在用地范围内设置入口小广场以及连接出入口的道路，在出入口附近布置四组自行车棚，原有道路和行道树保留。

2）改建要求：原厂房排架柱和杯形基础不能承受二层楼面荷载，必须另行布置柱网，允许在原厂房东西山墙上增设门窗。

3）功能空间要求：主出入口门厅要求形成两层高中庭空间，多功能厅为层高大于5.4m的无柱空间，咖啡厅和书吧应毗邻布置并能连通。

4）交通要求：主楼梯结合门厅布置，次楼梯采用室外楼梯，要求布置在山墙外侧。主出入口采用无障碍入口，在门厅适当位置设一部无障碍电梯。

5）其他用房要求：空调机房和强弱电间应集中布置，上下层对应布置。在一层设置独立的无障碍专用卫生间。

（4）作图要求

1）合并绘制总平面图及一层平面图一页，另一页绘制二层平面图。

2）总平面图要求绘制道路、广场、各出入口、绿地及自行车棚。

3）一层及二层平面图按照设计条件和设计要求绘制。

4）平面要求绘出墙体（双实线表示）、柱、门、窗、楼梯、台阶、坡道、服务台、吧台等，卫生间要求详细布置。

5）在需要采用防火门、防火窗的位置，选用并标注其相应的门窗编号。

防火门、窗编号：甲级防火门 FM 甲、甲级防火窗 FC 甲、乙级防火门 FM 乙、乙级防火窗 FC 乙、丙级防火门 FM 丙、丙级防火窗 FC 丙。

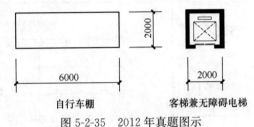

图 5-2-35　2012年真题图示

（5）提示（图 5-2-35、图 5-2-36）

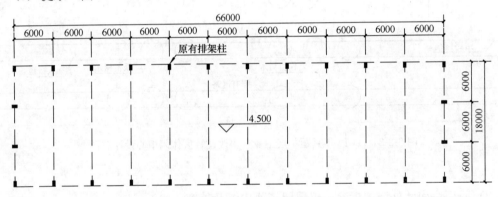

图 5-2-36　夹层平面图

房间功能及面积要求　　　　　表 5-2-7

公共服务用房（199m²）	
门厅及主楼梯间	150m²
服务台	25m²
服务台办公用房 2 间	12×2＝24m²
商业用房（685m²）	
超市	300m²
咖啡厅兼餐厅	200m²
咖啡厅吧台、工作间	50m²
书吧、书库	100＋35＝135m²
休闲健身用房（680m²）	
多功能厅	200m²
多功能厅休息厅、展示厅	160m²

续表

棋牌室 4 间	20×4＝80m²
健身房、乒乓球室各 1 间	100×2＝200m²
男、女更衣淋浴卫生间各 1 间	20×2＝40m²
其他用房（195m²）	
管理办公室 2 间	20×2＝40m²
公共卫生间 2 套	共 80m²
无障碍专用卫生间	5m²
强电间 2 间	6×2＝12m²
弱电间 2 间	4×2＝8m²
空调机房 2 间	25×2＝50m²
其他：包括公共走道、室外楼梯等交通面积和管道间、竖井等	约 300m²

2. 解析

本题目需在单层厂房内加建一层夹层，并在两层空间中布置新增的社区休闲中心的相应功能。根据设计要求以及房间面积表中的提示，可以判断超市、咖啡厅应布置于一层空间中，从而便于购物、就餐流线的出入，另外题目要求书吧与咖啡厅毗邻布置，因此书吧也应当布置于一层空间中；而多功能厅为净空不小于 5.4m 的无柱空间，二层楼面标高为 4.5m（图 5-2-36），因而一层空间无法满足多功能厅的净空要求，多功能厅应布置于二层空间中。

步骤一：场地分析与初步布局。

通过上述分析，可将一层空间的功能分为超市部分、公共空间及其他部分、咖啡厅及书吧部分；二层空间则分为公共空间及其他部分、休闲健身用房部分。在厂房范围内大致布置社区休闲中心的功能，在基地内按要求设置内部道路，并临原有道路设置自行车棚可得图 5-2-37 中的初步布局。

步骤二：柱网选择及定位。

对于旧建筑改造类设计应当尽量沿用原有的结构体系和柱网尺寸，但由于原厂房排架柱和杯形基础不能承受二层楼面荷载，因此需要尽量保持原有排架柱开间尺寸的前提下在旧厂房内部增设一部分结构，具体布置方法可参考图 5-2-38。

步骤三：设计网格草图。

根据已经确定的柱网以及功能区进一步设计网格图，根据具体的房间面积调整平面布局，并按照防火规范布置楼梯间。根据面积表、功能关系图、设计要求可得一层网格图（图 5-2-39）和二层网格图（图 5-2-40），一层建筑面积为 1188m²，二层建筑面积为 1057.5m²，社区休闲中心总建筑面积为 2245.5m²。

步骤四：绘制正式图。

细化设计并根据防火规范设置防火门，一层平面图及总平面图和二层平面图如图 5-2-41 和图 5-2-42 所示。

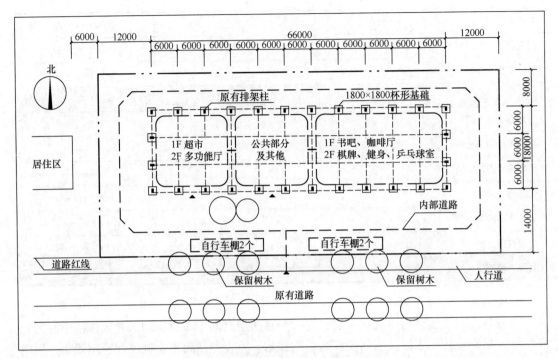

图 5-2-37 步骤一：场地分析与初步布局

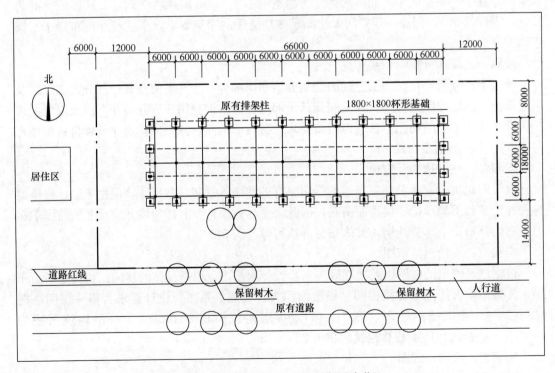

图 5-2-38 步骤二：柱网选择及定位

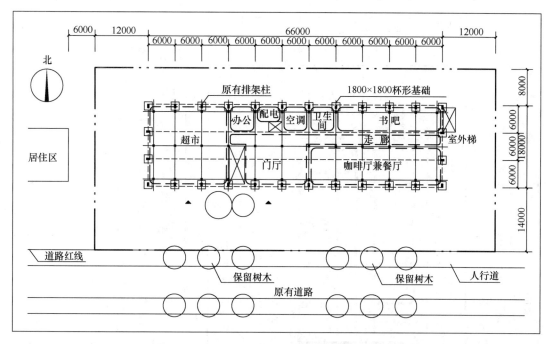

图 5-2-39 步骤三：设计网格草图（一层网格图）

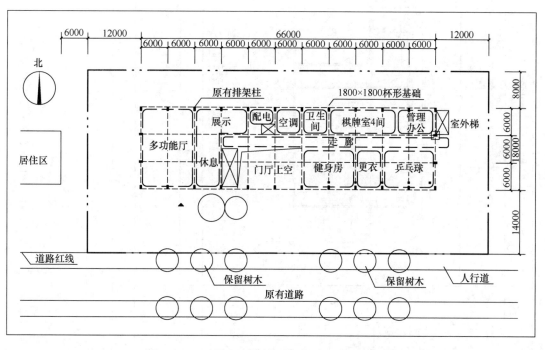

图 5-2-40 步骤三：设计网格草图（二层网格图）

225

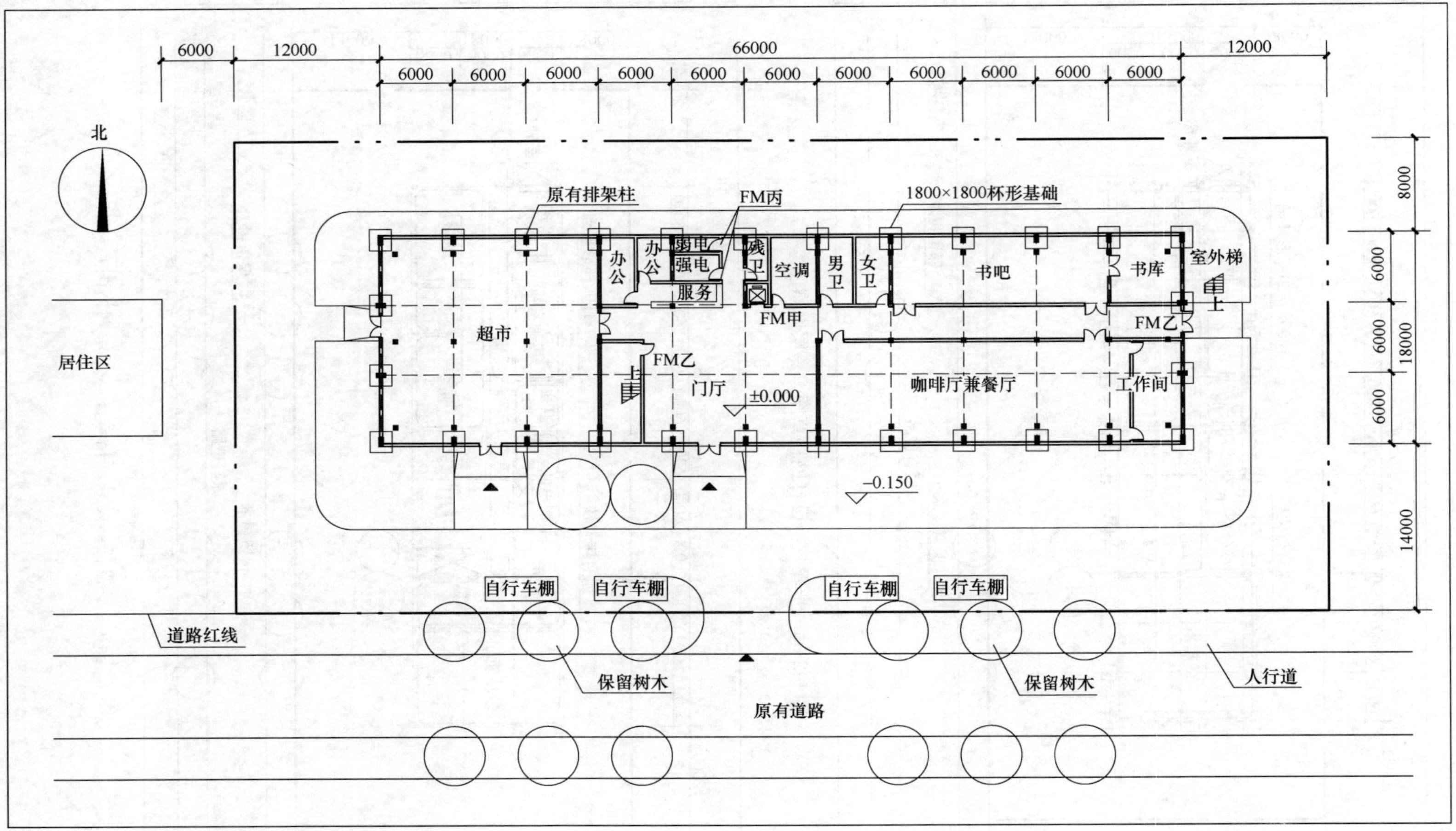

图 5-2-41 2012年真题单层工业厂房改建社区休闲中心一层平面图及总平面图参考答案

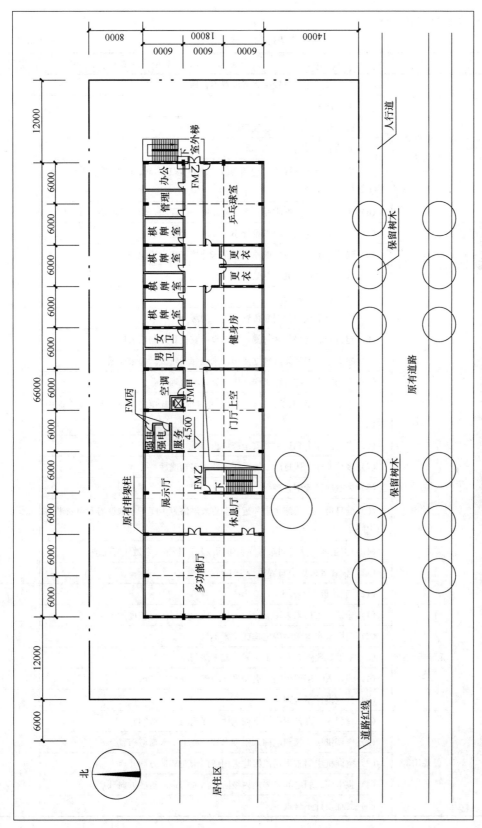

图 5-2-42 2012年真题单层工业厂房改建社区休闲中心二层平面图参考答案

3. 评分标准（表5-2-8）

2012年题目评分标准　　　　　　　　　表 5-2-8

考核内容		扣分点	分值
设计要求	不符题意漏项缺项	（1）主入口门厅未设置中庭或设置不合理	15
		（2）主楼梯未采用楼梯间	
		（3）次楼梯室外楼梯未设或未按要求设置	
		（4）多功能厅层高小于5.4m	
		（5）房间功能要求缺项（包括男女更衣淋浴卫生间、6个设备用房）、楼梯间数量多于2个	
		（6）超市、书吧、咖啡厅、多功能厅的房间面积，增加或减少10%以上	
总平面设计	总平面布置	（1）休闲中心主入口前未设计小广场，或无法判断	10
		（2）建筑各出入口与厂区原有道路未连接，或无法识别	
		（3）未布置自行车棚，总数少于4组	
		（4）其他设计不合理	
建筑设计	平面布置	（1）服务台不在门厅明显位置，过于隐蔽	30
		（2）超市未靠近居住区一侧，超市没有直接对外的出入口	
		（3）咖啡厅、书吧无法独立使用；未毗邻布置或毗邻未连通	
		（4）书吧书库、咖啡厅工作间供应流线不合理	
		（5）多功能厅平面形状不合理（矩形平面长宽比超过2∶1）或平面内设柱	
		（6）多功能厅未靠近主要安全疏散出口	
		（7）多功能厅、休息厅、展示厅不邻近多功能厅	
		（8）展示厅设置不合理	
		（9）健身房、乒乓球房未邻近男女更衣淋浴卫生间，或未设男女更衣淋浴卫生间	
		（10）卫生间、淋浴间布置在咖啡厅或超市上部（未做任何处理）	
		（11）棋牌室未集中布置或少于4间	
		（12）其他设计不合理	
	无障碍设计	（1）建筑主入口未采用无障碍入口，或无障碍入口坡度大于1∶50	10
		（2）门厅未布置无障碍电梯或位置不当	
		（3）未设置残疾人专用卫生间，或无法判断	
		（4）残疾人专用卫生间平面净尺寸小于2.0m×2.0m	
		（5）其他设计不合理	
	设备用房	（1）每层3个设备用房（空调机房、强电间、弱电间）	10
		（2）空调机房、强弱电间未集中布置，或上下未对应布置	
		（3）空调机房门未采用乙级防火门或门未向疏散方向开启	
		（4）强电间、弱电间未采用丙级防火门或门未向疏散方向开启	
		（5）其他设计不合理	

续表

考核内容		扣分点	分值
建筑设计	结构布置	（1）支撑二层楼面的新增结构体系未设置或不能成立 （2）新增结构体系与原厂房结构未脱开 （3）夹层新增结构柱表示错误 （4）其他设计不合理	10
	规范要求	（1）只设一部楼梯，或设有两个及以上楼梯但仍不满足安全出口要求 （2）袋形走道长度不满足规范要求（27.5m） （3）窗洞口距离室外疏散楼梯小于2.0m，且未采用乙级防火窗 （4）开向二层室外楼梯平台的疏散门未采用乙级防火门 （5）咖啡厅、超市、多功能厅只有一个房门的或虽有两个疏散门但两门净距小于5m （6）其他违反规范设计	10
图面表达		（1）图面表达不正确或粗糙	5

（六）幼儿园（2013年）

1. 题目

（1）设计条件及要求

某夏热冬冷地区居住小区内，新建一座六班日托制幼儿园，每班为30名儿童，拟设计为2层钢筋混凝土框架结构建筑，建筑退道路红线不应小于2m，用地见图5-2-43。当地日照间距系数为正南向1.4，本用地内部考虑机动车停放，场地不考虑高差因素，建筑室内外高差为0.3m。

（2）建筑规模及内容

总建筑面积：1900m^2（面积均按轴线计算，允许±10%），见表5-2-9。

（3）其他设计要求

1）幼儿园主出入口应设置于用地西侧，并设不小于180m^2的入口广场；辅助后勤出入口设置于用地东北侧，并设一个150m^2的杂物院。

2）每班设班级室外游戏场地不小于60m^2，不考虑设在屋顶。

3）在用地内设置不小于100m^2的共用室外游戏场地，布置一处三分道，长度为30m的直线跑道。

4）厨房备餐间应设一部食梯，尺寸如图5-2-44中所示。

5）建筑应按给定的功能关系布置，音体室层高5.1m，其余用房层高3.9m。

6）生活用房的卧室、活动室主要采光窗均应为正南向。

7）建筑及室外游戏场地均不应占用古树保护范围用地。

（4）作图要求

1）绘制总平面、一层平面图及二层平面图。

2）总平面图要求绘出道路、广场、绿化、场地及建筑各出入口、室外游戏场地及跑道、杂物院。

3）标注广场、杂物院及室外游戏场地的面积，注明柱网及用房的开间进深尺寸、建筑总尺寸、标高及总建筑面积。

4）绘出柱、墙体（双实线表示）、门、窗、楼梯、台阶、坡道等。

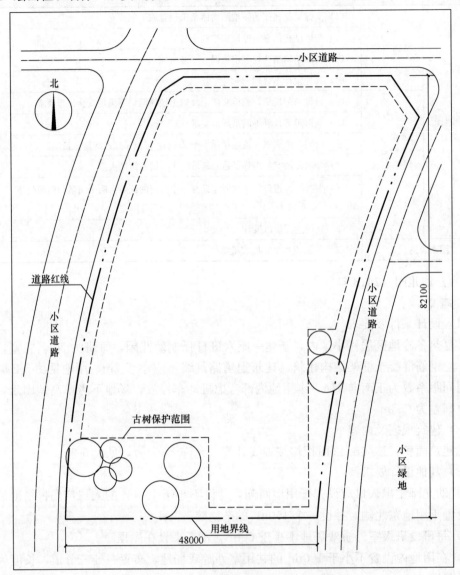

图 5-2-43 2013 年真题幼儿园设计场地总图

房间功能及面积要求 表 5-2-9

生活用房（6个班，每班单独设置）	共计 1030m²
活动室	6×55＝330
卧室	6×55＝330
卫生间（盥洗间、厕所）	6×16＝96
衣帽储藏间	6×12＝72
过厅	6×12＝72
音体室（6个班合用）	130

续表

办公及辅助用房	共计 198m²
警卫值班	10
晨检室	18
医务室	20
隔离室	15
园长室	12
财务室	20
资料室	25
办公室	35
教工厕所	2×9=18
无障碍厕所	7
强电间、弱电间	2×9=18
供应用房	共计 147m²
开水房	15
洗衣间	18
消毒间	15
厨房（含加工间 45m²、库房 15m²、备餐 2×16=32m²、更衣间 7m²）	99
交通空间门厅面积 100m² 左右，楼梯走道等按照现行建筑设计规范要求设置	

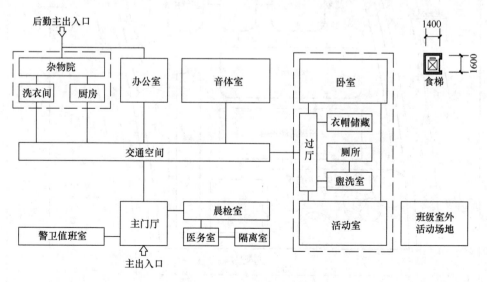

图 5-2-44 功能关系示意图

2. 解析

步骤一：场地分析与初步布局。

根据设计要求初步布置幼儿园布局，幼儿园主入口及主门厅应布置于基地西侧；各班生活用房应布置于基地南侧，并保证卧室和活动室主要采光窗正南向；各班活动场地、公共活动场地及跑道应靠近活动用房并布置于基地南侧；杂物院和后勤出入口应避开主入口和活动场地布置于基地北侧；由于直线跑道通常需要南北向布置，可以考虑将其布置于基地东南侧。

综合上述内容，将功能关系图进行调整并将相应功能布置到基地的可建范围之后，可得图 5-2-45 中的初步布局。

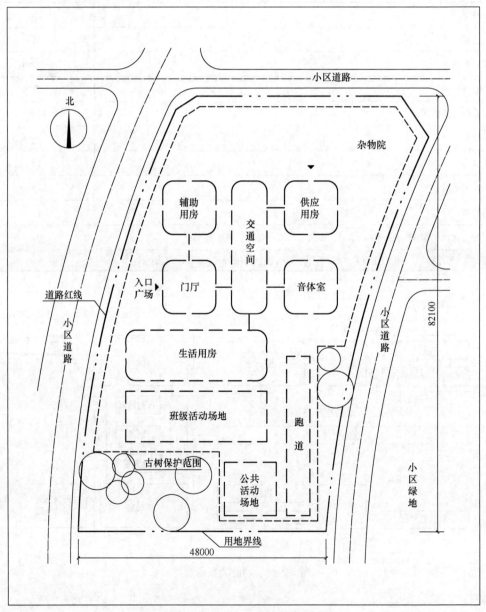

图 5-2-45　步骤一：场地分析与初步布局

步骤二：柱网选择及定位。

房间面积表中活动室与卧室面积为 55m²，可以在生活用房部分使用 6m×9m 柱网；其余用房面积多为 12m²、18m²、35m²，可以在其他用房部分使用 6m×6m 的柱网。幼儿园总共需要布置 6 个班的生活用房，由于基地东西面宽较窄南北进深较深，生活用房的活动室与卧室必须南向，因此每层只能布置三个班，且要保证基地东南角布置南北向的 30m 跑道，因此每层需要有一个班的生活用房后退布置。综合各种因素柱网布置如图 5-2-46 所示。

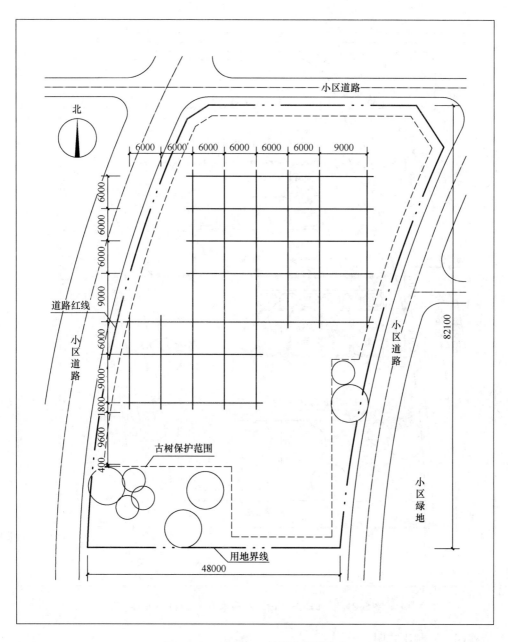

图 5-2-46 步骤二：柱网选择及定位

步骤三：设计网格草图。

根据已经确定的柱网以及功能区进一步设计网格图，根据具体的房间面积调整平面布局，并按照防火规范布置楼梯间，根据面积表、功能关系图、设计要求可得一层网格图（图 5-2-47）和二层网格图（图 5-2-48），一层建筑面积为 1179m²，二层建筑面积为 900m²，幼儿园总建筑面积为 2079m²。

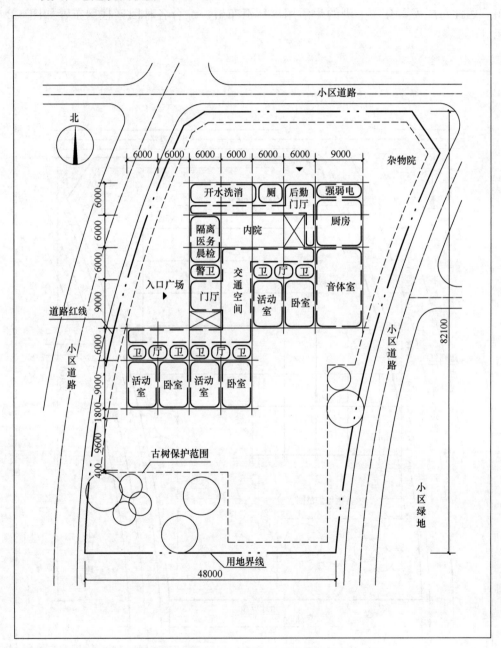

图 5-2-47 步骤三：设计网格草图（一层网格图）

步骤四：绘制正式图。

结合题目的要求细化设计，幼儿园一层平面图及总平面图和二层平面图如图 5-2-49 和图 5-2-50 所示。

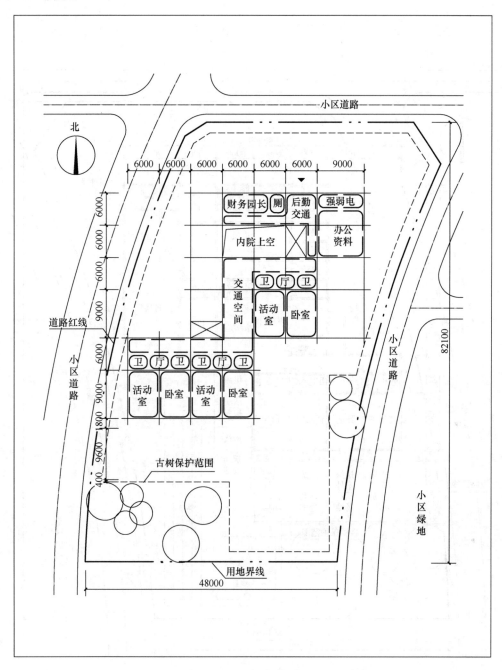

图 5-2-48 步骤三：设计网格草图（二层网格图）

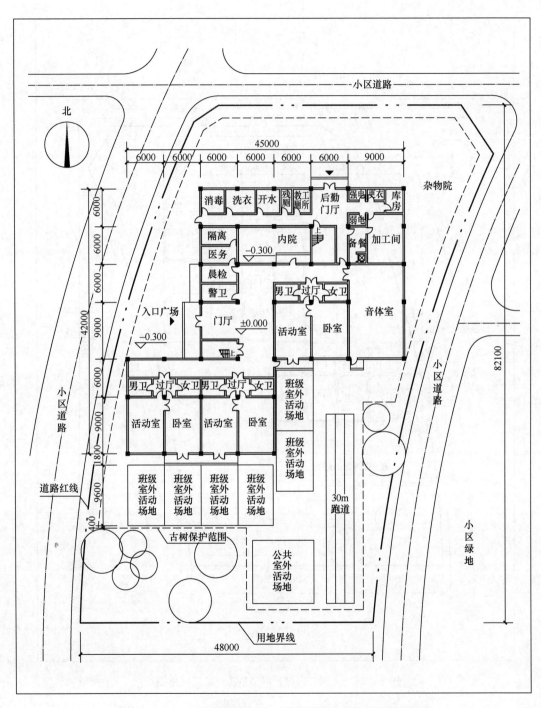

图 5-2-49 2013年真题幼儿园一层平面图及总平面图参考答案

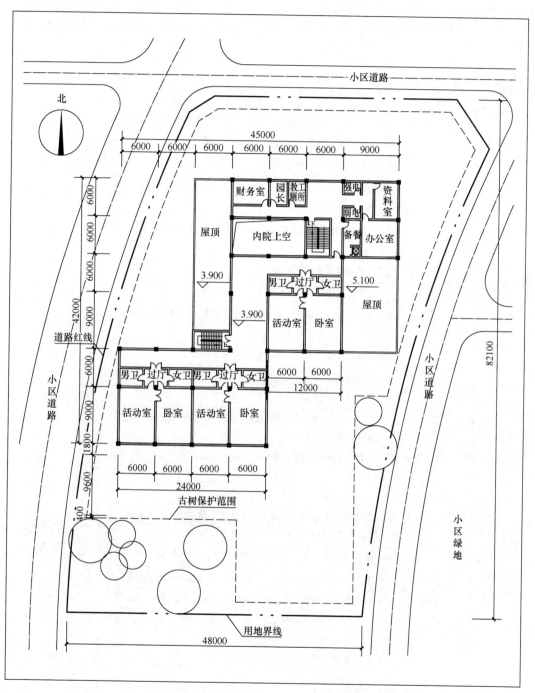

图 5-2-50 2013年真题幼儿园二层平面图参考答案

3. 评分标准　（表 5-2-10）

2013 年题目评分标准　　　　　　　　　　　　　表 5-2-10

考核内容		扣分点	扣分值	分值
空间与面积分配	面积及房间	(1) 总建筑面积大于 2090m² 或小于 1710m²，或未注或注错	扣 5 分	10
		(2) 音体室（130m²）、活动室（55m²）、卧室（55m²），面积不满足题目要求（误差±10%）	每处扣 3 分	
		(3) 缺少如下房间：门厅、活动室、卧室、卫生间、衣帽间、过厅、值班、晨检、医务、隔离、园长、财务、资料、办公、教工厕所、无障碍厕所、强电与弱电间、开水间、洗衣房、消毒间、厨房	每缺 1 间扣 1 分	
总平面设计	总图布置	(1) 建筑物外墙退用地红线不足 2m，或无法判断	每处扣 2 分	25
		(2) 场地主入口不在西侧、后勤出入口不在东北侧，或出入口位置不合理，或未画	每处扣 4 分	
		(3) 入口广场面积不足 180m² 或未设；杂物院面积不足 150m² 或未设	每处扣 2 分	
		(4) 日照间距不满足 1.4 倍（约 11m）	扣 15 分	
		(5) 班级室外游戏场地未设或位于建筑北侧阴影区内	扣 5 分	
		(6) 全园共用室外游戏场地未设或位于建筑北侧阴影区内，30m 跑道未设	每项扣 3 分	
		(7) 建筑或场地侵占古树保护范围用地	扣 2 分	
		(8) 未画道路、绿地，或无法判断	扣 3~8 分	
		(9) 其他设计不合理	扣 3~8 分	
建筑设计	功能流线房间布置	(1) 生活用房、办公及辅助用房、供应用房流线交叉、分区混乱，或无法判断（缺项）	扣 3~10 分	45
		(2) 每班的班级活动室、卧室、衣帽间、卫生间不在同一个单元内，或不合理	扣 15~20 分	
		(3) 音体室、卧室、活动室未朝向正南向	每项扣 10 分	
		(4) 厨房流线不合理（厨房入口—更衣—厨房加工间—备餐—食梯），或厨房不能独立成区	扣 3~6 分	
		(5) 晨检流线不合理（主入口—晨检—医务室—隔离）	扣 2~4 分	
		(6) 幼儿生活单元与主门厅联系不便，或交通面积明显偏多	扣 2~4 分	
		(7) 班级厕所和盥洗未分间或分隔，没有直接的自然采光通风	扣 2 分	
		(8) 音体室与生活用房联系不便，或与服务用房、供应用房混在一起	扣 2 分	
		(9) 教工厕所未单独设置，或位置不合理	扣 2 分	
		(10) 公共楼梯只有 1 个	扣 10 分	
		(11) 公共楼梯多于 3 个（不含班级专用楼梯）	扣 3 分	
		(12) 食梯位置不合理或漏画	扣 2 分	
		(13) 班级活动室、卧室、音体室的房间长宽比大于 2:1	每间扣 2 分	
		(14) 其他设计不合理	扣 3~8 分	

续表

考核内容		扣分点	扣分值	分值
建筑设计	结构布置	(1) 未采用框架结构或一、二层柱网未对齐	扣5分	5
		(2) 结构柱网布置混乱,结构体系不合理或其他不合理	扣2~4分	
	规范要求	(1) 楼梯间在一层未直接通向室外,或到安全出口距离大于15m	扣3分	10
		(2) 袋形走道两侧尽端房间到疏散口的距离大于20m(通向非封闭楼梯间的距离大于18m)	扣3分	
		(3) 班级生活单元、音体室只有一个通向疏散走道或室外的房门	扣3分	
		(4) 卫生间位于厨房垂直上方	扣2分	
		(5) 主入口未设无障碍坡道,未设无障碍卫生间或设置不合理	扣2~5分	
		(6) 其他不符合规范者	扣3~6分	
图面表达及标注		(1) 尺寸标注不全	扣2~5分	5
		(2) 柱、墙、门窗绘制不完整	扣2~5分	
		(3) 图面粗糙	扣2~5分	
题注		(1) 出现下列情况之一者,本题总分为0分 1) 方案设计未画楼梯者; 2) 方案设计只画一层,未画二层		
		(2) 出现下列情况之一者,本题总分乘0.9 1) 平面图用单线或部分单线表示; 2) 平面尺寸未标注; 3) 主要线条徒手绘制		

(七) 消防站 (2014 年)

1. 题目

(1) 设计要求

某拟建二级消防站为2层钢筋混凝土框架结构,总建筑面积2000m²,用地及周边条件见图5-2-51,建筑房间名称、面积及设计要求见表5-2-11、表5-2-12。一、二层房间关系见图5-2-52,室外设施见示意图5-2-53。

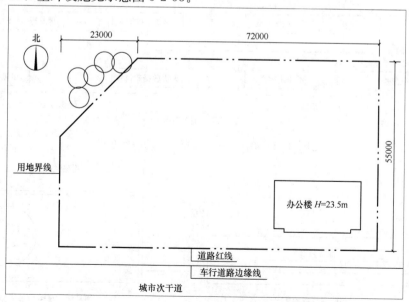

图 5-2-51　2014 年真题消防站设计总图

(2) 其他设计要求

1) 建筑退城市次干道道路红线不小于5.0m，退用地界线不小于3.0m。
2) 消防车库门至城市次干道道路红线不应小于15.0m，且方便车辆出入。
3) 建筑走道净宽：单面布置房间时不应小于1.4m，双面布置房间时不应小于2m。
4) 楼梯梯段净宽不应小于1.4m，两侧应设扶手。
5) 消防车进出库不得碾压训练场。

(3) 作图要求

1) 合并绘制总平面图及一层平面图，并布置消防训练场和篮球场，标注建筑总长度，建筑与相邻建筑的最近距离、建筑外墙至用地界线的最近距离，以及消防车库门至道路红线的最近距离。
2) 绘制二层平面图。
3) 要求绘出墙体（双实线表示）、柱、门、窗、楼梯、台阶、坡道等，并标注开间、进深尺寸，注明防火门窗及等级，卫生间要求详细布置。
4) 注明楼梯间长度、梯段净宽。
5) 设计完成后，填写各层建筑面积：
一层为：_____ m²，二层为 _____ m²，总计 _____ m²。

(4) 图示

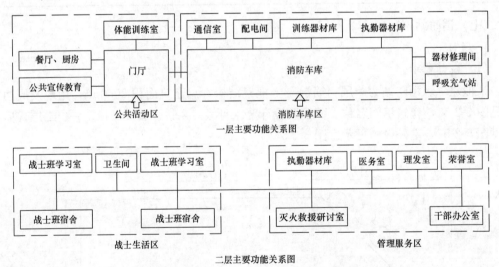

图5-2-52 消防站一、二层主要功能关系图

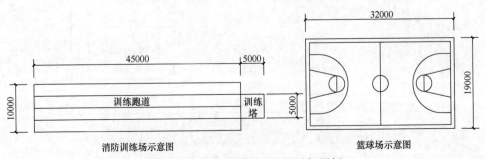

图5-2-53 消防训练场地及篮球场图例

（5）房间构成与面积分配表

一层建筑房间组成表　　　　　　　　　　　　　表 5-2-11

层数	分区	序号	房间名称		面积（m²）	数量	设计要求及备注
一层	公共活动区	01	门厅		100	1	
		02	公共宣传教育		60	1	宜直接对外
		03	体能训练室		65	1	
		04	餐厅		65	1	宜设单独出入口
			厨房		30	1	
			主食库		7.5	1	
			副食库		7.5	1	
		05	男卫生间		10		
	消防车库区	06	消防车库	特勤消防车库	共 400	2	进深/开间/层高 15.4m×5.4m×5.4m
				普通消防车库		4	进深/开间/层高 12.5m×5.4m×5.4m
		07	通信室		30	1	与消防车库相邻相通
			通信值班室		15	1	
			干部值班室		15	1	
		08	训练器材库		45	1	设防火门宜通消防车库
		09	执勤器材库		45	1	设防火门宜通消防车库
		10	器材修理间		25	1	设防火门宜通消防车库
		11	呼吸充气站		25	1	设防火门宜通消防车库
		12	配电间		15	1	设防火门宜通消防车库
	本层小计				960		未计走道及楼梯间面积

二层建筑房间组成表　　　　　　　　　　　　　表 5-2-12

层数	分区	序号	房间名称		面积（m²）	数量	设计要求及备注
二层	战士生活区	13	战士班宿舍		每间 50	4	每间 1 班，每班 8 名男消防员，共 4 个班
		14	战士班学习室		每间 30	4	每班专用，与宿舍相邻
		15	卫生间	盥洗室	25	2套	每两人设 1 个手盆
				淋浴间	15		每 4 人设 1 个淋浴间
				男厕所	15		每 4 人设小便器和蹲位各 1 个
	管理服务区	16	灭火救援研讨室		50	1	
		17	干部办公室		50	1	
		18	干部值班室		25	1	
		19	荣誉室		60	1	
		20	医务室		30	1	
		21	理发室		30	1	
	本层小计				675		未计走道及楼梯间面积

注：1) 房间面积均按轴线计算，允许误差±10%；
　　2) 消防站的以下功能用房不属于本题考试内容：司务长室、战士俱乐部、其他会议室、储藏室、洗衣烘干房和锅炉房等。

2. 解析

步骤一：场地分析与初步布局。

根据基地现状和设计要求对拟建消防站和拟建场地的布局进行初步分析。本题中除了应当按照设计要求退让道路红线和用地红线外，还需要注意的是消防车库需要退让道路红线15m，因此建筑主体的位置也受到影响；基地内现存多层办公楼一栋，由于拟建消防站为二层的耐火等级二级的建筑物，因此消防站与办公楼之间的防火间距不应小于6m；考虑到基地的内外分区以及消防车进出不得碾压训练场的要求，可以将消防训练场和篮球场布置于基地北侧，参考基地尺寸和拟建场地平面尺寸，可以将消防训练场东西向布置，篮球场南北向布置，消防站的公共活动区应靠近办公楼布置。初步布置图参考图5-2-54。

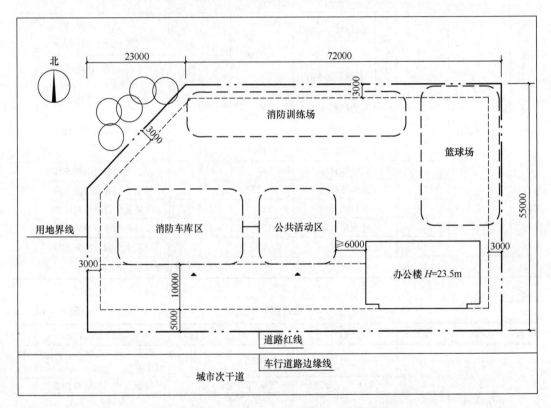

图5-2-54 步骤一：场地分析与初步布局

步骤二：柱网选择及定位。

本题目对于柱网尺寸有明确提示，面积表中明确要求特勤消防车库进深、开间、层高为15.4m×5.4m×5.4m，普通消防车库进深、开间、层高为12.5m×5.4m×5.4m，则应该将消防车库区的柱网的开间进深尺寸定为5.4m×7.8m。根据面积表中的房间面积可知，存在较多面积为60m² 或30m² 的房间，则其余部分柱网考虑使用7.8m×7.8m，如图5-2-55所示。

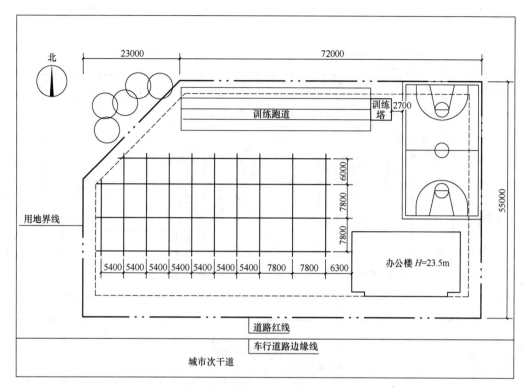

图 5-2-55　步骤二：柱网选择及定位

步骤三：设计网格草图。

在具体布置柱网时，应考虑可安放消防站的场地尺寸，在进行退线和防火间距退让后，可布置消防站的场地的东西向总面宽为 55m，则按照已经确定的柱网尺寸可知，面宽方向可布置 7 列面宽 5.4m 的柱网和 2 列 7.8m 柱网，建筑总面宽为 53.4m；在南北进深方向，南侧两排柱网进深为 7.8m，根据面积、尺度和场地等因素综合考虑最北侧一排柱网进深可考虑减少至 6m，且基地西北侧斜切的形式应减少建筑西北角的一部分面积，一层建筑面积为 1130m²。在布置功能时应首先考虑布置消防车库和公共部分门厅，二者应当贴邻并相互联系，其余辅助用房围绕消防车库和门厅布置，一层网格图如图 5-2-56 所示。

面积表中二层空间的面积小于一层的面积，那么平面上二层就应该在一层的基础上进行后退。另外，面积表中战士班学习室和战士班宿舍各有 4 个且需要一一对应，那么可以考虑优先布置宿舍和学习室。其中，学习室面积为每个 30m²，由于消防站西半边的北侧柱网为 5.4m×6m=32.4m²，刚好一个格子就可以安排一间学习室；与之相对的宿舍可以布置在南侧，可保证居住空间有良好的日照条件，宿舍面积为 50m²，在每间面宽 5.4m 时，9～10m 的进深可以满足面积要求；由于设计要求中提到两侧布置房间时走廊宽度为 2m，则二层平面图西半边应退一层平面的南侧外墙 3m 左右。二层网格图如图 5-2-57 所示，二层建筑面积约为 939m²，消防站建筑面积总计为 2069m²。

步骤四：绘制正式图。

结合题目的要求细化设计，消防站一层平面图及总平面图和二层平面图如图 5-2-58 和图 5-2-59 所示。

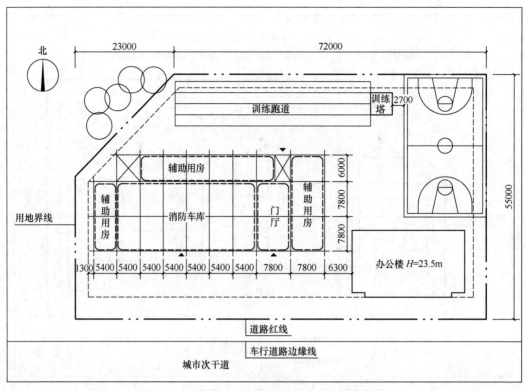

图 5-2-56 步骤三：设计网格草图（一层网格图）

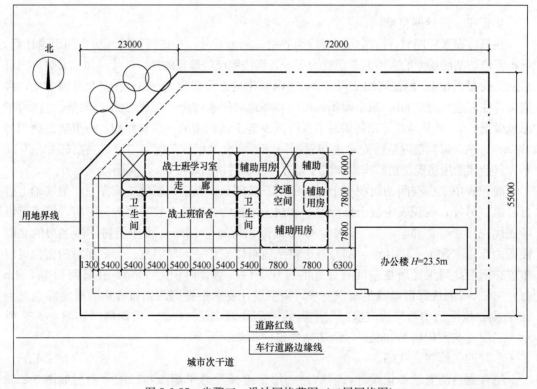

图 5-2-57 步骤三：设计网格草图（二层网格图）

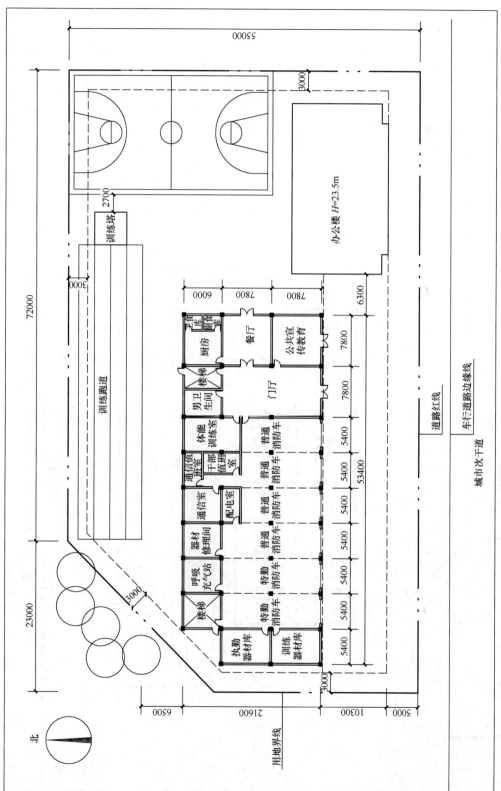

图 5-2-58 2014年真题消防站一层平面图及总平面图参考答案

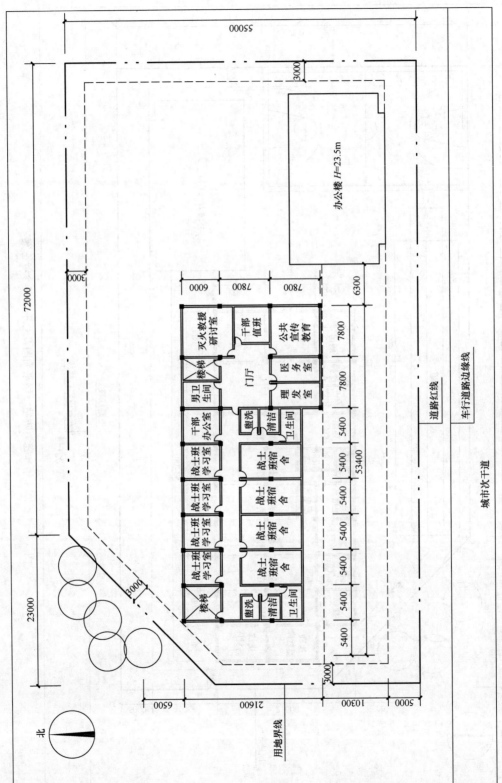

图 5-2-59 2014年真题消防站二层平面图参考答案

（八）社区服务综合楼（2017年）

1. 题目

为完善社区公共服务功能，拟在用地内新建一栋社区服务综合楼，用地西侧、南侧临城市支路，用地内已建成一栋养老公寓及活动中心。用地现状见图5-2-60。

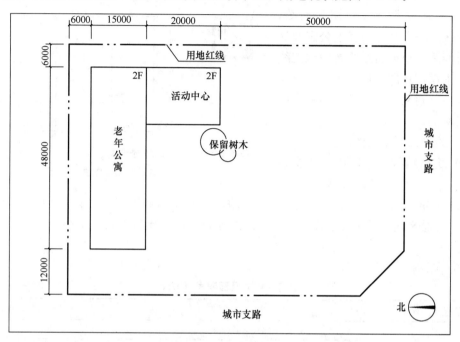

图5-2-60 2017年真题社区服务综合楼设计总图

（1）设计要求

社区服务综合楼为二层钢筋混凝土框架结构建筑，总建筑面积1950m²，一层设置社区卫生服务、社区办事大厅及社区警务等功能，二层设置社会保障服务及社区办公等功能，其功能关系见图5-2-61，房间名称、面积见表5-2-13、表5-2-14。

（2）社区服务综合楼其他设计要求如下

1）建筑退道路红线不小于8m，退用地红线不小于6m。

2）建筑日照计算高度为9.8m，当地养老公寓的建筑日照间距系数为2.0。

3）与活动中心保持不小于18.0m的卫生间距。

4）与活动中心用连廊联系（不计入建筑面积）。

（3）场地机动车停车位设计要求如下

在用地内设置：1个警务用车专用室外

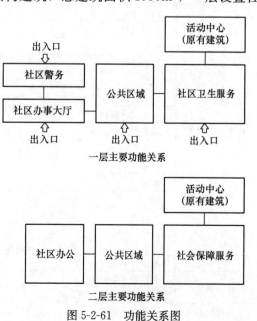

图5-2-61 功能关系图

停车位、3个养老公寓专用室外停车位（含1个无障碍停车位）、12个社会车辆室外停车位（含2个无障碍停车位）。

本设计应符合国家的规范和标准要求。

（4）作图要求

1）绘制总平面及一层平面图，标注社区服务综合楼与养老公寓及活动中心间距，退道路红线及用地红线距离；根据用地内交通、景观要求绘制停车位、道路、绿化等，标示出停车位名称。

2）绘制二层平面图。

3）绘出结构柱、墙体（双实线表示）、门、窗、楼梯、台阶、坡道等，标注柱网及主要墙体轴线尺寸、房间名称，卫生间应布置卫生洁具。

4）在总平面图及一层平面图中，标注总建筑面积，建筑面积按轴线计算，允许误差±10%。

（5）图例（图5-2-62）

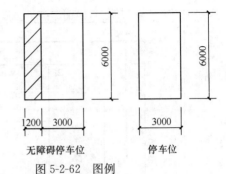

图 5-2-62　图例

一层房间组成及面积表（975m²）　　　　　表 5-2-13

功能区域	房间名称		面积（m²）	小计（m²）
公共区域	公共门厅		70	160
	卫生间	男：厕位2个、小便斗2个	45	
		女：厕位按规范		
		无障碍厕所1个		
	楼梯、电梯		45	
社区卫生服务	门厅		36	417
	挂号收费		18	
	药房		18	
	取药等候		36	
	化验		18	
	诊室（3间，18m²/间）		54	
	走廊（含候诊）		48	
	康复理疗		18	
	计生咨询		18	
	输液		36	
	配液		18	
	治疗		18	
	中医科	中医诊室（2间，18m²/间）	36	
		针灸室	18	
		走廊（含候诊）	27	
社区办事大厅	社区办事大厅		250	250
社区警务	社区警务室		48	66
	警务值班室（含卫生间）		18	
其他部分	交通辅助部分		82	82

二层房间组成及面积表（975m²）　　　　　　　　　　表 5-2-14

功能区域	房间名称		面积（m²）	小计（m²）
公共区域	公共门厅		70	160
	卫生间	男：厕位2个、小便斗2个	45	
		女：厕位按规范		
		无障碍厕所1个		
	楼梯、电梯		45	
社区保障服务	社区居家养老办公		36	405
	社区志愿者办公		36	
	老人棋牌室（2间，36m²/间）		72	
	老人舞蹈室		54	
	老人健身室		54	
	老人阅览室		36	
	老人书画室		36	
	走廊（含展览）		81	
社区办公	办公室（5间，36m²/间）		180	270
	值班室（含卫生间）		18	
	会议室		72	
其他部分	交通辅助部分		140	140

2. 解析

步骤一：场地分析与初步布局。

对本题目进行场地分析时除了应按要求退让红线（建筑退道路红线不小于8m，退用地红线不小于6m）外，还应考虑拟建建筑与现存活动中心之间的卫生间距（18m）以及与现存老年公寓之间的日照间距（9.8m×2＝19.6m）。由于题目给出的总平面图图中左侧为北向，在经过退让红线以及退让现存建筑后可得图5-2-63中的"L"形的可建范围。

根据功能关系图的要求，拟建建筑一层的社区卫生服务区应与现存活动中心用连廊相联系，因此将卫生服务区布置于可建范围的东侧，公共区域、社区办事大厅、社区警务则按照功能关系图要求在可建范围西侧由南向北布置，布置形式见图5-2-63。

步骤二：柱网选择及定位。

建筑的柱网尺寸可结合面积表中的房间面积进行选择，由于一、二层面积表中房间的面积多为18m²、36m²、54m²、72m²，可考虑选择6m×6m的柱网，并在可能出现走廊的区域预留出2~3m宽的走廊，结合"L"形可建范围布置轴网可得图5-2-64中的轴网布置。

步骤三：设计网格草图。

根据已经确定的柱网以及功能区进一步设计网格图，设计时应按照防火规范布置楼梯间，具体应满足两楼梯间水平距离不大于70m，一层楼梯间与建筑出入口的距离不应大于15m。根据面积表、功能关系图、设计要求可得一层网格图（图5-2-65）和二层网格图（图5-2-66），一、二层建筑面积均为1009.8m²，社区服务综合楼总建筑面积为2019.6m²。

步骤四：绘制正式图。

结合题目的具体要求并合理布置基地内道路及停车位，将老年公寓车位靠近公寓布置、警用车位靠近警务区设置、无障碍车位靠近卫生服务区设置，社区服务综合楼一层平面图及总平面图和二层平面图如图5-2-67和图5-2-68所示。

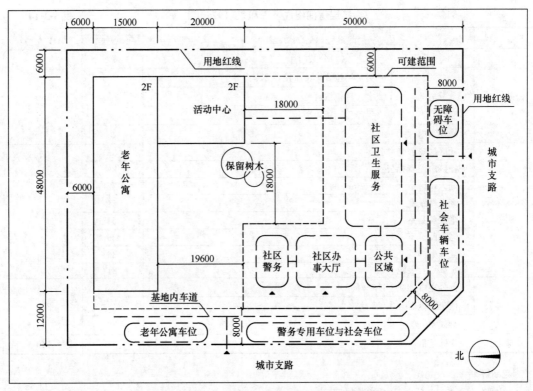

图 5-2-63 步骤一：场地分析与初步布局

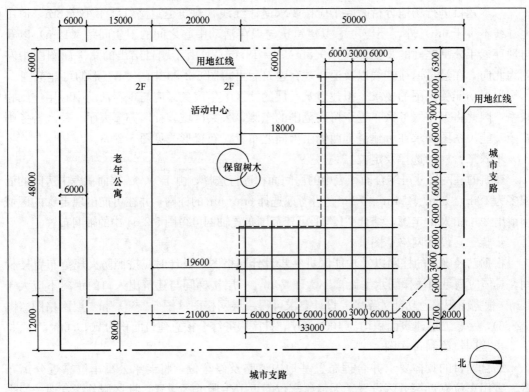

图 5-2-64 步骤二：柱网选择及定位

250

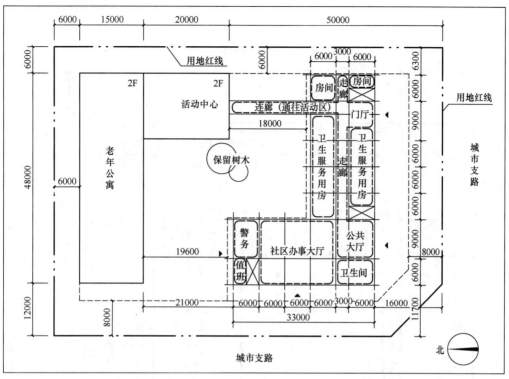

图 5-2-65 步骤三：设计网格草图（一层网格图）

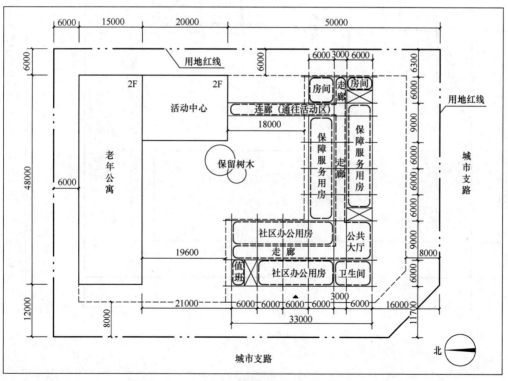

图 5-2-66 步骤三：设计网格草图（二层网格图）

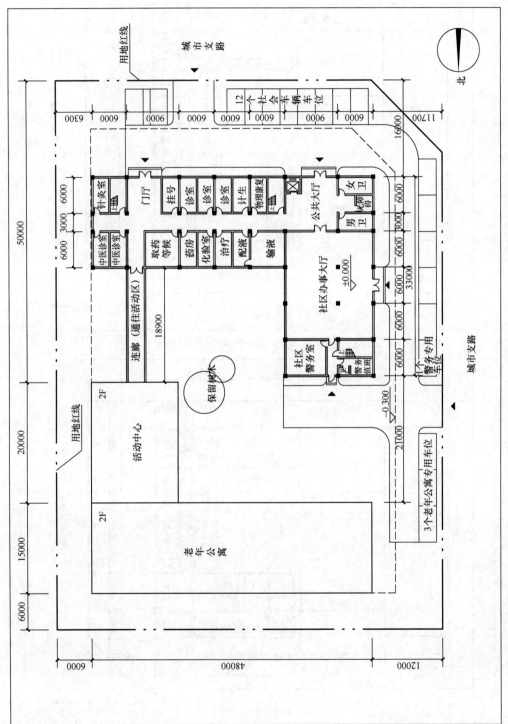

图 5-2-67 2017年真题社区服务综合楼一层平面图及总平面图参考答案

图 5-2-68 2017年真题社区服务综合楼二层平面图参考答案

3. 评分标准 （表 5-2-15）

2017 年题目评分标准　　　　　　　　　　　　　　　　表 5-2-15

考核内容		扣分点	扣分值	分值
建筑指标	总建筑面积	2145m²＜总建筑面积＜1755m²，或总建筑面积未标注，或标注与图纸明显不符	扣 5 分	5
总平面设计	用地要求	占用保留树木及原有建筑范围	扣 10 分	20
	距离要求	(1) 建筑退道路红线小于 8m，或退用地红线小于 6m	每处扣 5 分	
		(2) 综合楼与养老公寓间距不足 19.6m	扣 10 分	
		(3) 综合楼与活动中心间距小于 18.0m	扣 10 分	
		(4) 设置停车场距建筑小于 6m	扣 5 分	
	道路停车	(1) 未绘制道路、绿化	扣 5~8 分	
		(2) 未设置 1 个警务用车专用室外停车位	扣 2 分	
		(3) 未设置 3 个养老公寓专用室外停车位（含 1 个无障碍停车位）	扣 2 分	
		(4) 未设置 12 个社会车辆室外停车位（含 2 个无障碍停车位）	扣 2 分	
		(5) 其他设计不合理	扣 2~5 分	
建筑设计	房间组成	(1) 未按房间组成表设置房间，缺项或数量不符	每处扣 2 分	10
		(2) 社区办事大厅、公共门厅和社区警务面积超过允许误差 10%（共三项）	每处扣 2 分	
		(3) 其他功能房间面积明显不符合建筑面积表的要求	每处扣 2 分	
		(4) 房间名称未注或注错	每处扣 1 分	
	功能关系	(1) 未按功能关系图及设计要求进行功能布置，公共区域无法独立使用	扣 15 分	25
		(2) 一层社区卫生服务、社区办事大厅与公共区域联系不便	扣 10 分	
		(3) 一层社区警务与社区办事大厅联系不便	扣 5 分	
		(4) 一层社区办事大厅、社区卫生服务及社区警务，未设置独立出入口	各扣 5 分	
		(5) 二层社区办公、社区保障服务与公共区域联系不便	扣 5 分	
		(6) 一、二层未与活动中心用连廊连接	各扣 5 分	
		(7) 其他设计不合理	扣 2~5 分	
	公共区域	(1) 公共门厅设计不合理	扣 3~5 分	15
		(2) 楼、电梯设计不合理	扣 3~5 分	
		(3) 男、女卫生间共四处，未设置	一处扣 3 分	

续表

考核内容		扣分点	扣分值	分值
建筑设计	公共区域	（4）已设置的男用卫生间厕位不足2个，小便斗不足2个	扣3分	15
		（5）已设置的女用卫生间厕位不足6个	扣3分	
		（6）无障碍厕所，未设、未布置或布置不合理	扣2~5分	
	社会卫生服务区	（1）挂号收费、药房未设等候区	每处扣2分	
		（2）输液与配液无直接联系	扣2分	
		（3）中医科用房未集中布置	扣2分	
		（4）走廊（含候诊）的净宽度小于2.4m	扣2分	
	其他区域	警务值班室、社区办公值班室未按要求设置卫生间	每处扣2分	
	规范要求	（1）老年人公共建筑，通过式走道净宽小于1.8m	扣5分	12
		（2）疏散楼梯数量少于2个	扣10分	
		（3）与老年功能相关的疏散楼梯未采用封闭楼梯间	扣5分	
		（4）主要出入口（4个）未设置无障碍坡道或设置不合理，或出入口上方未设置雨篷	扣2~5分	
		（5）老年人使用的房间当建筑面积大于50m² 时，未设或仅设一个疏散门	扣5分	
		（6）疏散距离不符合规范要求	扣5分	
		（7）其他不符合规范之处	每处扣2分	
	其他	（1）除卫生间、库房等辅助房间外，其他主要功能房间不能直接采光通风	每处扣1分	8
		（2）房间长宽比例超过2∶1	扣3分	
		（3）结构布置不合理，或上下不对位	扣3~5分	
		（4）门、窗未绘制	扣3~8分	
		（5）平面未标注尺寸	扣3~5分	
		（6）其他设计不合理	扣2~5分	
图面表达		（1）图面粗糙，或主要线条徒手绘制	扣2~5分	5
		（2）建筑平面绘制比例不一致，或比例错误	扣5分	

（九）某社区文体活动中心（2019年）

1. 题目

某社区拟建一栋社区文体活动中心，用地南侧及东侧为城市支路，用地内已建有室外游泳池、雕塑区及景观绿地（图5-2-69）。

（1）设计要求

社区文体活动中心采用钢筋混凝土框架结构，总建筑面积2150m²，一、二层房间组成与面积要求见表5-2-16及表5-2-17，一层功能关系见图5-2-70。

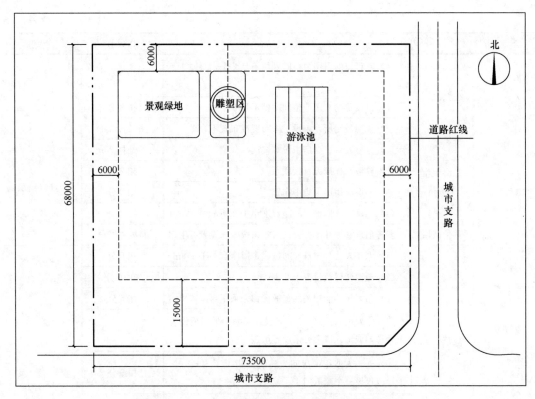

图 5-2-69 2019年真题某社区文体活动中心设计总图

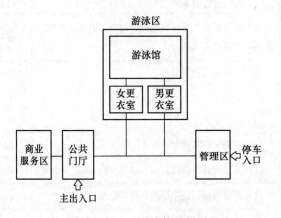

图 5-2-70 一层功能关系图

(2) 其他设计要求如下

1) 建筑南侧退道路红线不小于15m，东侧退道路红线不小于6m，西侧及北侧退用地红线不小于6m；

2) 保留现有游泳池、雕塑区及景观绿地，并将室外游泳池改建为室内游泳馆；

3) 公共门厅为局部两层通高的共享空间，并与室外现有雕塑建立良好的视线关系；

4) 室内游泳馆层高8.4m，其他功能区域一、二层层高均为4.2m；

5) 要求场地内布置15个公共停车位（含2个无障碍停车位），5个内部停车位；

6）建筑面积按轴线计算，允许误差±10%。

（3）作图要求

1）绘制总平面及一层平面图，绘制道路、停车位、绿化等，标注机动车出入口、停车位名称与数量，标注建筑物尺寸、建筑物退道路红线及用地红线距离，注明总建筑面积；

2）绘制二层平面图；

3）平面图中绘出柱、墙体（双线或单粗线）、门（表示开启方向）、楼梯、台阶、坡道、窗、卫生洁具可不表示；

4）标注建筑轴线尺寸、总尺寸，标注室内楼、地面及室外地面相对标高；

5）注明房间名称。

（4）示意图（图 5-2-71）

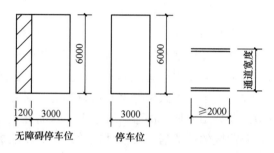

图 5-2-71　图例

一层房间组成及面积表（1470m²）　　　　　表 5-2-16

公共区域	房间名称			面积（m²）	小计（m²）
公共门厅	公共门厅（含总服务台）			216	216
商业服务区	咖啡厅			54	162
	茶室			36	
	便利店			36	
	体育用品店			36	
游泳区	游泳馆			576	576
	男更衣室	更衣		30	81
		淋浴12个		24	
		卫生间		9	
		浸脚消毒池及其他		18	
	女更衣室	更衣		30	81
		淋浴12个		24	
		卫生间		9	
		浸脚消毒池及其他		18	
管理区	救护室			18	72
	管理室			18×3=54	
其他部分	楼梯			36	282
	卫生间	男卫		18	
		女卫		18	
		无障碍卫生间		9	
	交通辅助部分			201	

二层房间组成及面积表（680m²）　　　　　　　　表 5-2-17

公共区域	房间名称		面积（m²）	小计（m²）
活动区	美术室		36×2	324
	书法室		36	
	阅览室		54	
	健身房		81	
	乒乓球室		81	
管理区	管理区		36	36
其他部分	楼梯		18	320
	卫生间	男卫	18	
		女卫	18	
	储藏室		9	
	交通辅助部分		257	

2. 解析

步骤一：场地分析与初步布局。

按照设计要求退让道路红线及用地红线后，可得到一块矩形的可建范围，可建范围中现存的雕塑景观及游泳馆对拟建活动中心有较明确的提示作用：其中，游泳池需改建为室内游泳馆，那么活动中心中游泳区的大致位置基本可以确定；另外，活动中心的公共门厅应布置于基地北侧的雕塑区及雕塑所形成的景观轴线上，从而建立公共门厅与雕塑的视线联系；在确定公共门厅及游泳区的位置后，按照功能关系示意图的提示将商业服务区布置于公共门厅的西侧，管理区布置于游泳区东侧。并结合建筑的分区将公共停车位布置于基地南侧、内部停车位靠近管理区布置于用地东侧。组织基地内车行道路路线联系建筑及停车位后可得图 5-2-72 中的场地初步布局。

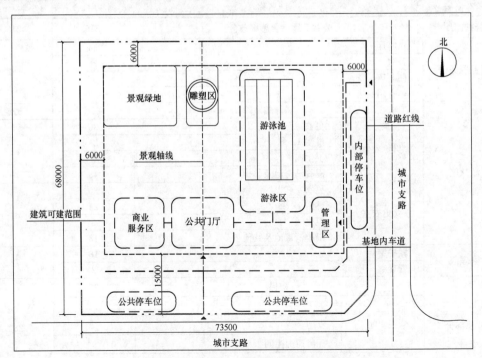

图 5-2-72　步骤一：场地分析与初步布局

步骤二：柱网选择及定位。

一、二层面积表中房间面积多为 18m²、36m²、54m²，可考虑选择 6m×6m 的柱网，并在可能出现走廊的区域预留出 3m 宽的走廊。结合一层建筑面积以及可建范围内的现状，可以判断活动中心中大部分的建筑面积可集中布置在游泳池南侧的东西向区域内，该部分建筑平面可设计成 3m 走廊并在两侧安排 6m 进深的房间的形式，室内游泳馆则沿用 6m 开间尺寸，设置适当进深的柱网将游泳池围合起来即可，建筑轴网及定位如图 5-2-73 所示。

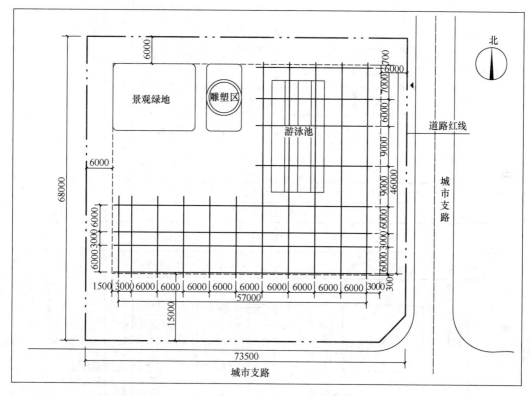

图 5-2-73　步骤二：柱网选择及定位

步骤三：设计网格草图。

根据已经确定的柱网以及功能区进一步设计网格图，设计一层时需要注意"公共厅廊—沐浴更衣—游泳池"流线应处理成串联式功能形式，且考虑到游泳馆层高为 8.4m，其余部分层高 4.2m，则游泳馆上方无法布置房间。根据具体的房间面积调整平面布局，并按照防火规范布置楼梯间后可得一层网格图（图 5-2-74）和二层网格图（图 5-2-75），一层建筑面积为 1359m²，二层建筑面积为 693m²，社区文体活动中心总建筑面积为 2052m²。

步骤四：绘制正式图。

结合题目的要求细化设计，社区文体活动中心一层平面图及总平面图和二层平面图如图 5-2-76 和图 5-2-77 所示。

259

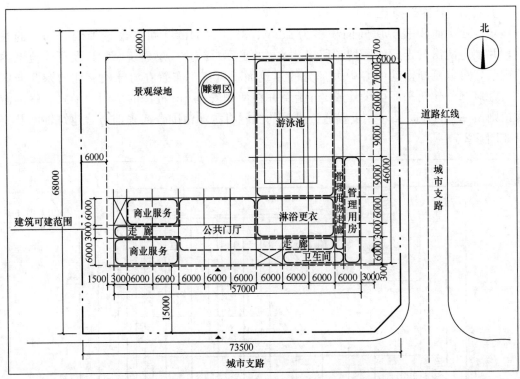

图 5-2-74 步骤三：设计网格草图（一层网格图）

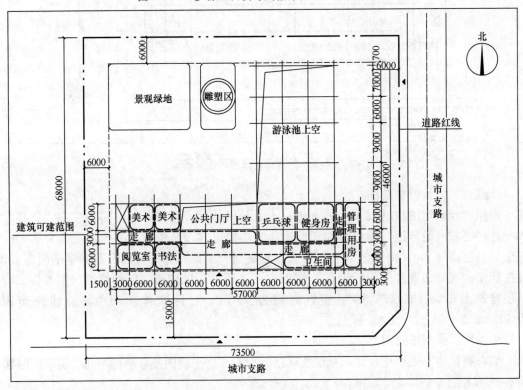

图 5-2-75 步骤三：设计网格草图（二层网格图）

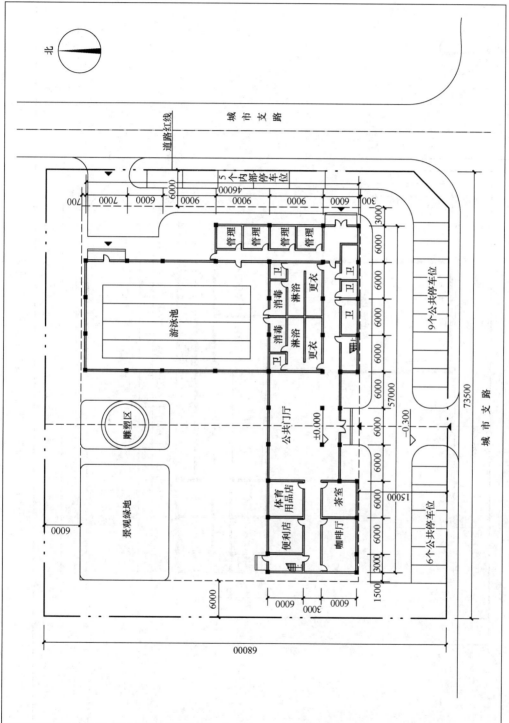

图 5-2-76 2019 年真题某社区文体活动中心一层平面图及总平面图参考答案

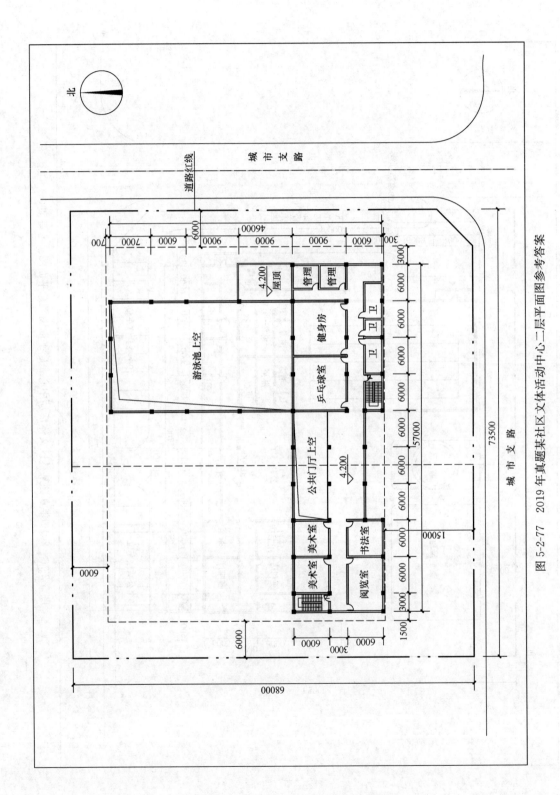

图 5-2-77 2019年真题某社区文体活动中心二层平面图参考答案

3. 评分标准（表 5-2-18）

2019 年题目评分标准 表 5-2-18

考核内容		扣分点	扣分值	分值
建筑指标	指标	不在 1935m² ＜建筑面积＜2365m² 范围内，或建筑面积未标注，或标注与图纸明显不符	扣 5 分	5 分
总平面图	布置	（1）建筑物南侧退道路红线小于 15m，东侧退道路红线小于 6m，北侧西侧退用地红线小于 6m	每处扣 5 分	15 分
		（2）建筑物退道路红线、退用地红线的距离未标注	每处扣 1 分	
		（3）未绘制基地出入口或无法判断	扣 5 分	
		（4）未绘制基地平面，未绘制机动车停车位	各扣 5 分	
		（5）20 个机动车停车位（3m×6m）数量不足或车位尺寸不符 ［与本栏（4）不重复扣分］	扣 2 分	
		（6）机动车停车位布置不合理 ［与本栏（4）不重复扣分］	扣 2 分	
		（7）道路、绿化设计不合理	扣 3～5 分	
		（8）占用保留的雕塑区或景观绿地	扣 10 分	
平面设计	房间组成	（1）未按要求设置房间、缺项或数量不符	每处扣 2 分	15 分
		（2）游泳馆建筑面积不满足题目要求（518.4～633.6m²）	扣 5 分	
		（3）其他房间面积明显不满足题目要求	扣 2～5 分	
		（4）房间名称未注、注错或无法判断	每处扣 1 分	
	功能关系	（1）未按功能关系图及设计要求进行功能布置，公共区域无法独立使用	扣 15 分	15 分
		（2）商业服务区、管理区、游泳区与公共门厅联系不便	扣 10 分	
		（3）管理区未与游泳馆联系	扣 5 分	
		（4）其他设计不合理	扣 1～3 分	
	其他区域	（1）公共门厅未与雕塑区建立良好的视线关系	扣 5 分	30 分
		（2）公共门厅设计不合理或未作两层局部通高	扣 5 分	
		（3）公共门厅未设服务台	扣 2 分	
		（4）游泳馆内设置框架柱	扣 10 分	
		（5）游泳馆长宽比＞2	扣 5 分	
		（6）游泳馆男女淋浴各 12 个，不足或未布置	各扣 2 分	
		（7）游泳馆男女更衣未布置浸脚消毒池或无法判断	各扣 2 分	
		（8）游泳池改动或造假	扣 5 分	
		（9）一二层男、女卫生间未设置	每处扣 2 分	
		（10）无障碍卫生间未设或布置不合理	扣 2 分	
		（11）柱网设计不合理或上下不对位	扣 5 分	
		（12）其他设计不合理	扣 1～3 分	
	规范要求	（1）疏散楼梯少于 2 个	扣 8 分	10 分
		（2）疏散距离不满足规范要求	扣 5 分	
		（3）主要入口未设置无障碍坡道或设置不合理，或出入口上面未设置雨篷	扣 2～5 分	
		（4）游泳馆安全出口数量少于 2 个	扣 3 分	
		（5）其他不符合规范之处	每处扣 2 分	
	其他要求	（1）除储藏室和更衣室外其他功能房间不具备直接通风采光条件	每处扣 2 分	5 分
		（2）门未绘制或无法判断	扣 2 分	
		（3）平面未标注轴网尺寸	扣 3 分	
		（4）其他设计不合理	扣 2～5 分	

考核内容	扣分点	扣分值	分值
图面表达	（1）图面粗糙，或主要线条徒手绘制	扣2~5分	5分
	（2）建筑平面图比例不一致，或比例错误	扣5分	
	（3）室内外相对标高、楼层标高未注或注错	每处扣1分	
第二题小计分	第二题得分	小计分×0.8=	

（十）古镇文化中心（2021年）

1. 题目

某古镇祠堂现兼作历史文化陈列厅使用，拟结合祠堂及保留的西花园，新建一座古镇文化中心。建设用地由道路红线、祠堂及西花园保护线围合而成。场地条件见图5-2-78。

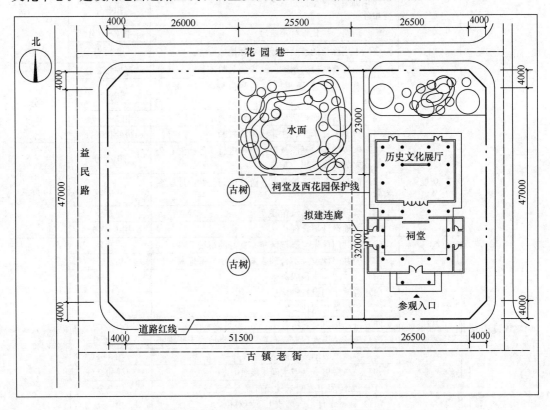

图5-2-78 2021年真题古镇文化中心设计总图

（1）设计要求

1）新建建筑为2层钢筋混凝土框架结构，总建筑面积1600m²，一层为文化活动区和民俗展示区，二层为阅览区。主要功能与流线关系见图5-2-79，具体房间组成与建筑面积见表5-2-19、表5-2-20。

2）新建建筑退让距离

① 一层退古镇老街道路红线不小于8m，二层退古镇老街道路红线不小于16m。

② 退益民路道路红线不小于8m。

③ 退花园巷道路红线不小于4m。

④ 退祠堂及西花园保护线不小于4m，连廊可不退保护线。

3）新建建筑与祠堂以连廊联系，连廊位置如图5-2-79所示。

4）文化活动区和民俗展示区之间既相互联系，又可单独管理。

5）茶室、室外露天茶座区及开架阅览室直接面向西花园。

6）设电梯一部。

7）建筑物室内外高差为0.3m，二层楼面相对标高为4.2m。

8）屋顶为坡屋顶，檐口挑出轴线的长度为1.0m。

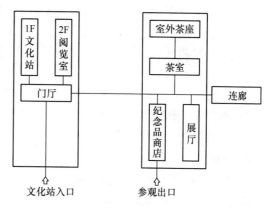

图 5-2-79 功能关系图

一层功能房间面积分配表

表 5-2-19

功能分区	房间及区域	数量	面积（m²/间）	小计（m²）
文化活动区	门厅	1	50	50
	门卫室	1	20	20
	活动室	2	70	140
	办公室	1	30	30
	会议室	1	70	70
	库房	1	30	30
	男卫	1	22	
	女卫	1	22	50
	无障碍	1	6	
民俗展示区	民俗展厅	1	140	
	民俗纪念品商店	1	140	310
	监控室	1	30	
	茶室（含露天平台）	1	100	100
	男卫	1	22	
	女卫	1	22	50
	无障碍	1	6	
交通				180
合计				1030

二层功能房间面积分配表

表 5-2-20

功能分区	房间及区域	数量	面积（m²/间）	小计（m²）
阅览区	开架阅览室	2	140	280
	电子阅览室	1	50	50
	书库	1	30	30
	办公室	1	30	30
	男卫	1	22	
	女卫	1	22	50
	无障碍	1	6	
交通				130
合计				570

(2) 作图要求

1) 绘制一层平面，标注建筑退让距离，注明建筑各出入口、标高、总建筑面积。
2) 绘制二层平面、一层坡屋顶平面，标注建筑退让距离。
3) 绘出结构柱、墙体（双实线表示）、门、楼梯、台阶、坡道，标注柱网轴线尺寸，注明房间名称。

(3) 提示

1) 建筑退让距离以外墙轴线计。
2) 建设用地内不考虑机动车停车。

2. 解析

步骤一：场地分析与初步布局。

根据设计要求退让古镇老街、益民路、花园巷道路红线，退让祠堂及西花园保护线，确定拟建建筑的可建范围为一块"L"形场地；需注意拟建建筑的一层部分需退让古镇老街红线8m，二层部分退让16m，由于参观路线由祠堂南侧入口进入，经由拟建建筑的民俗展示区并从纪念品商店离开建筑，因此可建范围南侧应布置建筑的民俗展示区部分，西侧则布置两层高的文化站及阅览室部分。

由于题目设计要求中需要保证茶室、室外露天茶座区及开架阅览室直接面向西花园，因此一层空间中应将茶室及露天茶座布置于拟建建筑南侧体块的北侧，将开架阅览室布置于拟建建筑西侧体块的东侧；由于民俗纪念品商店处需要布置参观出口，因此该空间应当面向街道；文化站则由益民路进入，布置建筑时应注意避让基地中的保留古树。综上可得场地初步布置如图5-2-80所示。

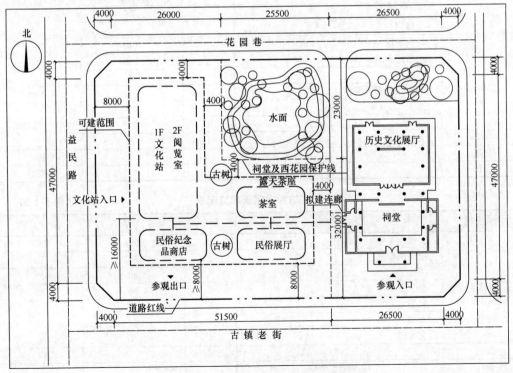

图5-2-80 步骤一：场地分析与初步布局

步骤二：柱网选择及定位。

一、二层面积表中有较多大房间面积为 70m²、140m²，可考虑选择 8.4m×8.4m 的柱网，该柱网单个格子面积约为 70m²，去掉走廊宽度后剩余约 50m²；因此除了可以直接布置面积为 70m²、140m² 的房间，去掉走廊后单个格子还可以布置一个 50m² 的房间或一个 30m² 加一个 20m² 的房间。结合基地内可建范围可得建筑轴网及定位如图 5-2-81 所示。

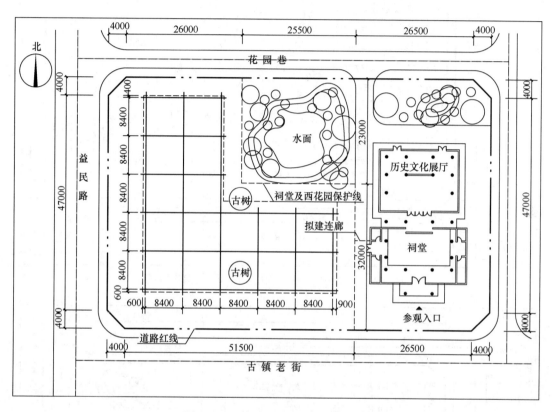

图 5-2-81 步骤二：柱网选择及定位

步骤三：设计网格草图。

根据已经确定的柱网以及功能区进一步设计网格图，根据具体的房间面积调整平面布局，并按照防火规范布置楼梯间。根据场地分析和初步布置的结论将茶室及露天茶座布置于拟建建筑南侧体块的北侧，将开架阅览室布置于拟建建筑西侧体块的东侧，将民俗纪念品商店面向街道。根据面积表、功能关系图、设计要求可得一层网格图（图 5-2-82）和二层网格图（图 5-2-83），一层建筑面积为 1058.4m²，二层建筑面积为 564.5m²，古镇文化中心总建筑面积为 1622.9m²。

步骤四：绘制正式图。

结合题目的要求细化设计，古镇文化中心一层平面图及总平面图和二层平面图如图 5-2-84 和图 5-2-85 所示。

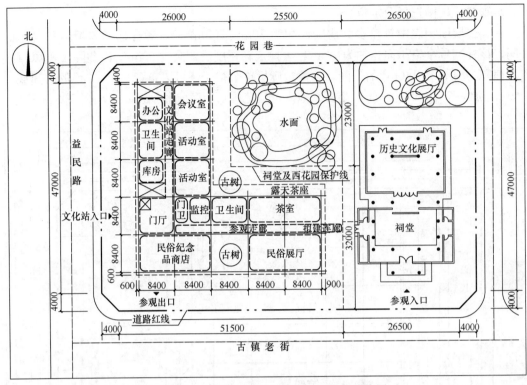

图 5-2-82 步骤三：设计网格草图（一层网格图）

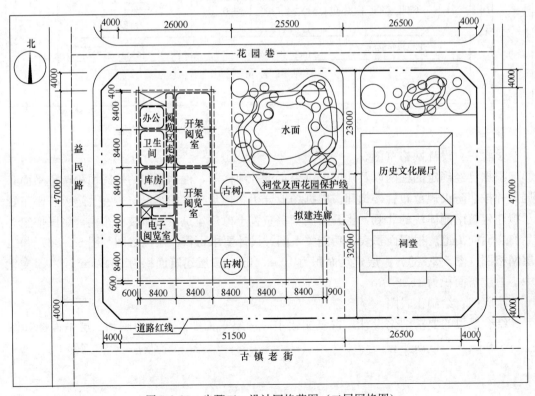

图 5-2-83 步骤三：设计网格草图（二层网格图）

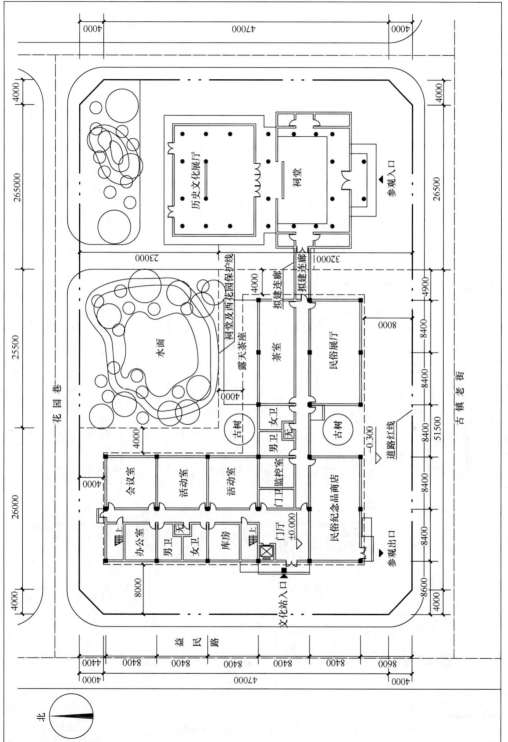

图 5-2-84 2021年真题古镇文化中心一层平面图及总平面图参考答案

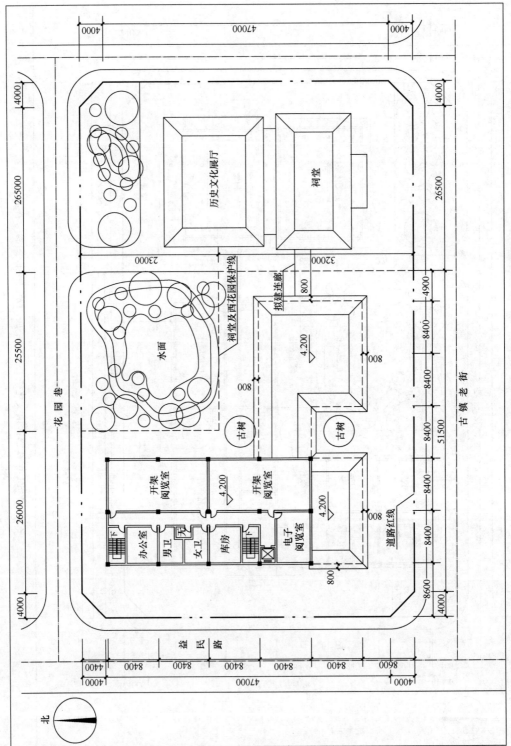

图 5-2-85　2021 年真题古镇文化中心二层平面图参考答案

(十一) 社区老年养护院 (2022年)

1. 题目

(1) 设计条件

某社区拟建一栋老年养护院建筑，总建筑面积 1660m²。主要功能组成为老年人全日照料中心、老年人日间照料中心、康复与医疗用房、文娱与健身用房、管理服务用房等，厨房等其他服务用房均依托南侧现有社区公共卫生服务中心。场地内外平整无高差，其他场地条件见图 5-2-86。

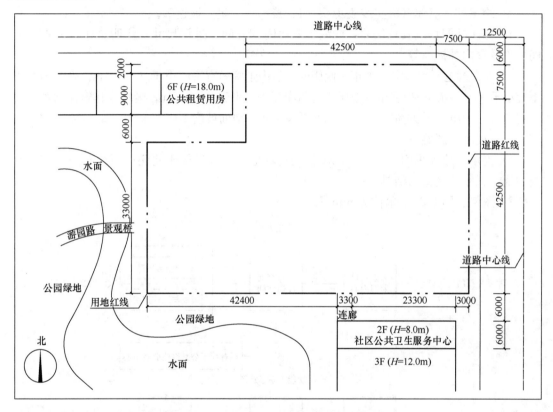

图 5-2-86 2022年真题社区老年养护院设计总图

(2) 设计要求

新建建筑为二层钢筋混凝土框架结构，主要功能与流线关系见图 5-2-87，房间组成与建筑面积见表 5-2-21 与表 5-2-22，其他要求如下：

1) 退道路红线不小于 8m，退用地红线不小于 5m。

2) 布置 7 个普通机动车停车位、2 个无障碍机动车停车位及老年人室外活动场地。

3) 老年人建筑日照间距系数为 2.0，老年人室外活动场地日照间距系数为 1.5，现状建筑日照计算高度 H 见图 5-2-86；与北侧现状建筑的卫生视距不小于 18m。

4) 老年人居室、休息室应为正南向且面向公园绿地；康复室及医务室应为正南向且应满足老年人建筑日照间距要求。

5) 老年人室外活动场地应满足日照间距要求，并不得贴邻老年人居室。

6) 新建建筑须与社区公共卫生服务中心以连廊连接，设置联系公园的建筑出入口并

271

通过甬路与公园游园路便捷连接。

7) 新建建筑层高均为 3.9m，室内外高差 0.3m，女儿墙高度为 0.6m。

8) 新建建筑主出入门采用平坡出入门。

（3）作图要求

1) 绘制总平面图及一层平面图，绘制二层平面图。

2) 绘出并注明场地主、次入口，建筑各出入口，主要道路、停车位及老年人室外活动场地。

3) 绘出柱、墙体（双实线表示）、门、楼梯、台阶、坡道等。

4) 标注柱网轴线及总尺寸，标注主要房间的开间、进深尺寸，注明总建筑面积、房间名称及室内外标高等。

5) 根据规范要求填空：老年人使用的建筑内走廊净宽不应小于（　　）m；确有困难时不应小于（　　）m；护理型床位居室的门净宽不应小于（　　）m；老年人建筑楼梯踏步最小宽度（　　）m，最大高度（　　）m；平坡出入口地面坡度不应大于（　　）%。

（4）提示与图例

1) 提示：建议采用 7.2m×7.2m 柱网；场地主出入口位于北侧；须绘制门斗及居室卫生间，无须绘制窗与洁具。

2) 图例：图 5-2-88 单位为 mm。

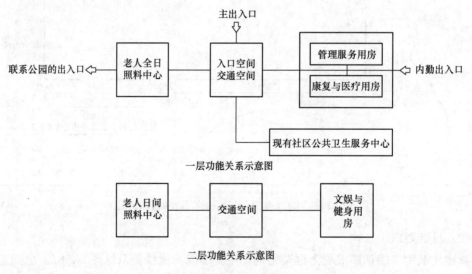

图 5-2-87　功能关系示意图

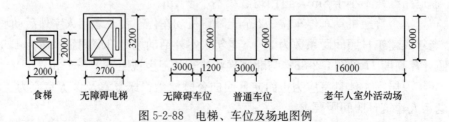

图 5-2-88　电梯、车位及场地图例

一层功能房间面积分配表　　　　　　　　　　　表 5-2-21

功能分区	房间及区域	面积（m²）	备注	小计（m²）
入口空间	门厅（带门斗）	50	三者连通	100
	登记、接待区	14		
	健康评估室	18		
	健康档案室	18		
老年人全日照料中心	居室（带卫生间）	25×10＝250	共 10 间	400
	药存间、护士站	18	二者连通	
	配餐间（含食梯）	12		
	起居室（餐厅）	72		
	助浴间	18		
	亲情室	18		
	无障碍卫生间	6		
	清洁间	6		
管理服务用房	办公室	18		36
	员工休息室	18		
康复与医疗用房	医务室	25×2＝50	共 2 间	136
	康复室	50		
	男卫	15	邻近内勤出入口	
	女卫	15		
	污物间	6		
交通空间	楼梯、电梯、走廊、候梯厅	208		208
合计				880

2. 解析

步骤一：场地分析与初步布局。

首先，应按照规划设计要求确定基地内拟建社区老年养护院的可建范围，除了须退让道路红线 8m 和用地红线 5m 外，还应退让北侧 6 层公共租赁用房 18m 的卫生视距，以及保证与南侧社区公共卫生服务中心的日照间距（日照间距系数为 2.0），根据计算所得基地内建筑可建范围与南侧现存建筑 3 层部分的北外墙的距离不应小于 24m，综合上述建筑可建范围。

其次，按照建筑的设计要求初步布置拟建社区老年养护院的功能，根据功能关系图以及设计要求中的提示，应首先将老年人全日照料中心部分布置于可建范围的西侧，从而一方面保证老年人居室和休息室可以南向并面向公园绿地，另一方面保证该部分能够与西侧公园的景观桥和游园路有所联系；入口及交通空间应布置于可建范围的中部，确保其可以联系老年人照料中心、管理服务用房及康复医疗用房，并可通过连廊与南侧现存社区公共卫生服务中心进行联系；剩余的管理服务用房及康复医疗用房应布置于可建范围的东侧，且应设置独立的内勤出入口。

二层功能房间面积分配表 表 5-2-22

功能分区	房间及区域	面积（m²）	备注	小计（m²）
老年人日间照料中心	老年人休息室	150		300
	药存间、护士站	18	二者连通	
	配餐间（含食梯）	12		
	起居室（餐厅）	72		
	男卫	15		
	女卫	15		
	无障碍	6		
	被服库	12		
	屋顶阳台	—	100m²	
文娱与健身用房	阅览室	50		258
	书画教室	50		
	音乐教室	50		
	健身室	36		
	棋牌室	36		
	男卫	36		
	女卫			
	无障碍			
交通空间	楼梯、电梯、走廊、候梯厅	222		222
合计				780

最后应大致组织基地的内部道路和停车位，并应布置老年人活动场地，由于该场地不能贴邻老年人居室且有日照要求（日照间距系数 1.5），因此可考虑将其布置于连廊东侧、管理服务用房及康复医疗用房南侧，并保证其与南侧现存社区公共卫生服务中心的北外墙的间距不小于 12m。

综上可得场地初步布置如图 5-2-89 所示。

步骤二：柱网选择及定位。

一、二层面积表中房间面积多为 50m²、18m²、36m² 的倍数，可考虑选择 7.2m×7.2m 的柱网，因为 7.2m 柱网面积约为 50m²，去掉走廊宽度后剩余约 36m²。结合基地内可建范围可得建筑轴网及定位如图 5-2-90 所示。

步骤三：设计网格草图。

根据已经确定的柱网以及功能区进一步设计网格图，根据具体的房间面积调整平面布局，并按照防火规范布置楼梯间，并注意保证老年人居室、休息室等房间南向且面向公园绿地；康复室及医务室应为正南向且应满足老年人建筑日照间距要求。根据面积表、功能关系图、设计要求可得一层网格图（图 5-2-91）和二层网格图（图 5-2-92），一层建筑面积为 881.3m²，二层建筑面积为 777.6m²，社区老年养护院总建筑面积为 1658.9m²。

填空答案为：老年人使用的建筑内走廊净宽不应小于(1.8)m；确有困难时不应小于(1.4)m；护理型床位居室的门净宽不应小于(1.1)m；老年人建筑楼梯踏步最小宽度(0.320)m、最大高度(0.130)m；平坡出入口地面坡度不应大于(5)%。

步骤四：绘制正式图。

结合题目的要求细化设计，社区老年养护院一、二层平面图及总平面图如图 5-2-93 和图 5-2-94 所示。

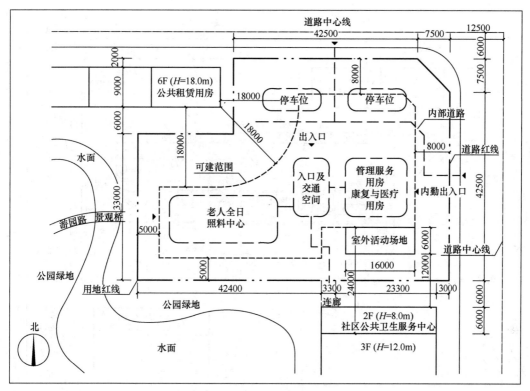

图 5-2-89 步骤一:场地分析与初步布局

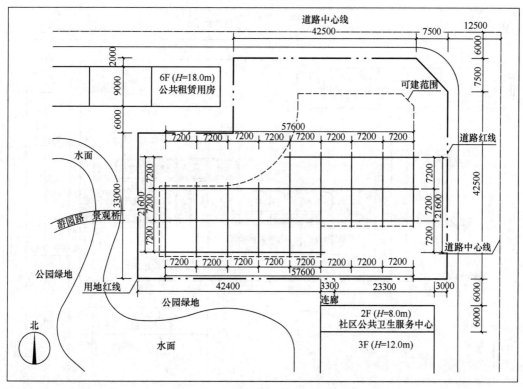

图 5-2-90 步骤二:柱网选择及定位

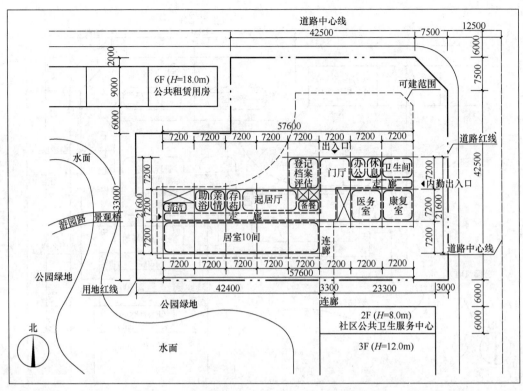

图 5-2-91 步骤三：设计网格草图（一层网格图）

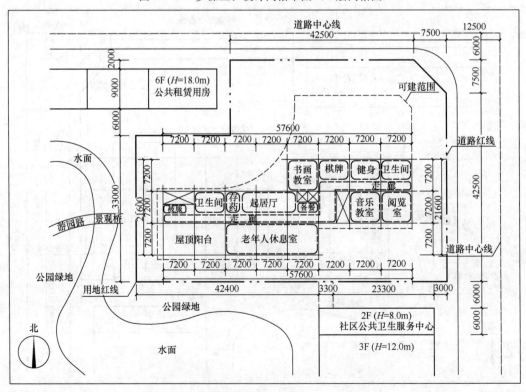

图 5-2-92 步骤三：设计网格草图（二层网格图）

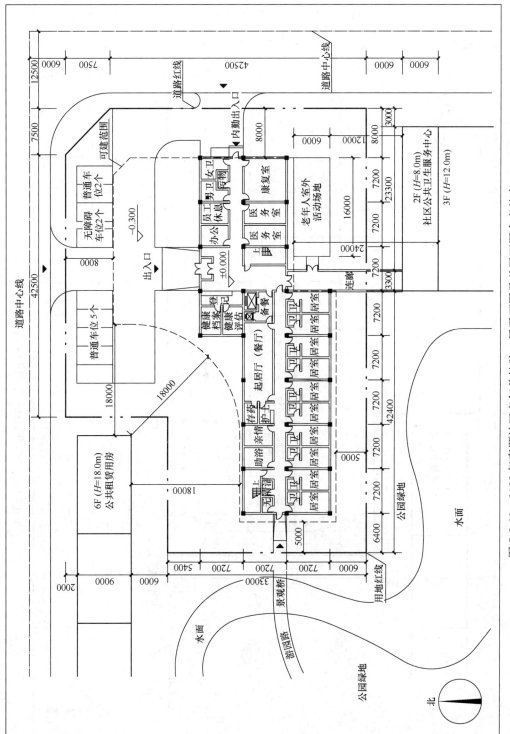

图 5-2-93 2022年真题社区老年养护院一层平面图及总平面图参考答案

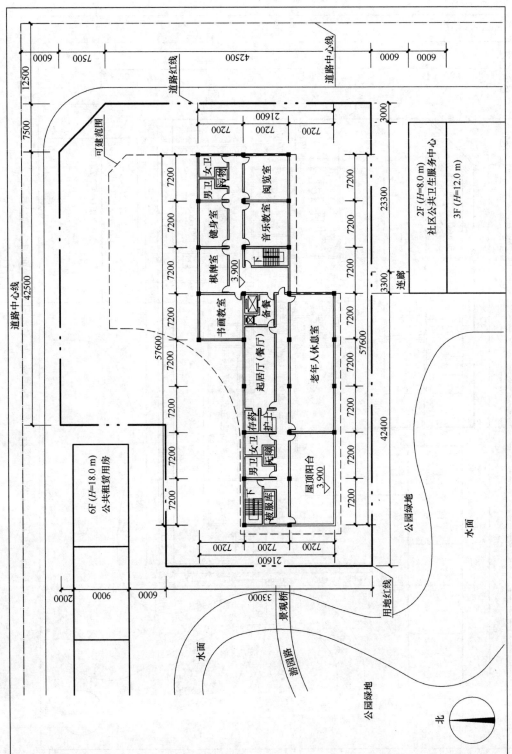

图 5-2-94 2022年真题社区老年养护院二层平面图参考答案